现代测量技术的研究与应用

温婉丽　郭啸晨　贾海宗　著

北京工业大学出版社

图书在版编目（CIP）数据

现代测量技术的研究与应用 / 温婉丽，郭啸晨，贾海宗著. — 北京：北京工业大学出版社，2018.12（2021.5 重印）
ISBN 978-7-5639-6497-0

I. ①现… II. ①温… ②郭… ③贾… III. ①测量学—研究 IV. ①P2

中国版本图书馆 CIP 数据核字 (2019) 第 021135 号

现代测量技术的研究与应用

著　　者：温婉丽　郭啸晨　贾海宗
责任编辑：李晓娜
封面设计：优盛文化
出版发行：北京工业大学出版社
（北京市朝阳区平乐园 100 号　邮编：100124）
010-67391722（传真）　bgdcbs@sina.com
经销单位：全国各地新华书店
承印单位：三河市明华印务有限公司
开　　本：710 毫米 ×1000 毫米　1/16
印　　张：15.25
字　　数：305 千字
版　　次：2018 年 12 月第 1 版
印　　次：2021 年 5 月第 2 次印刷
标准书号：ISBN 978-7-5639-6497-0
定　　价：68.00 元

前　言

随着现代测绘信息技术的发展和应用，测量数据的采集和处理已经实现了数字化、自动化。为更好地为新形势下的经济建设服务，本书系统地分析了各种现代测绘仪器的使用以及测量数据的处理方法，每种测量方法后都设置了详细的案例，还结合实际的案例分析了地形图测绘的相关知识，本书可以作为外业工作者的工具书，也可作为专业研究的参考资料以及土建工程相关专业学习的参考资料。

本书以点位测量方法为中心，以仪器使用、数据处理方法为主线，介绍了各种测绘仪器和数据处理方法，探究了各种测量方法和技巧，完成了从测量学的定位基础、水准测量、角度测量、距离测量等基本工作到“3S”集成技术的探究。

温婉丽担任本书的第一作者，负责全书的统稿及审核工作，并编写了第 1 章、第 3 章和第 5 章的内容；郭啸晨担任第二作者，负责编与第 2 章的内容；贯海宗担任第三作者，负责编写其他章节的内容。

本教材在撰写过程中得到了实验室很多老师的大力支持，在此向他们表示深深的谢意。由于笔者的水平有限，书中难免会有遗漏和不足之处，敬请读者指正。

作者

2018 年 7 月

目录

第1章　绪　论

1.1 测绘学简介

1.1.1 测绘学的主要研究内容

测绘学主要研究地球的形状、大小，地球重力场以及测量地球表面自然形态和人工设施的几何形状及其空间位置，是结合某些社会信息和自然信息，编写全球和局部地区各种比例尺的地形图和专题地图的理论和技术的学科，是地球科学的重要组成部分。随着测绘科学技术的不断发展，以全球定位系统（GPS）、地理信息系统（GIS）、遥感技术（RS）为代表的测绘新技术得到了迅猛发展和应用，测绘学的产品已由传统的纸质地图转变为数字化的“4D”（数字高程模型DEM、数字正射影像DOM、数字栅格地图DRG、数字线划地图DLG）产品；并且在网络技术的支撑下，成为国家空间数据基础设施（NSDI）的基础，增强了数据的共享性，为相关领域的研究工作及国民经济建设的各行业、各部门应用地理信息带来了巨大的方便。

测会学的研究内容包括测定和测设两个部分。测定是指使用测量仪器和工具，通过测量和计算，得到一系列的数据成果，再根据数据成果把地球表面的地形缩绘成地形图，供经济建设、规划设计、科学研究和国防建设使用。测设是指把图纸上规划设计好的建筑物、构筑物的位置在地面上标定出来，作为施工的依据。

1.1.2 测绘学科的分类

测绘学科由于研究范围和对象的不同，产生了很多分支学科。主要有以下几个分支学科：大地测量学、普通测量学、工程测量学、摄影测量学、海洋测量学、地图制图学和地理信息系统等。

大地测量学：研究地球的形状及大小、地球重力场、地球板块的运动、地球表面点的几何位置及其变化的学科。它的基本任务是建立高精度的地面控制网及重力水准网，不但为各类工程施工测量及摄影测量提供依据，而且也为地形测图及海洋测绘提供控制基础，同时也为研究地球形状及大小、地球重力场及其分布、地球动力学、地壳形变及地震预测提供精确的地理位置。

普通测量学：研究地球表面较小区域内测绘工作的基本理论、技术、方法和应用的学科。它是测量学的基础，其主要工作内容有图根控制网的建立、地形图的测绘及一般工程的施工测量。

工程测量学：研究在工程施工中勘察设计、建筑施工、竣工验收、生产运营、变形监测和灾害预报等方面的测绘理论与技术方法的学科。

摄影测量学：研究利用摄影或遥感技术获取被测物体之间内在的几何和物理关系，并进行分析、处理和解译，以确定被测物体的形状、大小和空间位置的学科。

海洋测量学：以海洋水体及海底地形为对象，研究海洋定位，确定海面及海底地形、海洋重力及磁力等自然及社会信息的地理分布，并将其编制成各种海图的学科。

地图制图学：研究地图的基本理论、地图制作技术和地图应用的综合性科学。

地理信息系统：由计算机硬软件、地理数据和用户组成，通过对地理数据的采集、输入、存储、操作和分析，生成并输出各种地理数据，从而为工程设计、土地利用、资源管理、城市管理、环境监测、管理决策等应用服务的计算机系统。

1.1.3 土木工程测量的任务

土木工程测量学是测绘学的一个组成部分。它包括土木工程在道路、桥梁、环境和水利等工程中的勘察设计、施工建设和运营管理阶段所进行的的各种测量工作。其主要任务和作用如下：

1. 测绘大比例尺地形图

把工程建设区域内的各种地物的地理位置和几何形状以及各种不同的地貌类型，依照规定的符号和比例尺绘制成图，并把建筑工程所需的数据用数字表示出来，为规划设计提供各种比例尺的地形图和测绘资料。在工程设计阶段，应用地形图进行总体规划和设计。

2. 施工放样和竣工测量

在工程施工阶段，将图纸上设计好的建筑物、构筑物的平面位置和高程按要求测设于实地，以此作为施工的依据；在施工过程中，要进行土方开挖、基础及主体的施工测量，并应经常对施工和安装工作进行检验、校核，以保证工程各项建设指标符合设计要求；竣工后，还要进行竣工测量，测绘竣工图，为日后扩建和维修提供技术资料。

3. 建构筑物变形观测

对于重要性的建筑物和构筑物，在施工和运营期间，应定期进行变形观测，以了解建筑物和构筑物的变形规律，监视其施工和运营的安全。

综上，在工程建设的各个阶段都需要进行相关的测量工作，并且测量的精度和速度直接影响到整个工程的质量和进度。

1.1.4 土木工程测量的学习目的和任务

学习土木工程测量学需要掌握测绘学的基础知识及理论，具有使用常规测量仪器的基本技能；在学习大比例尺测图的基本原理、方法及技能的基础上，掌握利用各种测量技术进行传统测图和数字测图的整个过程，并能利用测绘学的基本理论、方法及技能对测量数据进行正确处理；掌根基本的施工测量方法及过程，不但能在一般工程建设规划、设计和施工中正确使用测绘成果，而且能使用测量仪器进行一般工程的施工放样工作。

土木工程测量学由于是一门综合性极强的实践性课程，要求学生在掌握基本理论及方法的基础上，具备动手操作各种测量仪器的技能。因此，在教学过程中，除了课堂讲授外，必须安排一定量的实习及实验课程，以便巩固和深化所学知识，这对掌握土木工程测量的基本理论及技能、建立控制测量和地形图测绘的完整概念是十分有效的，同时也是掌握利用各种现代测绘仪器进行数字地形图测绘的必要过程。通过实习可以培养学生分析问题和解决问题的能力，并为利用所学理论知识与技能解决相关问题打下坚实的基础。

1.2 地球的形状和大小

测量工作是在地球自然表面上进行的，而地球自然表面的形状非常复杂，有高山、丘陵、平原、河谷、湖泊及海洋等各种不同的地貌形态，世界上最高的山峰珠穆朗玛峰高达 8844.43m，而太平洋西部的马里亚纳海沟则深达 11022m，但这些距离与地球的平均半径（约 6371km）相比是微不足道的。而且地球表面海洋面积约为 71%，陆地面积仅为 29%。因此，可以把地球形状看作被海水包围的球体。假设一个静止的海水面向大陆和岛屿延伸形成一个封闭的曲面，这个静止的海平面叫水准面。水准面有无穷多个，其中与平均海水面重合的一个水准面称为大地水准面，也是测量工作的基准面。大地水准面所包围的地球形体叫大地体。

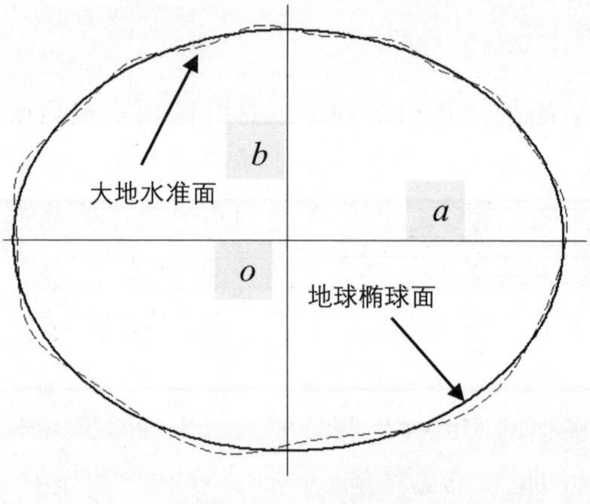

图 1.1　大地水准面

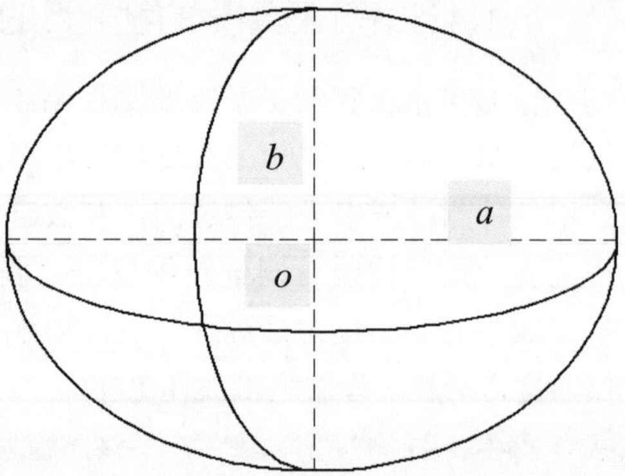

图 1.2　参考椭球体

由于地球的自转，地球上任一点都受到离心力和地心吸引力的作用，这两个力的合力称为重力。重力的作用线称为铅垂线，也是测量工作的基准线。

由于地球内部物质分布的不均匀性，地面上各点的铅垂线方向产生不规则的变化，又因水准面处与重力方向垂直，这将使大地水准面成为略有起伏而极不规则的曲面。如图 1.1 所示，不能用数学公式来表达。因此，为方便使用，通常用一个形状大小非常接近于大地水准面，并且可以用规则的数学公式表达的几何形体来代替地球椭球体（如图 1.2 所示）作为测量计算的基准面，即参考椭球体，我国采用的旋转椭球体参数值如表 1.1 所示。

表1.1　我国常用的旋转椭球体的参数值

坐标系名称	椭球体名称	长半轴 a（m）	扁率 α	推算年代和国家
1954 北京坐标系	克拉索夫斯基	6378245	1 ∶ 298.3	1940 年 苏联
1980 西安坐标系	IUGG-1975	6378140	1 ∶ 298.257	1979 年 国际大地测量与地球物理联合会
2000 地心坐标系	CGCS-2000	6378137	1 ∶ 298.257222101	—

1.3 地面点位的确定

测量工作的基本任务之一就是确定地面点的位置。在测量工作中，通常采用地面点在基准面上的投影位置及该点沿投影方向到基准面即椭球体面的距离来表示。

1.3.1 地面点的坐标

在测绘工作中，常用的坐标系有地理坐标系和平面直角坐标系两种。

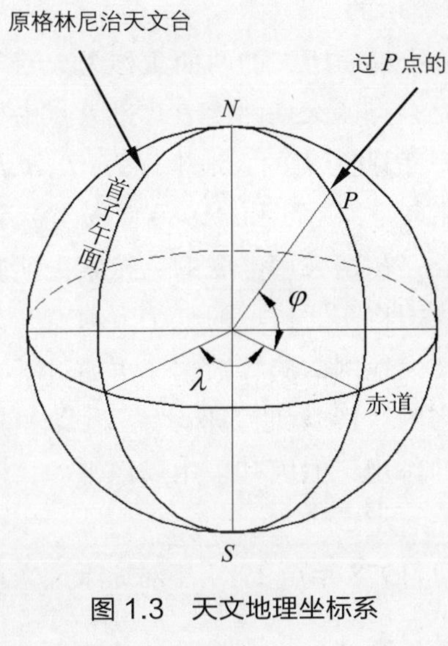

图 1.3　天文地理坐标系

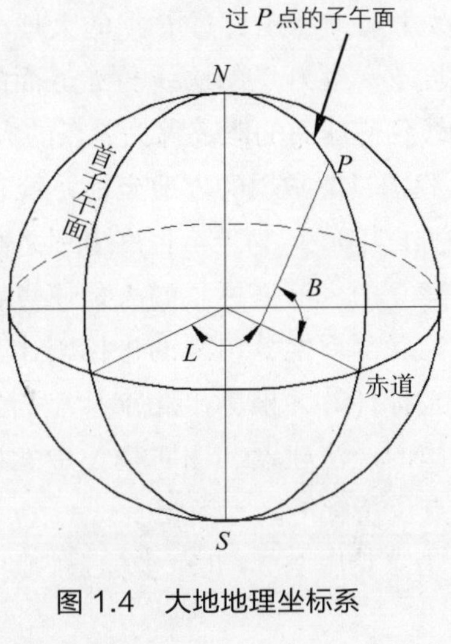

图 1.4　大地地理坐标系

1. **地理坐标系**

以经度和纬度来表示地面点位置的球面坐标系统，称为地理坐标系。地理坐标系分为如下两种：

（1）天文地理坐标系

天文地理坐标又称为天文坐标，表示地面点在大地水准面上的位置，即以大地水准面和铅垂线为基准建立起来的坐标系，用天文经度 λ、天文纬度 φ 和正高 $H_{正}$ 表示地面点的位置，它们是用天文测量的方法实地测得的。

如图 1.3 所示，N、S 分别是地球的北极和南极，NS 称为地轴。包含地轴的平面称为子午面；子午面与地球表面的交线称为子午线；通过原格林尼治天文台的子午面称为首子午面。过地面上任意一点 P 的子午面与首子午面的夹角 λ，称为点 P 的天文经度。由首子午面向东量取称为东经，向西量取称为西经，其取值范围为 0° ~ 180° 。

通过地心且垂直于地轴的平面称为赤道面。过 P 点的铅垂线与赤道面的夹角 φ，称为点 P 的天文纬度。由赤道面向北量取称为北纬，向南量取称为南纬，其取值范围为 0° ~ 90° 。

地面上每一点都有与之对应的天文坐标。

（2）大地地理坐标系

大地地理坐标又称为大地坐标，表示地面点在参考椭球面上的位置，即以参考椭球面及其球面法线为基准建立起来的坐标系，用大地经度（L）、大地纬度（B）和大地高（H）来表示地面点的位置，它是利用地面上的实测数据推算出来的。地形图上的经纬度一般都是以大地坐标来表示的。

如图 1.4 所示，过 P 点的大地子午面和首子午面所夹的两面角称为 P 点的大地经度 L；过 P 点的法线与赤道面的夹角称为 P 点的大地纬度 B；过 P 点沿椭球面法线到椭球面的距离称为 P 点的大地高程 H；因此 P 点的大地坐标为（L,B,H）。

我国目前常用的大地坐标系统有“1954 北京坐标系”和“1980 西安坐标系”。如前 1.1 表所示，1954 北京坐标系是新中国成立初期采用苏联的克拉索夫斯基椭球体建立的。该坐标系的大地原点在苏联，我国将东北边境的三个大地点和苏联大地网联测后推算出来的坐标，作为我国天文大地网的起算数据，再通过天文大地网坐标计算，推算出北京某点的坐标，命名为“1954 北京坐标系”。该坐标系在我国的经济建设和国防建设中发挥了重要的作用，但因其采用局部平差，所以存在点位精度不高等问题。

为了克服 1954 北京坐标系的问题，我国于 1978 年至 1984 年对原天文大地网重新进行了整体平差，并在 1984 年 6 月通过技术鉴定，建立了 1980 国家大地坐标系即 1980 西安坐标系，该坐标系采用 IUGG–1975 椭球，大地原点选在陕西省泾阳县永乐镇，椭球面与我国境内的大地水准面密合最佳，平差后的精度明显提高，并为精化地心坐标提供了条件。

2. 平面直角坐标系

地理坐标是球面坐标，不便于直接进行各种计算，尤其是在小区域范围的研究和测量工作中。在工程建设的规划、设计与施工中，研究区域范围均较小，则宜在平面上进行各种计算，为此，需要选择适当的投影方法将球面上的点在平面上表达出来。我国常用到的小地区范围测量的平面投影方法主要有：由高斯克吕格投影方法所产生的高斯平面直角坐标系和独立平面直角坐标系。

（1）高斯平面直角坐标系

采用横切椭球投影即高斯克吕格投影方法建立的平面坐标系称为高斯－克吕格直角坐标系，简称为高斯直角坐标系。

高斯投影方法是按一定的经度差（6° 或 3° ）将地球椭球沿经线划分成若干带，然后将每一个分带投影展开到平面上。其中 6° 分带是从首子午线开始，每经差 6° 划分为一带，自西向东将整个地球划分成 60 个带。带号从首子午线开始为 1 号带，自西向东用阿拉伯数字依次编写。位于各带中央的子午线称为中央子午线，则第一带中央子午线的经度为 3° ，任意一带的中央子午线经度为：

$$\lambda_0=6N-3 \tag{1.1}$$

式中，N 为 6° 分带的带号，λ_0 为中央子午线的经度。

如图 1.5 所示，高斯投影首先将地球假想为圆球，设想把地球放在一个横置的等径圆柱内，使圆柱的轴心通过圆球的中心，让地球上某 6° 分带的中央子午线与圆柱面相切。在球面图形与柱面图形保持等角的条件下，将该 6° 分带在球面上的图形投影到圆柱面上，然后将圆柱体沿着通过南、北极的母线切开并展开放到平面上。

投影后展开如图 1.6 所示，中央子午线与赤道成为相互垂直的直线，且中央子午线长度保持不变。除中央子午线外，其余子午线投影后均向中央子午线弯曲，并且对称于中央子午线和赤道，收敛于两极，距中央子午线越远，投影变形也越大。取投影后的中央子午线为坐标纵轴，即 x 轴；赤道为坐标横轴，即 y 轴，两轴的交点为坐标原点 O，组成高斯平面直角坐标系。在坐标系内，规定 x 轴向北为正，y 轴向东为正，坐标象限按顺时针编号，直线方向从北方向开始顺时针定义，以保证三角函数计算公式在测量计算中能方便使用。

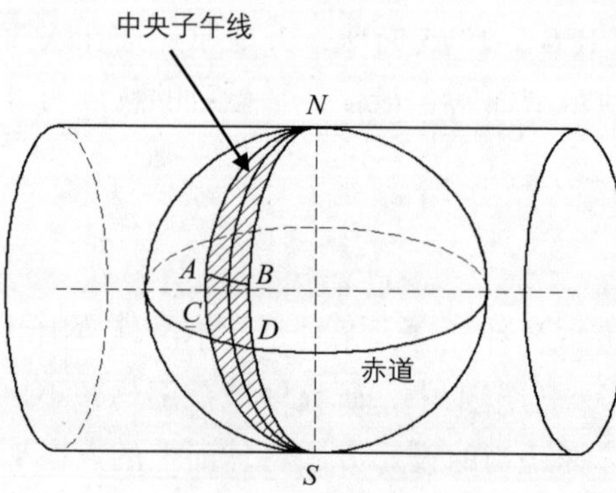

图 1.5 高斯投影过程

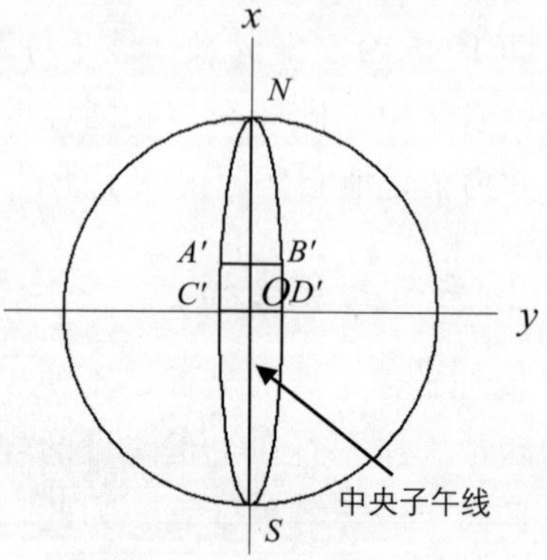

图 1.6 高斯投影结果

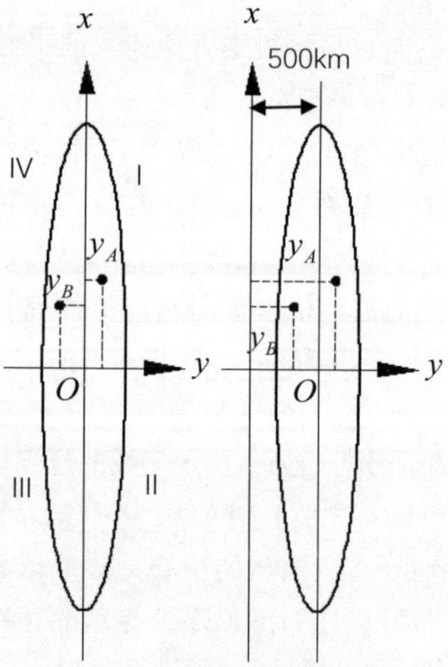

图 1.7　高斯平面直角坐标

分析投影后的坐标系可得知，因我国位于地球的北半球，x 坐标值均为正值，y 坐标值则有正负之分，为了避免 y 坐标出现负值，将 x 轴向西平移 500km，这样，虽解决了 y 坐标的负值问题，但每个投影带内均会有相同的坐标值出现，为了唯一地确定点所在的位置，则需在每点的 y 坐标值前冠以带号，如图 1.7 所示 A、B 两点，其自然坐标值为 $y_A = +153601\text{m}$，$y_B = -252760\text{m}$；纵坐标轴西移 500km 后，$y_A = +653601\text{m}$，$y_B = +247240\text{m}$；因 A、B 两点均位于 6° 分带的第 20 带，则 $y_A = 20653601\text{m}$，$y_B = 20247240\text{m}$。

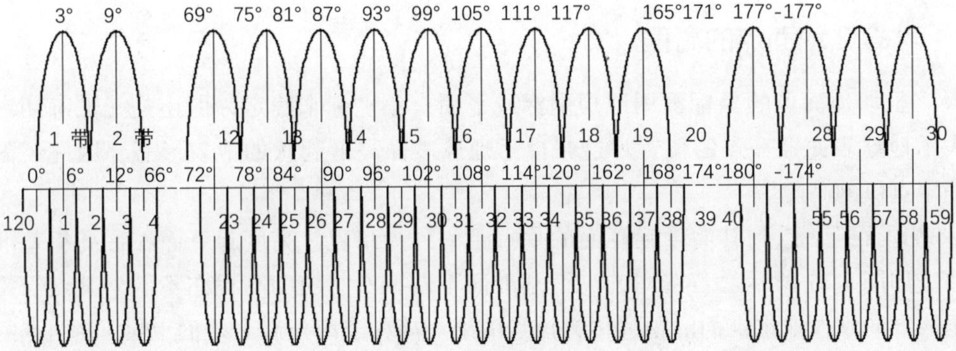

图 1.8 高斯投影分带

当要求投影变形更小时，采用 3° 分带投影。如图 1.8 所示，上半部分是 6° 分带，下半部分是 3° 分带；其中 3° 分带是从 1° 30′ 开始，按经差 3° 划分为一带，全球共分为 120 带。每带中央子午线经度 λ_0' 与带号 n 的关系式为：

$$\lambda_0' = 3n \tag{1.2}$$

我国领土南起北纬 4° ，北至北纬 54° ，西由东经 74° 起，东至东经 135° ，东西横跨 11 个 6° 带，21 个 3° 带。

（2）独立平面直角坐标系

在测区范围较小，半径不大于 10km 的范围内，都可以用测区中心点的切平面代替大地水准面，地面点在投影面上的位置则可用平面直角坐标来确定。

一般将独立平面直角坐标系的原点选在测区的西南方向之外，以确保测区内每一点的坐标均为正值，如图 1.9 所示。其中，坐标系的原点可以是假定坐标值，也可以是高斯平面直角坐标值。同于高斯平面直角坐标系，规定 x 轴向北为正，y 轴向东为正，坐标象限按顺时针编号。如图 1.10 所示。

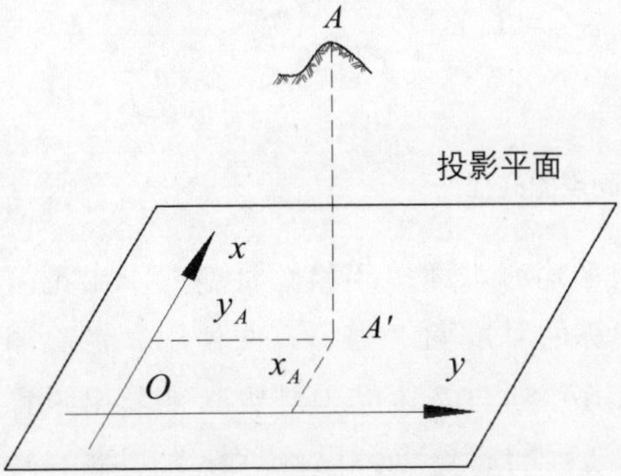

图 1.9 独立平面直角坐标系

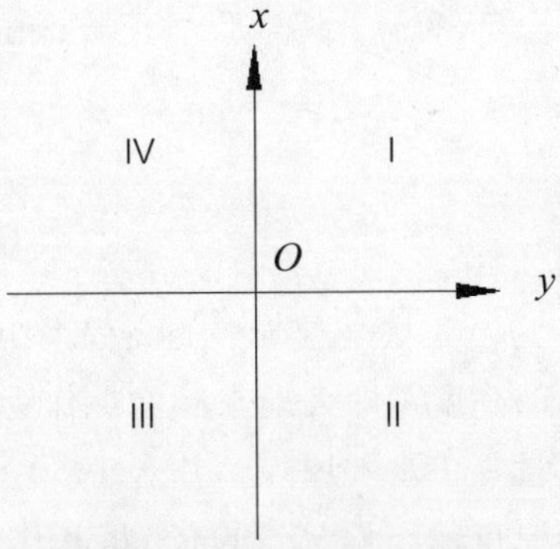

图 1.10 测量平面直角坐标系

1.3.2 地面点的高程

虽然地面点的坐标可用地理坐标或平面直角坐标来确定，但还是无法确切地表示地球表面上一点的位置。这是由于地球表面高低起伏的地表形态，因此还需确定点位的高度。

地面任一点到其高度起算面的垂直距离称为高程。高度起算面亦称高程基准面，如图 1.11 所示。若选用的高程基准面不同，所对应的高程亦不同。某点沿铅垂线方向到大地水准面的距离称为该点的绝对高程或海拔高。地面上 A、B 两点的绝对高程分别为 H_A、H_B。点到任一假定水准面的垂直距离，称为该点的相对高程，分别用 H_A' 、H_B' 表示。地面上两点的高程之差，称为高差或比高。高差是相对的，具有方向性，有正负之分，如图 1.11 所示，A 点到 B 点的高差为正，则 B 点到 A 点的高差为负。即：

$$h_{AB} = H_B - H_A = H_B' - H_A' \tag{1.3}$$

$$h_{BA} = H_A - H_B = H_A' - H_B' \tag{1.4}$$

则有 $h_{AB} = -h_{BA}$ （1.5）

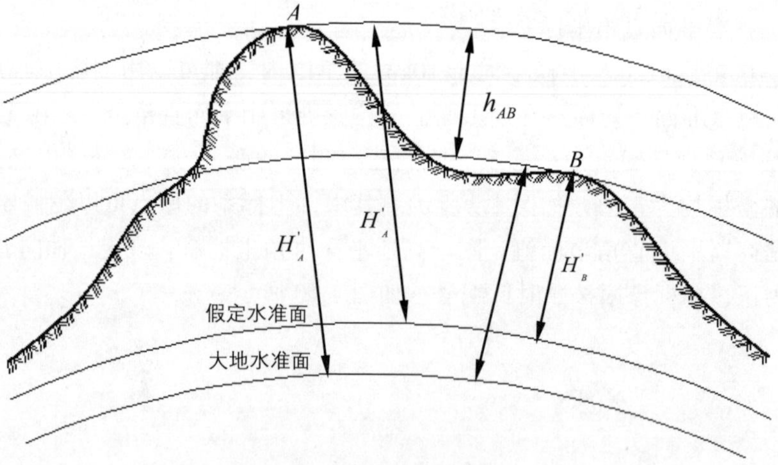

图 1.11　地面点的高程

为了建立全国统一的高程系统，采用平均海水面多年验潮资料，求出黄海海平面的高度（即大地水准面）作为高程起算的基准面。为了方便使用，在验潮站附近设立了水准原点，并于 1950 年 ~ 1956 年通过 7 年的验潮资料推算出了青岛水准原点的高程 72.289m，将其作为全国高程的起算点，以该点作为基准的高程系统，称为“1956 年黄海高程系”。于 1952 年 ~ 1979 年通过 27 年的验潮资料确定了青岛水准原点的高程为72.2604m，称为“1985国家高程基准”，并于1987年5月开始将该基准作为全国统一的高程基准。

1.4 用水平面代替水准面的限度

由于水准面是一个曲面，曲面上的图形投影到平面上，总会产生一些变形。实际测量工作中，在一定的测量精度下，当测区范围较小时，可用水平面代替水准面，如图1.12所示，将较小一部分的地球表面上的点直接投影到水平面上来确定其空间位置，这样做简化了很多的测量和计算工作，但也为测量结果带来了一定的误差，因此需要分析其误差允许的范围，以确保用平面代替曲面的测量精度。以下讨论中，将地球看作圆球，取其半径为6371km。如图1.12所示，在测区中部选一点A，沿铅垂线方向投影到大地水准面上的点a，过a作切平面即水平面，则地面上的B、C两点投影到大地水准面上为b和c，投影到水平面上分别为b'和c'。以下分别对用水平面代替水准面的限度从水平距离、水平角和高程测量三个方面分别讨论。

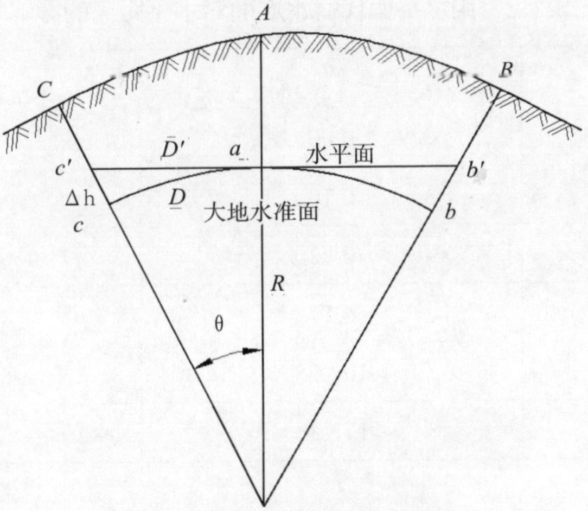

图1.12 用水平面代替水准面的限度

1.4.1 对水平距离的影响

如图1.12所示，ac的弧长为D，ac'长为D'，球面半径为R，D所对的圆心

角为 θ，则以水平长度 D' 代替弧长 D 所产生的误差为：

$$\Delta D = D' - D = R\tan\theta - R\theta = R(\tan\theta - \theta) \tag{1.6}$$

将 $\tan\theta$ 用级数展开为：

$$\tan\theta = \theta + \frac{1}{3}\theta^3 + \frac{5}{12}\theta^5 + \cdots$$

因 θ 角很小，只取前两项带入式（1.6）得：

$$\Delta D = R(\theta + \frac{1}{3}\theta^3 - \theta) = \frac{1}{3}R\theta^3$$

考虑到 $\theta \approx \dfrac{D}{R}$，则有：

$$\Delta D = \frac{D^3}{3R^2}$$

变式后为：

$$\frac{\Delta D}{D} = \frac{D^2}{3R^2} \tag{1.7}$$

取 R=6371km，以不同的 D 值带入式（1.7）得到用水平面代替水准面时所产生的距离误差和相对误差，详见表 1.2。

表1.2　用水平面代替水准面对水平距离的影响

D（km）	ΔD（cm）	$\Delta D/D$
1	0.00	—
5	0.10	1/487 万
10	0.82	1/122 万
20	6.57	1/30.4 万
50	102.65	1/4.9 万
60	177.38	1/3.4 万

由表 1.2 分析可知，当距离为 10km 时，以水平面代替水准面所产生的距离误差为 0.82cm，相对误差为 1/1220 000。这样小的误差，完全能够满足精密测距的要求。所以，在半径为 10km 的范围内，以水平面代替水准面所产生的距离误差可忽略不计。

1.4.2 对水平角的影响

从图 1.13 结合球面三角分析可知，球面上三角形内角之和比平面上相应三角形之和会多出一个球面角超。其值可用多边形面积求得，即：

$$\varepsilon=\frac{P}{R^2}\rho'' \tag{1.8}$$

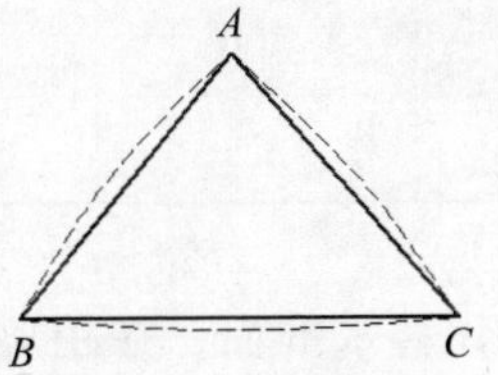

图 1.13　球面角超

上式中，ε 为球面角超，单位为秒；P 为球面多边形的面积；ρ'' 值为 206265″；R 为地球半径，取值为 6371km。

以球面上的不同面积值带入式 1.8，求出的球面角超如下表 1.3 所示。

表1.3　用水平面代替水准面对水平角的影响

球面面积（km^2）	$\varepsilon('')$	球面面积（km^2）	$\varepsilon('')$
10	0.05	100	0.51
50	0.25	500	2.54

计算结果表明，当测区面积在 100km^2 时，用水平面代替水准面对水平角的影响仅为 0.51″，这在普通测量工作中是可以忽略不计的。

1.4.3 对高程测量的影响

如图 1.12 所示，用水平面代替水准面后所产生的高程差为：$\Delta h=Cc-Cc'$。分析图 1.12 得：

$$(R+\Delta h)^2=R^2+D'^2$$

推算后得：$\Delta h=\dfrac{D'^2}{2R+\Delta h}$

在分析用水平面代替水准面对距离的影响中已得知，D' 和 D 相差很小，可

用 D 代替 D' ，同时 Δh 与 $2R$ 相比也可忽略不计，则有：

$$\Delta h = \frac{D^2}{2R} \tag{1.9}$$

取 R=6371km，以不同的 D 值带入式 1.9 可得以水平面代替水准面时对高程的影响，如表 1.4 所示。

表1.4　用水平面代替水准面对高程的影响

D（m）	50	100	200	300	500	1000
Δh（mm）	0.2	0.8	3.1	7.1	19.6	78.5

计算结果表明，用水平面代替水准面，在距离为 200m 时，对高程的影响就有 3.1mm，所以地球曲率对高程影响很大。因此，在高程测量中，即使距离很短也应顾及地球曲率的影响。

1.5 测量工作概述

1.5.1 测量工作的基本内容

在实际的测量工作中，除了可利用全站仪或 GPS 直接测量获得点位的坐标和高程外，还可测出待定点和已知点之间的几何位置关系，然后再推算出待定点的坐标和高程。

如图 1.14 所示，A、B 为已知点，C 为待定点，三点在投影平面上的点分别是 a、b、c。在 $\triangle abc$ 中，只要根据实际条件测出需要的边长和角值（即水平角和水平距离）则可推算出 C 点的坐标。欲求 C 点的高程，则要测出高差 h_{AC} 或 h_{BC}，然后推算出 C 点高程。所以测定某点坐标的主要测量工作是测量水平距离、水平角和高差。

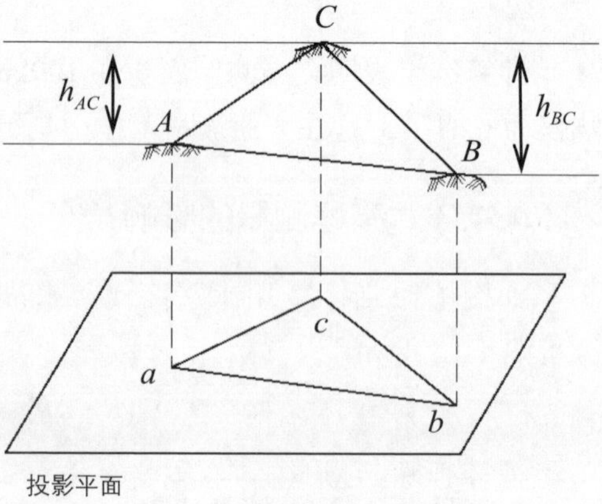

图 1.14　测量工作的基本内容

1.5.2 测量工作的基本原则

地球自然表面高低起伏，形状极其复杂，习惯上将其分为地物和地貌两大类。而测量工作的主要目的是按规定要求测定地物、地貌的相对位置或绝对位置，并按一定的投影方式和比例用规定的文字和符号将其转绘于图纸上，形成地形图。这就需要测定许多特征点（也称碎部点）的平面位置和高程。若从某一点出发，依次逐点进行测量，虽然最后也能将整个测区的地物、地貌的位置测定出来，但在整个测量过程中不可避免地会产生一些误差，这样再经一点一点地传递积累，最终必将使误差不断增大，从而导致十分严重的后果。因此，在实际测量过程中必须遵循“从整体到局部，先控制后碎部，从高级到低级”全面控制的基本原则，即先在测区范围内选择一些有控制意义的点即控制点，把它们的平面位置和高程精确地测定出来，并作为下一步测量工作的依据，然后再根据这些控制点测定出附近的碎部点。这种测量方法既可以减少误差的积累，也可以在若干个控制点上同时进行测量工作，能加快工作进度，提高作业效率。

此外，测量工作还必须注意检核，防止发生错误，避免错误的结果对后续测量工作的影响。因此，“前一步工作未检核合格不得进行下一步的测量工作”。

第 2 章　测绘仪器的使用方法探究

2.1 高程测量的原理与方法

测定地面点高程的工作，称为高程测量。高程测量是测量的基本工作之一。高程测量因所使用的仪器和测量方法的不同，分为几何水准测量（简称水准测量）、三角高程测量、GPS 高程测量和气压高程测量。水准测量是高程测量中最基本、精度较高的一种测量方法，它广泛地应用于国家高程控制测量、工程勘测和施工测量中。本节主要介绍水准测量原理、水准测量仪器的构造、使用以及检验与校正的方法等内容。

2.1.1 水准测量原理

水准测量的原理是利用水准仪提供一条水平视线，利用水准尺上的读数来测定两点间的高差，再根据已知点高程计算待定点高程的一种方法。

如图 2.1 所示，在地面上有 A、B 两点，水准测量的前进方向为 A 点到 B 点，设 A 点的高程为 H_A，欲测定 B 点的高程 H_B，在 A、B 两点之间安置一台水准仪，A、B 两点上各竖立一根水准尺。如图 2.1 所示称 A 点为后视点，其水准尺读数 a 为后视读数；称 B 点为前视点，其水准尺读数 b 为前视读数。因此，两点间的高差等于：

$$h_{AB} = \text{后视读数} - \text{前视读数} = a - b \tag{2.1}$$

如果后视读数大于前视读数，则高差为正，B 点比 A 点高；如果后视读数小于前视读数，则高差为负，表示 B 点比 A 点低。

因此 B 点的高程为：

$$H_B = H_A + h_{AB} \tag{2.2}$$

B 点高程也可以通过水准仪的视线高程 H_i 计算，即

$$H_i = H_A + a \tag{2.3}$$

$$H_B = H_i - b \tag{2.4}$$

上述利用式 2.2 根据高差推算高程的方法称为高差法；利用式 2.3 和 2.4 根据视线高推算高程的方法称为视线高法。当安置一次仪器确定几个点的高程时，视线高法比高差法方便。

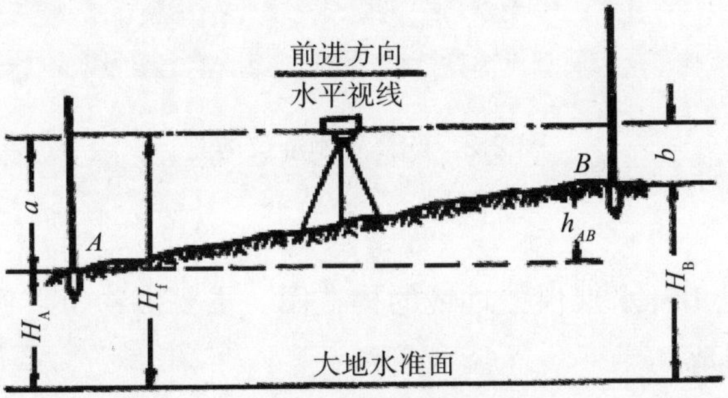

图 2.1　水准测量原理

2.1.2 水准测量的仪器和工具

水准测量所使用的仪器为水准仪，工具有水准尺和尺垫。

水准仪按仪器的精度可分为 DS_{05}、DS_1、DS_3、DS_{10} 等四个等级。“D” 和 “S” 分别为“大地测量” 和 “水准仪” 汉语拼音的第一个字母；脚标数字代表仪器的测量精度，即每千米往返测得高差中数的偶然中误差分别为 ±0.5mm，±1mm，±3mm，±10mm。DS_3 型水准仪是比较有代表性的微倾式水准仪，也是目前使用比较广泛的水准仪，因此本章着重介绍这种型号的仪器。

1. DS_3 微倾式水准仪的构造

水准仪的主要作用是提供一条水平视线，并能照准水准尺进行读数。通过调整水准仪使管水准器气泡居中来获得水平视线的水准仪称为微倾式水准仪。

如图 2.2 所示的是国产的 DS_3 微倾式水准仪。它主要由望远镜、水准器、基座三部分组成。

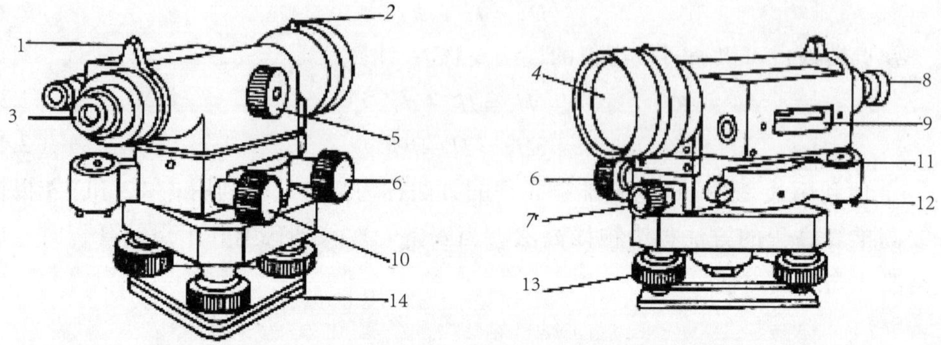

1- 照门；2- 准星；3- 目镜；4- 物镜；5- 物镜对光螺旋；6- 微动螺旋；7- 制动螺旋；8- 目镜；9- 管水准器；10- 微倾螺旋；11- 圆水准器；12- 校正螺丝；13- 脚螺旋；14- 底板

图 2.2　DS_3 级水准仪构造

（1）望远镜

图 2.3（a）是 DS_3 水准仪望远镜的构造图，主要由物镜、目镜、调焦透镜和十字丝分划板等组成。

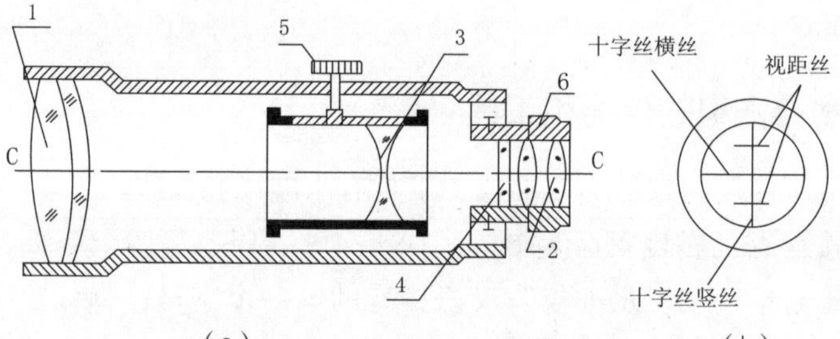

（a）　　　　　　　　　　　　（b）

（a）望远镜；　　　　　　　　（b）十字丝分划板

1- 物镜；2- 目镜；3- 物镜调焦透镜；4- 十字丝分划板；5- 物镜调焦螺旋；6- 目镜调焦螺旋

图 2.3　望远镜的构造

物镜和目镜多采用复合透镜组。物镜的作用是和调焦透镜一起将远处的目在十字丝分划板上缩小成明亮的实像，目镜的作用是将物镜所成的实像与十字丝一起形成放大的虚像。

十字丝分划板是一块刻有分化线的透明薄平板玻璃片，如图 2.3（b）。分划板上相互垂直的两条长丝称为十字丝。其中纵丝也称为竖丝，横丝也称为中丝，上、下两条对称的短丝称为视距丝，主要用于测量距离。操作时利用十字丝交叉点和中丝瞄准目标并读取水准尺上的读数。

十字丝交点与物镜光心的连线，称为望远镜的视准轴。延长视准轴即水准测量中的水平视线。

（2）水准器

水准器是用来判断水准仪是否安置水平的重要部件，是一种整平装置。水准器有管水准器和圆水准器两种。管水准器用来指示视准轴是否水平，圆水准器用来指示仪器竖轴是否竖直。

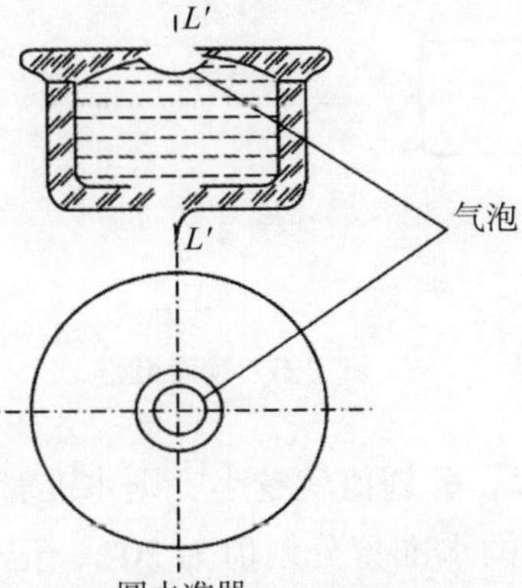

图 2.4　圆水准器

如图 2.4 所示，圆水准器顶面的内壁是球面，其中有圆形分划圈，圆圈的中心为水准器的零点。通过零点的球面法线称为圆水准器轴线，当圆水准器气泡居中时，该轴线处于竖直位置。此时，水准仪竖轴应与该轴线平行。当气泡不居中时，气泡中心偏离零点 2mm，轴线所倾斜的角值称为圆水准器分划值，一般为 8° ~10° 。圆水准器主要用于仪器的粗略整平。

（3）管水准器

管水准器又称水准管，它把纵向内壁磨成圆弧形（圆弧半径一般为 7~20m）的玻璃管，管内装有酒精和乙醚的混合液，加热融封冷却后留有一个近于真空的气泡，如图 2.5（a）所示。由于气泡比液体轻，故当仪器水平的时候气泡恒处于管内最高位置。

水准管上一般刻有 2mm 间隔的分划线，分划线的对称中点 O 称为水准管零点。通过零点作水准管圆弧的纵切线，称为水准管轴。当水准管的气泡中点与水准管零点重合时，称为气泡居中，这时水准管轴处于水平位置，否则水准管轴处于倾斜位置。水准管圆弧 2mm 所对的圆心角 τ 称为水准管分划值，如图 2.5（b）所示。

$$\tau = \frac{2}{R}\rho'' \tag{2.5}$$

式中：ρ 为 1 弧度对应的秒值，$\rho'' = 206265''$；R 为水准管圆弧半径（mm）。

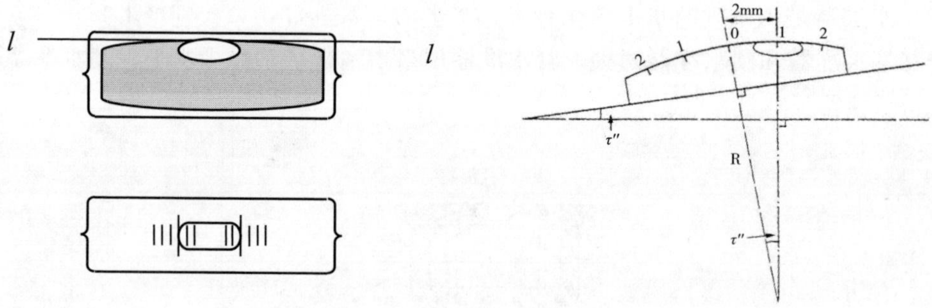

（a）　　　　　　　　　　　　　　（b）

（a）管水准器；　　　　　　（b）管水准器分划值

图 2.5　管水准器

水准管圆弧半径愈大，分划值就越小，则水准管灵敏度就越高，也就是仪器的精度越高。DS_3 水准仪的水准管分划值为 20″，记作 20″/2mm。由于水准管的精度较高，所以用于仪器的精确整平。

为了提高水准管气泡居中的精度，DS_3 微倾式水准仪多采用符合水准管系统，通过符合棱镜的反射作用，使气泡两端的影像反映在望远镜旁的符合气泡观察窗中。由观察窗看气泡两端的半像吻合与否，来判断气泡是否居中，如图 2.6 所示，若两半气泡像吻合，说明气泡居中，此时水准管轴处于水平位置。若两半气泡像呈错开状态，则表示气泡不居中，这时，应转动目镜下方右侧的微倾螺旋，使气泡的像吻合。

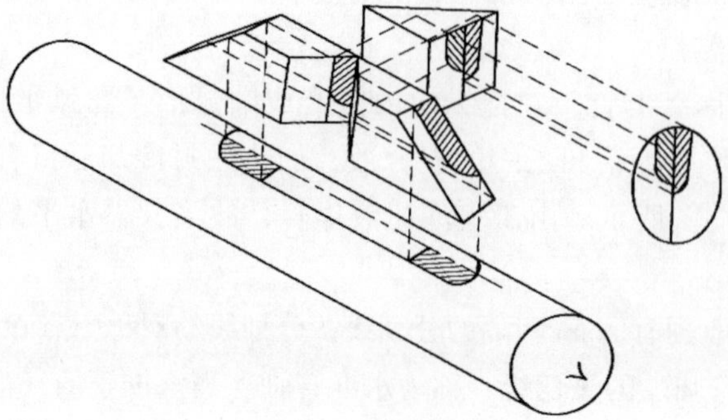

图 2.6　符合棱镜成像

（4）基座

基座主要由轴座、脚螺旋、底板和三角压板构成。其作用主要是支承仪器的上部，即将仪器的竖轴插入轴座内旋转。脚螺旋用于调整圆水准器气泡居中。底板通过连接螺旋与下部三脚架连接。

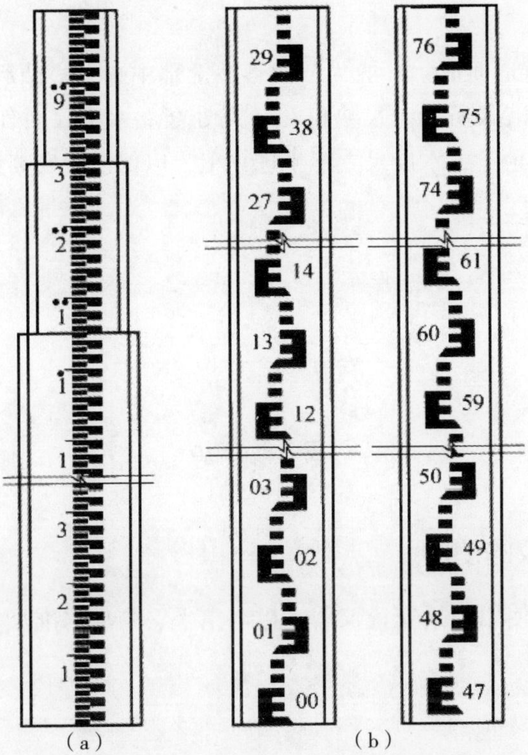

（a）塔尺　　（b）双面尺

图 2.7　水准尺

2. 水准尺和尺垫

水准尺是水准测量中用于读数的标尺。常用的水准尺有塔尺和双面水准尺两种。通常双面水准尺用干燥的优质木材制成；塔尺用铝合金或玻璃钢材料制成。

如图 2.7（a）所示，塔尺由两节或三节套接而成，可以伸缩，长度有 3m 和 5m 两种。塔尺一般为双面刻划，尺底为零刻划，尺面刻划为黑白格相间，每格宽度为 1cm 或 0.5 cm，分米处注有数字注记，数字上方加红点表示米数。由于塔尺接头处存在误差，因此，塔尺仅用于等外水准测量和精度要求较低的工程施工测量中。

如图 2.7（b）所示，双面水准尺长度为 3 m，双面均有刻划，最小分划值为 1cm，分米处注有数字注记。其中一面为黑白格相间刻划（称为黑面尺），尺底为零刻划；另一面为红白相间（称为红面尺），尺底不为零，而是一常数。双面尺一般成对生产和使用，一根尺的常数为 4.687m，另一根尺的常数为 4.787m。利用红黑面尺的零点差可对水准测量中的读数进行检核。双面水准尺用于三、四等水准测量中。

尺垫由生铁铸造而成，一般为三角形，上部中央有一凸起的半圆球体，下部有三个支脚，如图 2.8 所示。尺垫仅在转点处竖立水准尺时使用。使用时，将尺垫支脚牢固地踩入地下，水准尺立于半球顶上，以保证尺底高度不变。

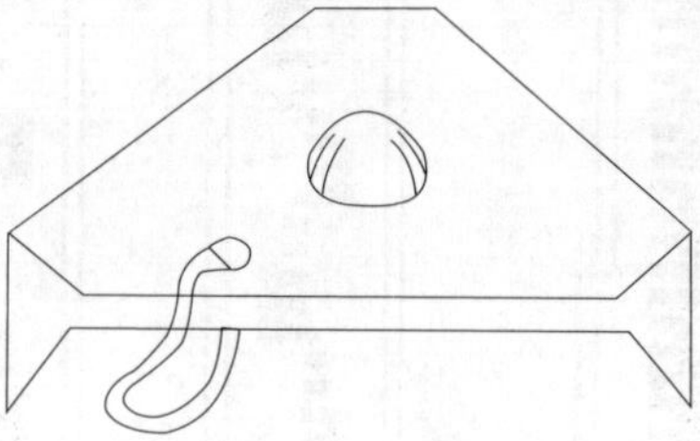

图 2.8　尺垫

2.1.3 水准仪的使用

DS_3 水准仪的使用包括安置仪器、粗略整平、瞄准水准尺、精确整平和读数，分述如下：

1. 安置仪器

打开仪器三脚架并使其高度适中，目估使架头大致水平，检查三脚架腿是否安置稳固，脚架伸缩螺旋是否拧紧，然后打开仪器箱取出水准仪，用连接螺旋将水准仪固连在三脚架头上。

2. 粗略整平

粗略整平是借助圆水准器的气泡居中，使仪器竖轴大致铅直，从而使视准轴粗略水平。利用脚螺旋使圆水准器气泡居中的操作步骤如图 2.9 所示，气泡未居中处于 *a* 处，先按图上箭头所指的方向用两手相对转动脚螺旋①和②，使气泡移到 *b* 的位置。再转动脚螺旋③，即可使气泡居中。在整个整平的过程中，气泡移动的方向始终与左手大拇指转动脚螺旋的方向一致，俗称左手大拇指原则。

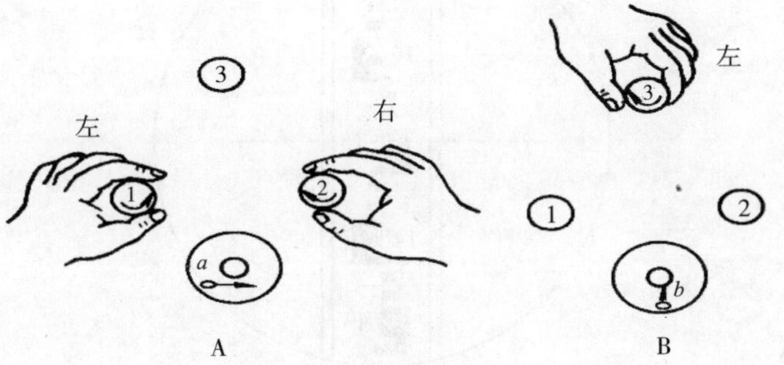

图 2.9　粗略整平

3. 瞄准水准尺

首先进行目镜调焦，把望远镜对着明亮的背景，转动目镜调焦螺旋，使十字丝清晰。转动望远镜，使照门和准星的连线对准水准尺，拧紧制动螺旋，转动物镜调焦螺旋，使水准尺成像清晰。然后转动水平微动螺旋，使十字丝竖丝照准水准尺中央。

当眼睛在目镜端上下微微移动时，若发现十字丝的横丝在水准尺上的位置随之变动，这种现象称为视差。产生视差的原因是水准尺成像的平面和十字丝平面不重合。视差的存在将会影响读数的准确性，应加以消除。消除的方法是再仔细地进行物镜调焦和目镜调焦，直到眼睛上下移动时读数不变。

4. 精确整平

眼睛通过望远镜左边的符合水准器观察窗观察水准管气泡，用右手缓慢而均匀地转动微倾螺旋，使气泡两端的像吻合，如图 2.10 所示。

图 2.10　精确整平

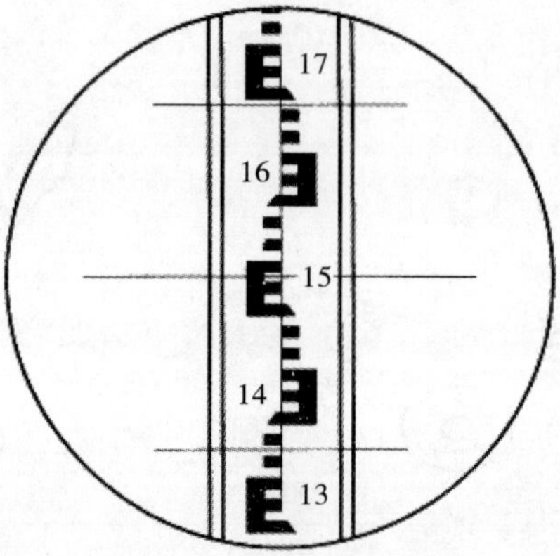

图 2.11　水准尺读数

5. 读数

水准管气泡居中时，应根据中丝在尺上的位置进行读数，先估读毫米数，然后报出全部读数，如图 2.11 所示，读数为 1.536。现在的水准仪多采用倒像望远镜，因此读数时应从小往大，即从上往下读。

精确整平和读数虽是两项不同的操作步骤，但在水准测量的实施过程中，把两项操作视为一个整体。即精确整平后再读数，读数后还要检查水准管气泡是否符合，只有这样，才能取得正确的结果。

2.1.4 水准测量的外业

1. 水准点

为了统一全国的高程系统，满足各种比例尺测图、各项工程建设以及科学研究的需要，测绘部门在全国各地埋设了许多固定的测量标志，并用水准测量的方法测定其高程，这些标志点称为水准点，简记为 BM。水准点根据其保存时间的长短分为永久性和临时性两种。国家等级水准点如图 2.12 所示，一般用石料或钢筋混凝土制成，深埋在地面冻结线以下，在标石的顶面设有用不锈钢或其他不易锈蚀的材料制成的半球状标志。标志顶点表示水准点的点位。有些水准点也可设置在稳定的墙脚上，称为墙上水准点，如图 2.13 所示。

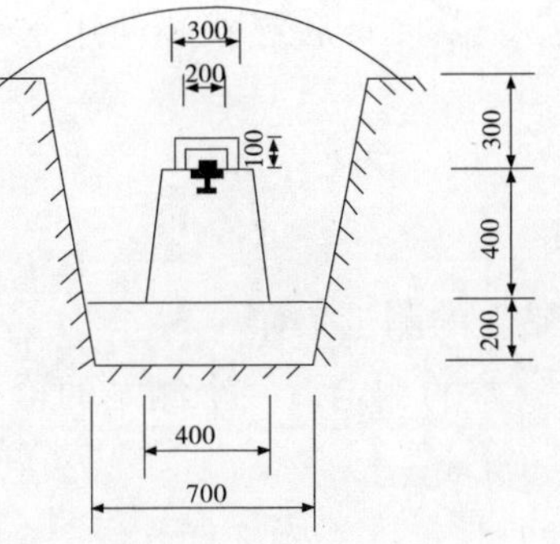

图 2.12　国家等级水准点（单位：mm）

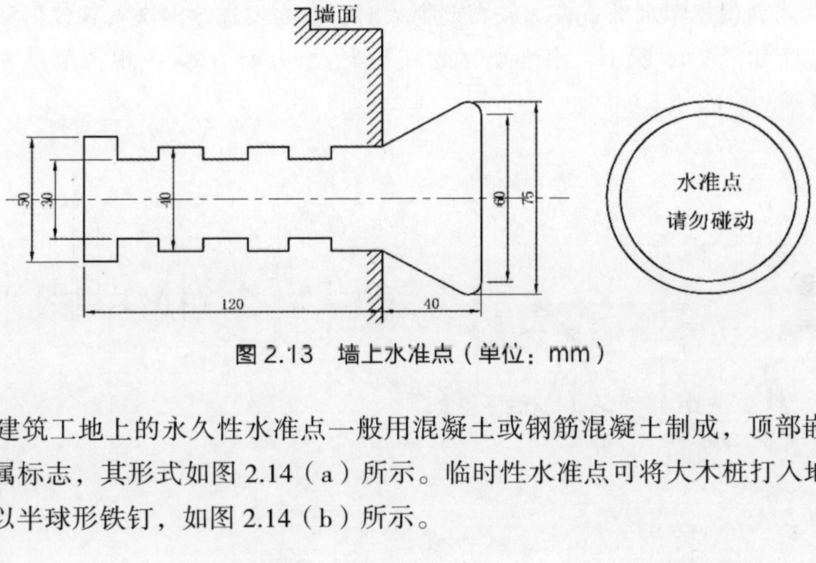

图 2.13　墙上水准点（单位：mm）

建筑工地上的永久性水准点一般用混凝土或钢筋混凝土制成，顶部嵌入半球状金属标志，其形式如图 2.14（a）所示。临时性水准点可将大木桩打入地下，桩顶钉以半球形铁钉，如图 2.14（b）所示。

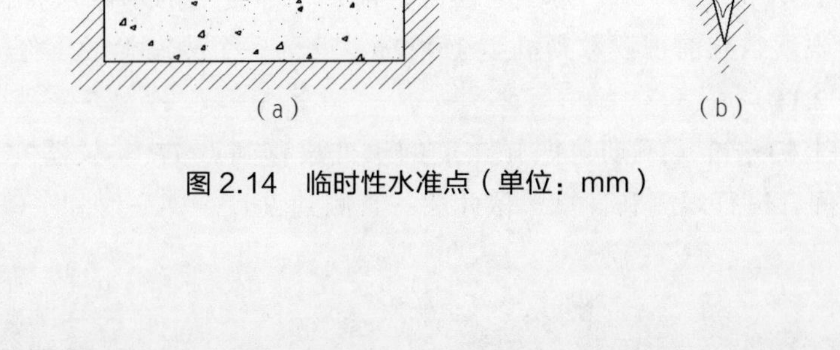

图 2.14　临时性水准点（单位：mm）

埋设好水准点后，应绘出能标记水准点位置的草图，在图上要注明水准点编号和高程，称为“点之记”，以便日后寻找和使用水准点。水准点编号前通常加BM，作为水准点的代号。

2. 水准测量的方法

（1）水准测量一个测站上的测量工作

其测量方法详见连续高差的测定，一个测站的检查方法主要有双仪器法、变动仪器高法和双面尺法。

（2）水准测量如何迁站

迁站方法详见连续高差的测定。

（3）视线高和高差法的应用

当欲测高程点距水准点较远或高差很大时，就需要连续多次安置仪器测出两点的高差。如图 2.15 所示，水准点 A 的高程为 H_A 为 45.046m，现拟测量 B 点的高程，其观测步骤如下：

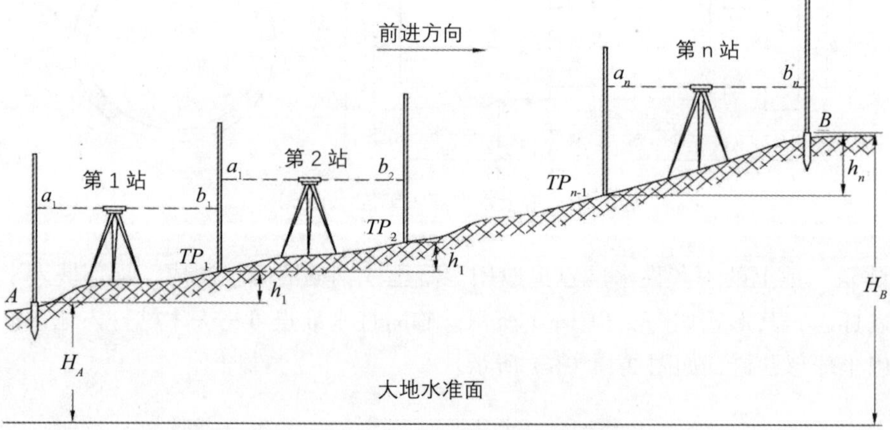

图 2.15　连续水准测量

在离 A 点约 100~200m 处选定点 TP_1，在 A、TP_1 两点上分别立水准尺，在距 A 和 TP_1 等距离的地方安置水准仪，将仪器粗略整平，后视 A 点上的水准尺，精确整平后读数得 1.325m；旋转望远镜，前视 TP_1 点上的水准尺，得前视读数 0.629m，后视读数减前视读数得高差 1.099m。此为一个测站上的工作。观测记录与计算见表 2.1。

点 TP_1 上的水准尺不动，把 A 点上的水准尺移到点 TP_2，仪器安置在点 TP_1 和点 TP_2 之间，进行观测和计算，依此法一直测到 B 点。

显然，每安置一次仪器，便测得一个高差，即

$$h_1 = a_1 - b_1$$
$$h_2 = a_2 - b_2$$
$$\cdots$$
$$h_n = a_n - b_n$$

将各式相加，得

$$h_{AB} = \sum_{i=1}^{n} h_i = \sum_{i=1}^{n} a_i - \sum_{i=1}^{n} b_i$$

则 B 点高程为

$$H_B = H_A + h_{AB} \tag{2.6}$$

由上述可知，在观测过程中，点 TP_1、TP_2……TP_{n-1} 仅起传递高程的作用，这些点称为转点，常用 TP 表示。

表2.1　水准测量手簿

日　期＿＿＿＿＿　仪　器＿＿＿＿＿　观　测＿＿＿＿＿
天　气＿＿＿＿＿　地　点＿＿＿＿＿　记　录＿＿＿＿＿

测站	点号	后视读数（mm）	前视读数（mm）	高差（mm）	备注
1	A	1.325		0.696	已知水准点 H_A=45.046 m
	TP_1		0.629		
2	TP_1	1.679		0.373	
	TP_2		1.306		
3	TP_2	2.015		0.708	
	TP_3		1.307		
4	TP_3	1.978		0.909	
	TP_4		1.069		
5	TP_4	1.366		0.340	
	B		1.026		
	$\sum$	8.363	5.337	3.026	$h_{AB} = 3.026m$
		$\sum a - \sum b = 8.363 - 5.337 = 3.026$			H_B=48.072m

3. 水准测量的成果检核

（1）计算检核

式（2.6）表明，B 点对于 A 点的高差等于各转点之间高差的代数和，也等于各测站后视读数之和减去前视读数之和，因此，此式可用来作为计算的检核，如表 2.1 中。

$$\sum h = 3.026 \text{ m}$$

$$\sum a - \sum b = 8.363 - 5.337 = 3.026m \tag{2.7}$$

这说明高差计算是正确的。

终点 B 的高程 H_B 减去 A 点的高程 H_A，也等于 $\sum h$，即：

$$H_B - H_A = \sum h \tag{2.8}$$

在表 2.1 中为：

$$48.072\text{-}45.046 = 3.026m$$

这说明高程计算是正确的。

计算检核只能检查计算是否正确，并不能检核观测和记录时是否产生错误。

（2）测站检核

在进行连续水准测量时，如果任何一个测站的后视读数或前视读数有错误，都将影响所测高差的正确性。因此为了能及时发现观测中的错误，在每一个测站，通常采用变动仪器高法或双面尺法进行多次观测，以检核高差测量中可能发生的错误，这种检核称为测站检核。

变动仪器高法。在每一个测站上，用两次不同仪器高度的水平视线（改变仪器高度在 10 cm 以上）来测定相邻两点间的高差，理论上两次测得的高差应相等。如果两次高差观测值不相等，对于图根水准测量，其差的绝对值若小于 6mm，则认为符合要求，取其平均值作为最后结果，否则应重测，表 2.2 给出了一段水准路线用变动仪器高法进行水准测量的记录格式。

双面尺法。仪器的高度不变，而对立在前视点和后视点上的水准尺分别用黑面和红面各进行一次读数，测得两次高差，相互进行检核。若同一水准尺红面和黑面读数（加常数后）之差，不超过 3mm，且两次高差之差，又未超过 5mm，则取其平均值作为该测站观测高差。否则，需要检查原因，重新观测。

表2.2 水准测量记录（变动仪器高法）

测站	点号	水准尺读数（mm）		高差（m）	平均高差（m）	高程（m）	备注
		后视	前视				
1	BM_A	1.098				48.179	
		1.112					
	TP_1		1.825	−0.727	（0.001）		
			1.838	−0.726	−0.726		
2	TP_1	1.325					
		1.310					
	TP_2		2.012	−0.687	（0.002）		
			1.999	−0.689	−0.688		
3	TP_2	1.730					
		1.715					
	TP_3		1.123	+0.607	（0.000）		
			1.108	+0.607	+0.607		
4	TP_3	1.293					
		1.305					
	TP_4		2.012	−0.719	（0.002）		
			2.026	−0.721	−0.720		
5	TP_4	1.096					
		1.082					
	BM_B		1.264	−0.168	（0.003）	46.482	
			1.253	−0.171	−0.170		
计算检核	Σ	13.066	16.460	−3.394	−1.697		

（3）路线检核

在水准测量实施的过程中，进行测站检核只能检核一个测站是否存在错误或误差是否超限。但对于一条水准路线来说，测站检核还不足以说明所求水准点的高程精度是否符合要求。温度、风力、大气折射和水准尺下沉等外界条件引起的误差，尺子倾斜和估读误差，以及水准仪本身的误差等，虽然在一个测站上不能很明显地反映出来，但随着测站数的增多误差不断地累积，也有可能超过规定的限差。因此，必须进行整个水准路线的成果检核，以保证测量成果满足测量精度的要求。通常情况下，路线检核的方法有以下三种：

附合水准路线。如图 2.16（a）所示，附合水准路线是从已知高程的水准点 BM_A 出发，最后附合到另一已知水准点 BM_B 上。在附合水准路线中，各测段高差的代数和应等于两个已知点之间的已知高差。如果不相等，两者之差称为高差闭合差，一般用 f_h 表示，其值不应超过容许值。否则，就不符合要求，需要重新观测。

闭合水准路线。如图 2.16（b）所示，闭合水准路线是从已知高程的水准点 BM_A 出发，沿环线进行水准测量，测定 1、2、3、4 等待定点的高程，最后附合到原水准点 BM_A。在闭合水准路线中，路线上相邻各点之间高差的代数和应等于零。如果不等于零，便产生高差闭合差 f_h，其大小不应超过容许值。

支水准路线。如图 2.16（c）所示，支水准路线是从已知高程的水准点 BM_A 出发，最后既不附合到其他水准点上，也不自行闭合。支水准路线应进行往返观测，以便检核。

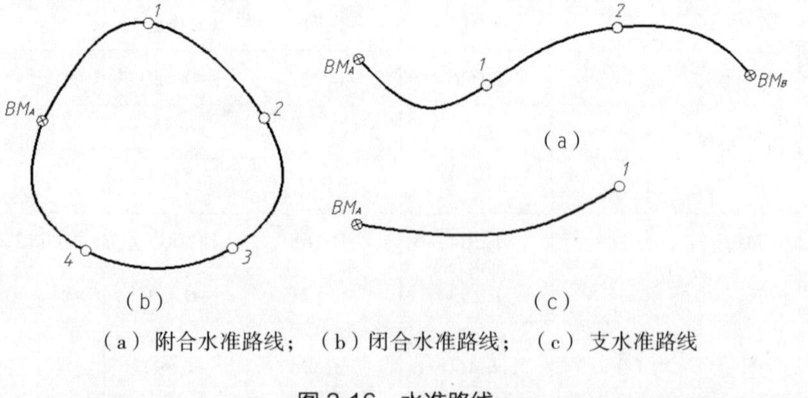

（a）附合水准路线；（b）闭合水准路线；（c）支水准路线

图 2.16　水准路线

2.1.5 其他水准仪简介

1. 精密水准仪

精密水准仪主要用于国家一、二等水准测量和高精度的工程测量中，如大型建筑物的施工测量以及建筑物的沉降观测、大型精密设备安装等测量工作。

精密水准仪的构造与 DS_3 水准仪基本相同，也由望远镜、水准器和基座三部分组成。精密水准仪的主要特征：望远镜光学性能好，望远镜的放大率不小于 40 倍；符合水准器的灵敏度高，水准管分划值不大于 10"/2mm；装有能直接读 0.1mm 的光学测微器，并配有温度膨胀系数很小的精密水准尺。此外，为了使仪器架设坚固稳定，脚架下采用伸缩式。

与 DS_1 精密水准仪配套的是精密水准尺。该尺全长 3m，在木质尺身的槽内，装有膨胀系数极小的因瓦合金带，带的下端固定，上端用弹簧拉紧，以保证带的平直和不受尺身伸缩变形的影响。因瓦合金带分左、右两排分划，每排的最小分划值均为 10mm，彼此错开 5mm，于是把两排的分划合在一起便成为左、右交替形式的分划，分划值为 5mm。因瓦合金带的右边从 0~5 注记米数，左边注记分米数，大三角形标志对准分米分划线，小三角形标志对准 5cm 分划线。注记的数值为实际长度的 2 倍，即水准尺上的实际长度等于尺面读数的 1/2。所以，用此水准尺进行测量作业时，须将观测高差除以 2 才是实际高差。

精密水准仪的使用方法与一般 DS_3 水准仪基本相同，不同之处是精密水准仪采用光学测微器测出不足一个分格的数值。作业时，先转动微倾螺旋，使望远镜视场左侧的符合水准管气泡两段的影像精确符合，这时视线水平。再转动测微轮，使十字丝上楔形丝精确地夹住整分划，读取该分划线读数。

2. 自动安平水准仪

自动安平水准仪不用符合水准器和微倾螺旋，只用圆水准器进行粗略整平，然后借助自动补偿器自动地把视准轴置平，读出视线水平的读数。如图 2.17 所示，当圆水准器气泡居中后，虽然视准轴仍存在一个倾角 α（一般倾斜度不大），但通过物镜光心的水平光线经补偿器后仍能通过十字丝交点，这样十字丝交点上读得的便是视线水平时应该得到的读数。因此，使用自动安平水准仪可以大大缩短水准测量的工作时间。同时，水准仪整置不当、地面有微小的震动或脚架的不规则下沉等导致的视线不水平，也可以由补偿器迅速调整而得到正确的读数，从而提高了水准测量的精度。

补偿原理如图 2.17 所示，当视准轴倾斜 α，设直角棱镜也随之倾斜（途中虚线位置），水平光线进入直角棱镜后，在补偿器中沿虚线行进，因未经补偿，所以不通过十字丝中心。实际上直角棱镜在重力作用下并不产生倾斜，而处于图中实线位置，水平光线进入补偿器后，则沿着实线所示方向行进，最后偏离 β 角，从而使水平光线恰好通过十字丝中心，达到补偿的目的。

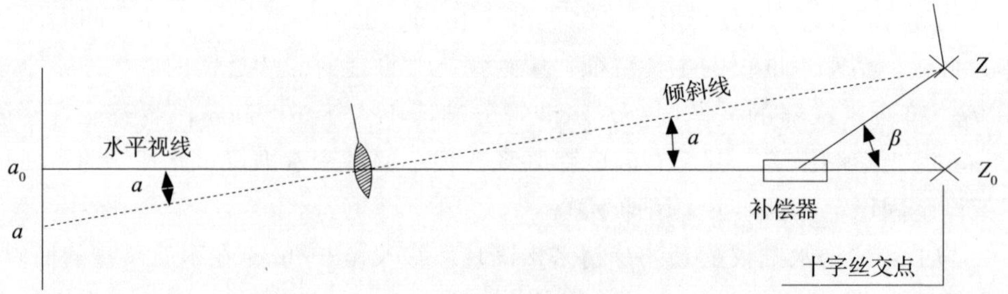

图 2.17　自动安平原理

2.1.6 水准仪的检验与校正

1. 水准仪应满足的几何条件

如图 2.18 所示，DS_3 级水准仪有四条轴线，即望远镜的视准轴 CC、水准管轴 LL、圆水准器轴 $L'L'$、仪器的竖轴 VV。

根据水准测量原理，水准仪必须提供一条水平视线，才能正确地测定地面两点间的高差。首先，视线是否水平，是根据水准管气泡是否居中来判断的。因此，水准仪必须满足视准轴平行于水准管轴（$CC \parallel LL$）这一条件。其次，为了加快用微倾螺旋精确整平的过程，以及保证水平视线的高度基本不变，精确整平前则要求仪器竖轴处于竖直位置。因为竖轴的竖直是借助圆水准器气泡居中来实现的。所以，水准仪还应满足圆水准器轴平行于仪器竖轴（$L'L' \parallel VV$）。当仪器整平后，竖轴就竖直了，此时十字丝横丝是水平的，用十字丝的任何部位在水准尺上截取的读数都相同。因此，还要求十字丝横丝与仪器竖轴垂直。这些条件在仪器出厂检验时都是满足的，由于长期使用和运输中的震动等，各部位螺钉松动，各轴线间的关系产生了变化。因此，在正式使用作业之前，都必须对所使用的仪器进行检验与校正。

2. 水准仪的检验与校正

（1）圆水准器的检验与校正

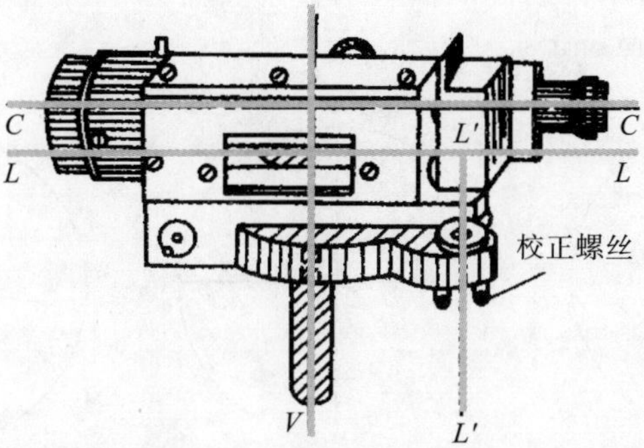

图 2.18　水准仪轴线图

检验。首先用脚螺旋使圆水准器气泡居中，此时圆水准器轴 *L'L'* 处于竖直位置。如图 2.18 所示，若仪器竖轴 *VV* 与 *L'L'* 不平行，且有交角，则将仪器绕竖轴 *VV* 旋转 180° ，此时位于竖轴左边的圆水准器轴 *L'L'* 不但不竖直，而且与铅垂线的交角为原来交角的两倍，显然气泡不居中。说明仪器不满足 *L'L'* ∥ *VV* 的几何条件，则需要校正。

校正。圆水准器校正结构如图 2.19 所示，首先稍松位于圆水准器下面中间部位的固紧螺丝，然后调整其周围的三个校正螺丝，使气泡向居中位置移动偏离量的一半，此时，圆水准器轴与竖轴平行。然后再用脚螺旋整平，使圆水准器气泡居中，竖轴 *VV* 就与圆水准器轴 *L'L'* 同时处于竖直位置。校正工作一般需反复进行，直至仪器旋转到任何位置时圆水准器气泡均居中，最后应注意旋紧固紧螺丝。

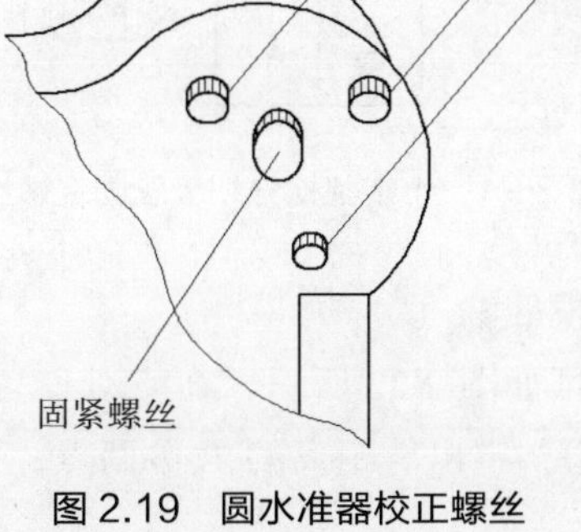

图 2.19　圆水准器校正螺丝

（2）十字丝中丝垂直于竖轴

检验。首先将仪器安置好，用十字丝横丝一端对准一个点状目标 P，如图 2.20（a）所示。然后固定制动螺旋，转动水平微动螺旋。如果目标点 P 沿横丝移动，如图 2.20（b）所示，则说明横丝垂直于竖轴 VV，不需要校正。否则，如图 2.20（c）所示，则需要校正。

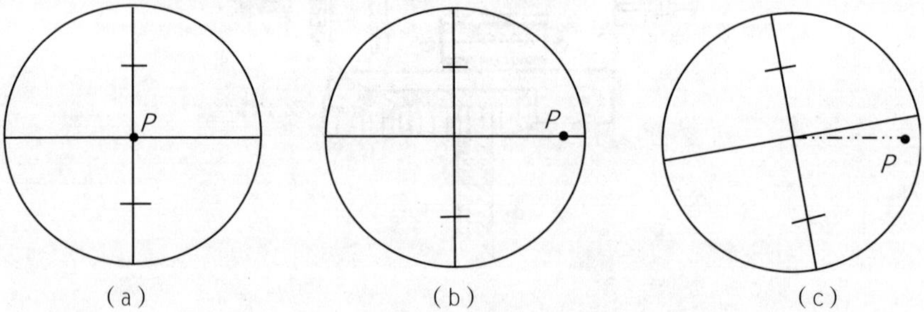

图 2.20　十字丝检校方法

校正。校正方法因十字丝分划板装置的形式不同而不同。大部分仪器可直接用螺丝刀松开分划板座相邻的两颗固定螺丝，如图 2.21 所示，转动分划板座，改正偏离量的一半，即可满足条件。也有的仪器需要卸下目镜处的外罩，再用螺丝刀松开分划板座的固定螺丝，拨正分划板座即可。

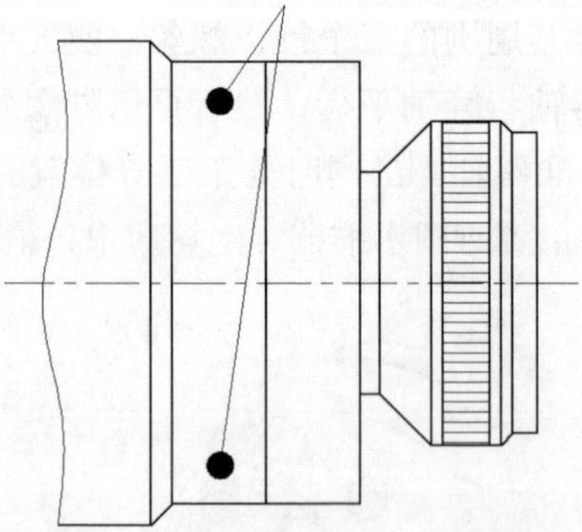

图 2.21　十字丝检分划板座固定螺丝

（3）水准管轴平行于视准轴

检验。检验场地的安排如图 2.22 所示，在 C 处安置水准仪，从仪器向两侧各量约 40m(即 $S_1 = S_2 \approx 40m$)，定出等距离的 A、B 两点，打木桩或放置尺垫做标志。

①在 C 处精确测定 A、B 两点的高差。需进行测站检核，若两次测出的高差之差不超过 3 mm，则取其平均值 h_{AB} 作为最后结果。由于距离相等，两轴不平行的误差 x 可在高差计算中消除，故所得高差值不受视准轴误差的影响。

② 安置仪器于 B 点附近处，离 B 点约 3m 左右，精确整平后读得 B 点水准尺上的读数为 b_2，因仪器离 B 点很近，两轴不平行引起的读数误差可忽略不计。故根据 b_2 和 A、B 两点的正确高差 h_{AB}。算出 A 点尺上应有读数为

$$a_2' = b_2 + h_{AB} \tag{2.9}$$

然后，瞄准 A 点水准尺，读出水平视线读数 a_2，如果 a_2' 与 a_2 相等，则说明两轴平行。否则存在 i 角，其值为

$$i = \frac{\Delta h}{D_{AB}} \rho'' \tag{2.10}$$

式中：$\Delta h = a_2 - a_2'$；$\rho'' = 206265''$。

对于 DS_3 微倾水准仪，i 角值不得大于 20″，如果超限，则需要校正。

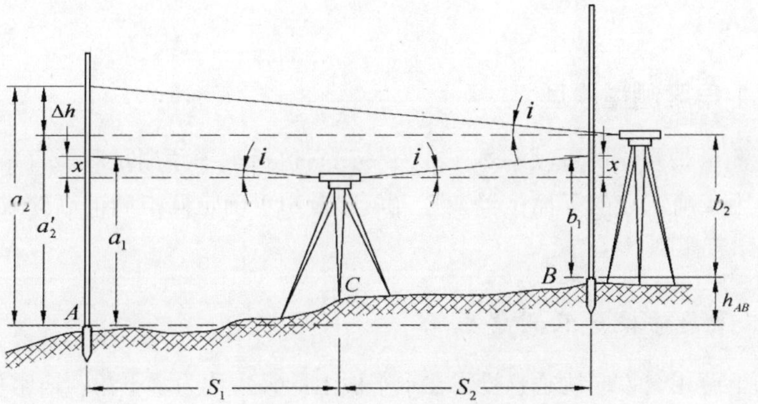

图 2.22　水准仪 i 角的检校

校正。转动微倾螺旋使中丝对准 A 点尺上正确读数 a_2'，此时视准轴处于水平位置，但管水准气泡必然偏离中心。为了使水准管轴也处于水平位置，达到视准轴平行于水准管轴的目的，可用拨针拨松水准管一端的左右两个校正螺丝，再拨动上、下两个校正螺丝，使气泡的两个半像符合。校正完毕再旋紧四个螺丝，如图 2.23 所示。

这项检验校正要反复进行，直至 i 角误差小于 20″。

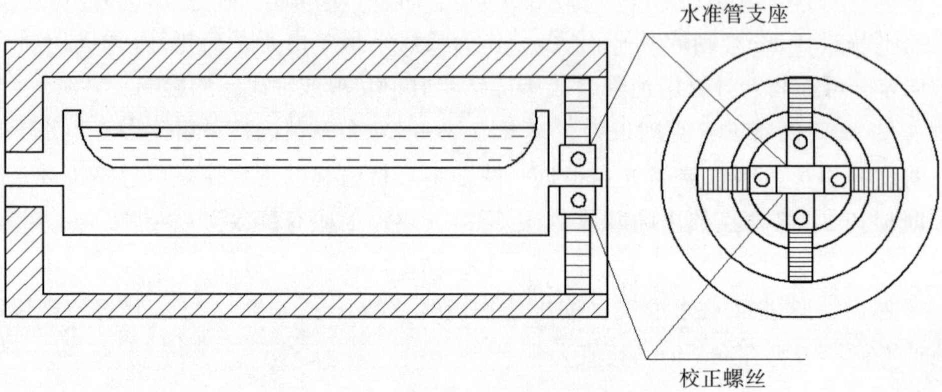

图 2.23　水准仪管校正螺丝

2.2 角度测量的原理与方法

2.2.1 角度测量原理

角度测量是测量的三项基本工作之一，它包括水平角测量和竖直角测量。水平角测量用于确定点的平面位置，竖直角测量用于确定两点间的高差或将倾斜距离转化为水平距离。

1. 水平角的概念及测量原理

地面上两相交方向线垂直投影在水平面上的夹角称为水平角，通常用 β 表示。如图 2.24 所示，设 A、B、C 为地面上任意三点，将这三点沿铅垂线方向投影到水平面 P 上，得相应的 a、b、c 三点，水平面上 ab 与 ac 两条直线的夹角 β，即为地面上的 AB 与 AC 两个方向线之间的水平角。由图 2.24 可见，水平角 β 即为通过 AB 与 AC 两个铅垂面和水平面 P 的交线 ab 与 ac 的夹角。

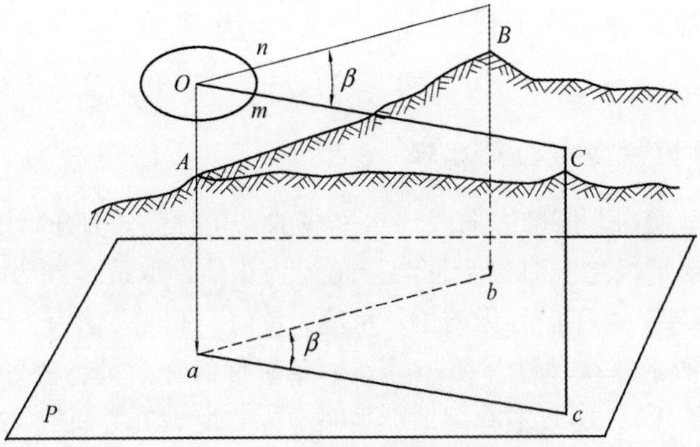

图 2.24　水平角及其测量原理

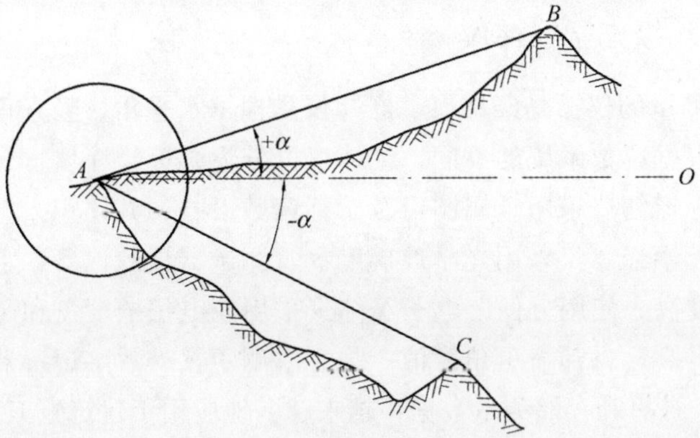

图 2.25　竖直角及其测量原理

因此，在 A 点铅垂线 O 点处水平放置一个有刻划的圆盘（称为水平度盘），圆盘的圆心与 O 点重合，并使圆盘处于水平状态，圆盘上设有可以绕圆心转动的望远镜，而且它不仅能在水平面内转动，以照准不同方向的目标，还能上下转动，以照准不同高度的目标，并且上下转动时视线保持在同一铅垂面内。当望远镜照准地面点 B 时，构成 OB 的铅垂面，在圆盘上可读一数为 n，当望远镜再照准地面点 C 时，构成 OC 的铅垂面，在圆盘上又可读一数为 m，因此这两个方向线所夹的水平角

$$\beta = \text{右目标读数 } m - \text{左目标读数 } n \qquad (2.11)$$

这样就可以获得地面上任意三点间构成的水平角的大小，其取值范围为 0° ~ 360° 。

2. **竖直角的概念与测量原理**

在同一铅垂面内，照准方向线与水平线的夹角称为竖直角，通常用 α 表示。照准方向线在水平线之上时称为仰角，角值为正值，取值范围为 0° ~ +90° ；照准方向线在水平线之下时称为俯角，角值为负值，取值范围为 –90° ~ 0° 。

如图 2.25 所示，在过包含 A、B、C 的铅垂面的 A 点处，放置一个铅垂的圆盘（称为竖直度盘），圆盘上有刻划。当照准 B 点时，其方向线 AB 与水平线 AO 在圆盘上的夹角，即为 AB 方向线的竖直角（$+\alpha$）。同理，当照准 C 点时，其方向线 AC 与水平线 AO 在圆盘上的夹角，即为 AC 方向线的竖直角（$-\alpha$）。

2.2.2 DJ_6 级光学经纬仪

用于角度测量的仪器是经纬仪。经纬仪是根据水平角、竖直角测量原理制成的测角仪器。根据读数系统的不同，经纬仪可分为游标经纬仪、光学经纬仪及电子经纬仪。游标经纬仪采用金属圆盘及游标读数设备，其体积大、密封性差，目前已被淘汰。光学经纬仪采用光学玻璃度盘及测微器读数设备，它重量轻、稳定性好，读数精度高，使用方便。电子经纬仪采用光电扫描度盘和角—码转换读数设备，测角精度高，自动显示角度值，与光电测距仪、数字记示器结合，使测量工作自动记录、计算和存储测量数据，越来越多地应用于建筑施工测量中。

国产光学经纬仪按其精度分为 DJ_{07}、DJ_1、DJ_2、DJ_6、DJ_{15} 及 DJ_{60} 等不同等级。其中“D”“J”分别为“大地测量仪器”和“经纬仪”汉语拼音的第一个字母，数字表示该仪器所能达到的精度指标。如 DJ_6 表示水平方向测量一测回的方向中误差不超过 ±6″ 的经纬仪。

1. **DJ_6 级光学经纬仪的构造**

图 2.26 所示为 DJ_6 级光学经纬仪的外形，它的基本构造为照准部、水平度盘和基座三个部分。

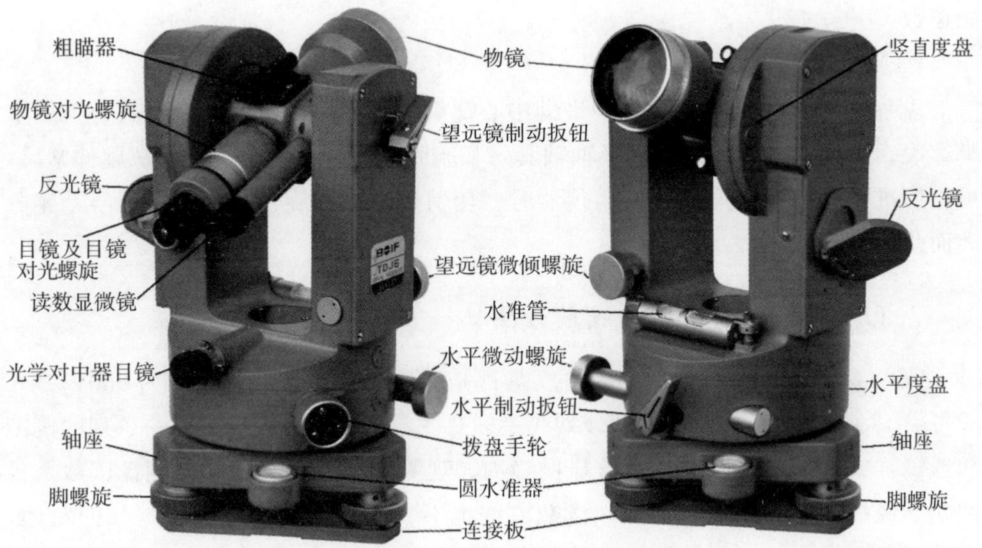

图 2.26　DJ_6 级光学经纬仪

（1）照准部

照准部是指水平度盘以上绕竖轴转动的部分。这一部分主要包括望远镜、竖直度盘、照准部水准管、圆水准器、光学光路系统、测微器等。其中望远镜、竖直度盘和横（水平）轴是连在一起并安装在支架上的，当望远镜上下转动时，竖直度盘也随之转动；当望远镜绕竖轴水平方向转动时，可在水平度盘上读取刻划读数。望远镜无论上下、水平方向转动都可借助于各自的制动螺旋和微动螺旋固定在任何一个部位。读数设备包括读数显微镜、测微器以及光路中一系列光学棱镜和透镜。仪器的竖轴处在管状轴套内，可使整个照准部绕仪器竖轴做水平转动。控制照准部水平方向转动的部位称为照准部制动螺旋和微动螺旋。圆水准器用于粗略整平；管水准器用于精确整平。光学对点器用于调节仪器使水平度盘中心与地面点处在同一铅垂线上。

（2）水平度盘

水平度盘是用玻璃制成的有精确刻划的圆盘，按顺时针方向由 0° ~ 360° 进行刻划。

水平度盘可根据测角的需要，使用水平度盘读数变换手轮（也称为拨盘手轮）来改变度盘上的读数位置。旋进度盘变换手轮按钮，可使水平度盘与照准部扣合，再转动照准部，水平度盘则跟着一起转动而水平角读数不变。弹出度盘变换手轮按钮，可使水平度盘与照准部分离，转动照准部可读取水平度盘上不同方向的读数。瞄准一个目标方向后，采用水平度盘读数变换手轮可任意设置水平度盘的初始读数。

（3）基座

基座用来支承整个仪器，并借助中心螺旋使经纬仪与脚架结合。其上有三个脚螺旋，主要用来整平仪器。竖轴轴套与基座固连在一起。轴座连接螺旋拧紧后，可将照准部固定在基座上，使用仪器时，切勿松动该螺旋，以免照准部与基座分离而坠落。

2. DJ_6 级光学经纬仪的读数方法

光学经纬仪的水平度盘和竖直度盘都是玻璃制成的，整个圆周为360°，一般每隔1° 有一刻画线，在整度分划线上标有注记。度盘分划线通过一系列的棱镜和透镜，成像于望远镜旁的读数显微镜内，观测者通过显微镜读取度盘读数。各种光学经纬仪因读数设备不同，读数方法也不一样，对于 DJ_6 级光学经纬仪，常用的有分微尺测微器和单平板玻璃测微器两种读数方法（单平板玻璃测微器读数因实际生产中使用较少，此处不做介绍）。

分微尺测微器的结构简单，读数方便，具有一定的读数精度，DJ_6 级光学经纬仪就采用这种装置。这类仪器的度盘分划值为1°，按顺时针方向注记。其读数设备是由一系列光学零件组成的光学系统。

如图2.27所示，在读数显微镜中可以看到两个读数窗：注有“—”（或“H”“水平”）的是水平度盘读数窗；注有“⊥”（或“V”“竖直”）的是竖直度盘读数窗。每个读数窗上刻有分成60个小格的分微尺，其长度等于度盘间隔1° 的两分划线之间的影像宽度，因此分微尺上1小格的分划值为1′，可估读到0.1′。

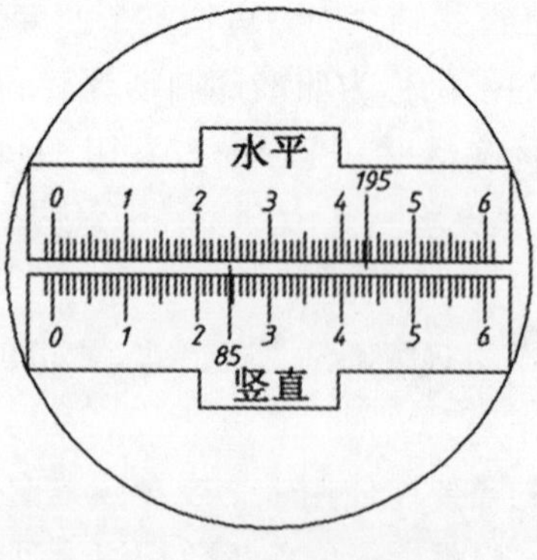

图2.27　分微尺测微器读数

读数时，先读出位于分微尺60小格区间内的度盘分划线的度注记值，再以度盘分划线为指标，在分微尺上读取不足1° 的分值，并估读秒数（秒数只能是6的整数倍）。在图2.27中，水平度盘的读数为195°43′24″，竖直度盘读数为85°24′42″。

2.2.3 经纬仪的使用

经纬仪的使用包括对中、整平、瞄准和读数。对中的目的是使仪器中心与测站点的标志中心在同一铅垂线上。整平的目的是使仪器的竖轴垂直，即水平度盘处于水平位置。

1. 对中

对中的方法一般有锤球对中或光学对中器对中两种。

对中时，先将三脚架张开，使其高度适中，架头大致水平，在测站上架立。在连接螺旋下方挂上锤球，移动脚架使锤球尖基本对准测站点，将三脚架各架腿踩紧使之稳固。然后装上经纬仪，旋上连接螺旋（不必紧固），双手扶基座，在架头上移动仪器，使锤球尖准确地对准测站点，再将连接螺旋旋紧。用锤球对中时，悬挂锤球的线长要调节合适，对中误差一般小于3mm。在有风天气，使用锤球困难或要求精确对中时，应使用光学对中器。

光学对中器的对中误差一般不大于1mm。光学对中器设在照准部或基座上，用它对准地面点时，仪器的竖轴必须竖直。因此，应先目估或悬挂锤球大致对中，然后整平仪器，旋转光学对中器的目镜使分划板的刻划圈清晰，再推进或拉出对中器的目镜管，使地面点标志成像清晰，然后在架头上平移仪器（尽量做到不使基座转动），直到地面标志中心与对中器的刻划圆圈中心重合，最后旋紧连接螺旋。这时要检查照准部水准管气泡是否居中，如有偏离，要再次整平，然后检查对中情况，精确整平和精确对中需要反复进行调整。

如果使用架腿可以伸缩的三脚架，也可不用锤球初步对中。先目估三脚架头大致水平，且三脚架中心大致对准地面标志中心，踏紧一条架腿。双手分别握住另两条架腿稍离地面前后左右摆动，眼睛看对中器的望远镜，直至分划圆圈中心对准地面标志中心，放下两架腿并踏紧。调节架腿使气泡基本居中，然后用脚螺旋精确整平。检查地面标志是否位于对中器分划圈中心，如不居中，可稍旋松连接螺旋，在架头上移动仪器，使其精确对中。

2. 整平

整平是利用基座上脚架的三个架腿和三个脚螺旋使照准部水准管气泡居中，

从而使竖轴竖直和水平度盘水平。

粗略整平时，先调节三个架腿的伸缩使圆气泡居中。

精确整平时，先转动照准部，使照准部水准管与任一对脚螺旋的连线平行，两手同时向内或向外转动这两个脚螺旋 1 和 2，如图 2.28（a）所示，使水准管气泡居中。气泡运动方向与左手大拇指运动方向一致。将照准部旋转 90°，如图 2.28（b）所示，使水准管与 1、2 两个脚螺旋的连线垂直，转动第三个脚螺旋，使水准管气泡居中。然后将照准部转回原位置，检查气泡是否仍然居中。若不居中，则按以上步骤反复进行，直到照准部转至任意位置气泡皆居中。整平误差，即整平后气泡的偏离量，最大不应超过一格。

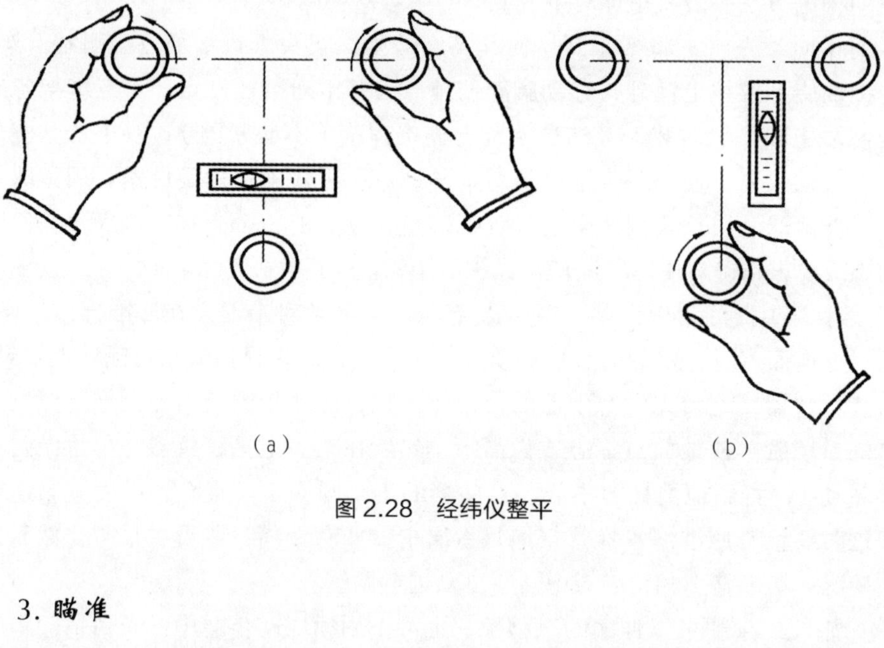

（a）　　　　　　　　　　　　（b）

图 2.28　经纬仪整平

3. 瞄准

先松开望远镜制动螺旋和水平制动螺旋，让望远镜瞄准天空，调节目镜使十字丝清晰，然后通过望远镜上的瞄准器瞄准目标，使目标成像在望远镜视场中近于中央部位。旋紧望远镜制动螺旋和水平制动螺旋。转动物镜对光螺旋，使目标成像清晰并注意消除视差。最后，用望远镜微动螺旋和水平微动螺旋精确瞄准目标。观测水平角时，应尽量瞄准目标底部，使用竖丝的中间部分平分或双丝夹住目标。如图 2.29 所示。

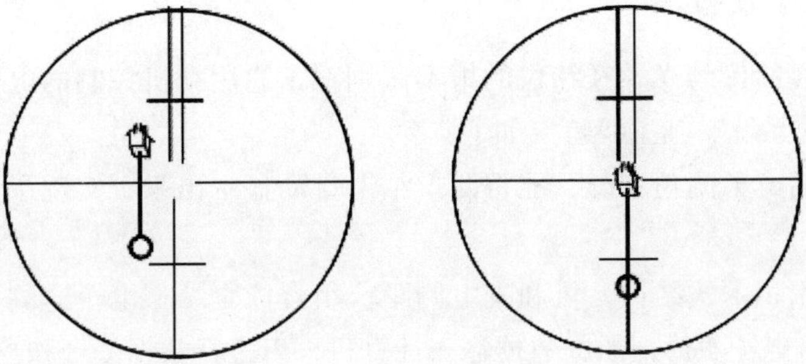

图 2.29　瞄准目标

4. 读数和置数

（1）读数

读数指的是读出照准方向的度盘和测微尺数字。读数时，应先打开经纬仪上的反光镜并对读数显微镜目镜进行调焦，使度盘和测微尺影像清晰，然后按测微装置类型和前述的读数方法读数。

（2）置数

置数的目的是在瞄准目标时，将水平度盘的读数配置为所需的读数。

置数的方法是借助于经纬仪上的水平度盘读数变换手轮来完成的，其方法是，先用盘左（竖直度盘位于望远镜左侧，也称为正镜；反之为盘右）精确照准目标，调节水平度盘读数变换手轮，使水平度盘读数为所需的读数，即可开始观测。

2.2.4 其他经纬仪简介

1. DJ_2 级光学经纬仪

DJ_2 级光学经纬仪的结构与 DJ_6 级光学经纬仪相比，除了望远镜的放大倍率较大、照准部水准管的灵敏度较高、度盘分划值较小外，主要表现在读数设备的不同。

DJ_2 级光学经纬仪中采用对径分划线影像符合的读数设备。它将度盘上相对 180° 的分划线，经过一系列棱镜和透镜的反射与折射，同时显现在读数显微镜中，并分别位于一条横线的上、下方。

2. **电子经纬仪**

电子经纬仪与光学经纬仪的根本区别在于它用微机控制的电子测角系统代替了光学读数系统。其主要特点如下：

①使用电子测角系统，能将测量结果自动显示出来，实现了读数的自动化和数字化。

②采用积木式结构，可和光电测距仪组合成全站型电子速测仪，配合适当的接口，可将电子手簿记录的数据输入计算机，以进行数据处理和绘图。

图 2.30 为南方测绘公司生产的 ET-02 电子经纬仪，各部件的名称见图中注记。ET-02 一测回方向观测中误差为 ±2"，最小显示角度为 1"，竖盘指标自动归零补偿采用液体电子传感补偿器。仪器可与南方测绘、拓普康、徕卡、索佳、常州大地等公司生产的光电测距仪及电子手簿连接，组合成全站型电子速测仪，完成野外数据的自动采集。

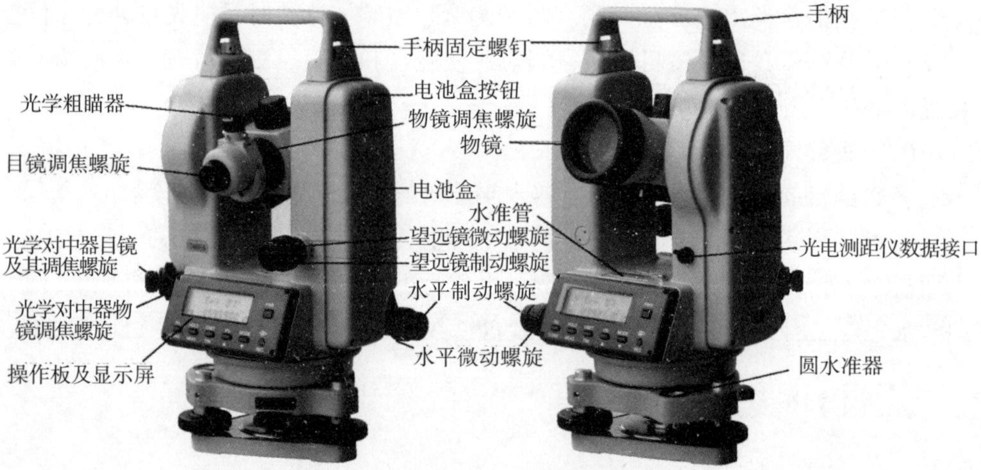

图 2.30　ET-02 电子经纬仪

仪器使用镍氢高能可充电电池供电，一块充满电的电池可供仪器连续使用 8 ~ 10h；设有双面操作面板，每个操作面板都有完全相同的一个显示窗和 7 个功能键，便于正、倒镜观测；望远镜的十字丝分划板和显示窗均有照明光源，以便于在黑暗环境中作业。

由于ET-02采用光栅度盘测角系统，当转动仪器照准部时，即自动开始测角，所以，观测员精确照准目标后，显示窗将自动显示当前视线方向的水平度盘和竖盘读数，不需要再按任何键。仪器操作非常简单。

2.2.5 经纬仪的检验与校正

1. 经纬仪应满足的几何条件

如图 2.31 所示，经纬仪的主要轴线：照准部水准管轴 LL、仪器的旋转轴（即竖轴）VV、望远镜视准轴 CC、望远镜的旋转轴（即横轴）HH。各轴线之间应满足的几何条件：照准部水准管轴应垂直于仪器竖轴，即 $LL \perp VV$；望远镜十字丝竖丝应垂直于仪器横轴 HH；望远镜视准轴应垂直于仪器横轴，即 $CC \perp HH$；仪器横轴应垂直于仪器竖轴，即 $HH \perp VV$。除此之外，经纬仪一般还应满足竖盘指标差为零，以及光学对点器的光学垂线与仪器竖轴重合等条件。

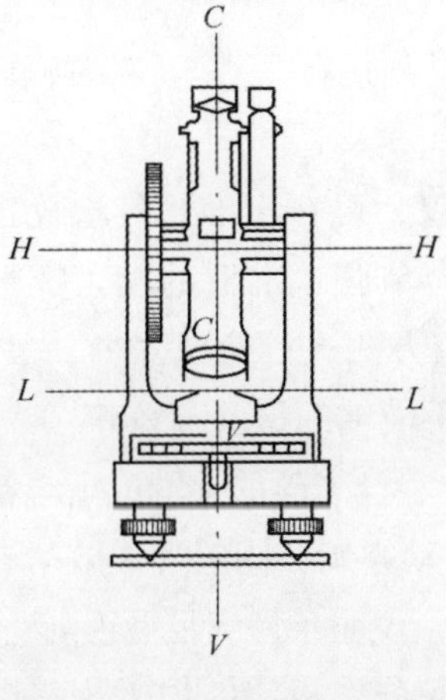

图 2.31 经纬仪的主要轴线

仪器在出厂时，以上各条件一般都满足，但由于在搬运或长期使用过程中的震动、碰撞等原因，各项条件往往会发生变化。因此，在使用仪器作业前，必须对仪器进行检验与校正，即使新仪器也不例外。

2. 经纬仪的检验与校正

（1）照准部水准管轴应垂直于竖轴的检验与校正

检验。将仪器大致整平，使水准管平行于任意两个脚螺旋的连线，然后转动这两个脚螺旋，使水准管气泡居中。转动照准部 180°，若气泡仍然居中，则说明该条件已经满足，否则，需要校正。

校正。如图 2.32（a）所示，竖轴与水准管轴不垂直，偏离了 α 角。当仪器绕竖轴旋转 180° 后，竖轴不垂直于水准管轴的偏角为 2α，如图 2.32（b）。角 2α 的大小由气泡偏离的格数来度量。校正时，转动脚螺旋，使气泡退回偏离中心位置的一半，即图 2.32（c）的位置，再用校正针调节水准管一端的校正螺丝（先松一个，再旋紧另一个），使气泡居中，如图 2.32（d）。

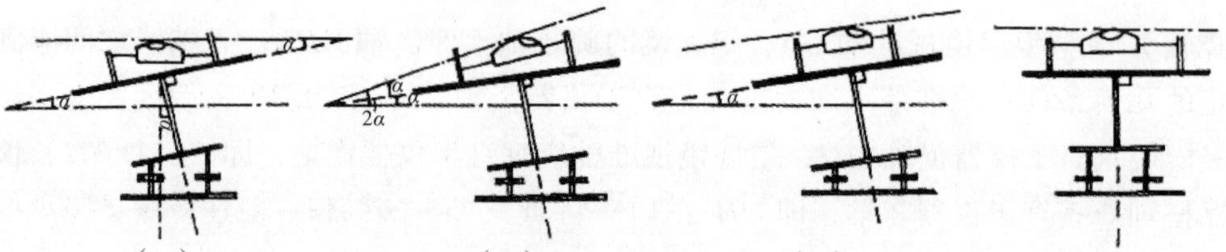

图 2.32　照准部水准管轴检校

此项检校比较精细，需反复进行，直至仪器旋转到任意方向，气泡仍然居中，或偏离不超过一个分划格。

对于有圆水准器的经纬仪，可在水准管气泡校正完毕后，严格整平仪器，若圆水准器气泡不居中，则可调节圆水准器的校正螺丝，使气泡居中。也可按水准仪检校中圆水准器气泡的检校方法进行检校。

（2）十字丝的竖丝垂直于横轴的检验与校正

检验。仪器整平后，用十字丝竖丝的上端或下端精确对准远处一明显的目标点，固定水平制动螺旋和望远镜制动螺旋，用望远镜微动螺旋使望远镜上下做微小俯仰，如果目标点适中在竖丝上移动，说明条件满足。否则，需要校正，如图 2.33 所示。

校正。旋开目镜处十字丝分划板座的护盖，稍微放松十字丝固定螺丝，慢慢转动十字丝环，直至望远镜上下俯仰时竖丝与点状目标始终重合，如图 2.34 所示，最后拧紧各固定螺丝，并旋上护盖。

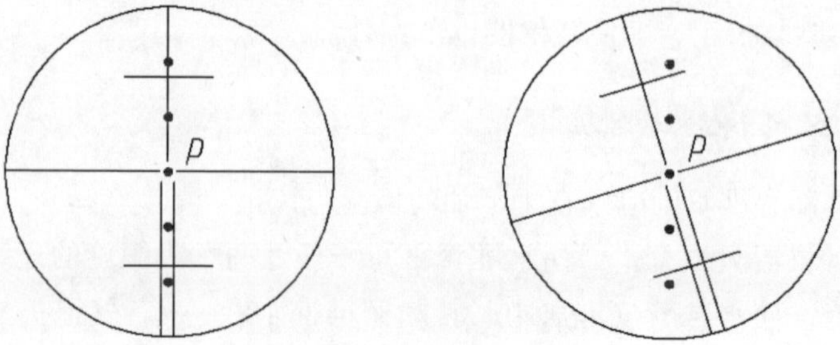

图 2.33　十字丝竖丝检验

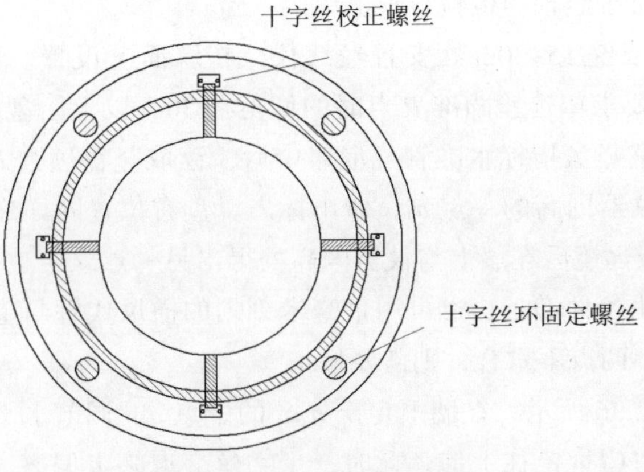

图 2.34　十字丝竖丝检校正

（3）视准轴垂直于横轴的检验与校正

检验。检验 DJ_6 级经纬仪，常用四分之一法。选择一平坦场地，如图 2.35 所示，A、B 两点相距约 60~100 米，安置仪器于中点 O，在 A 点立一标志，在 B 点横置一根刻有毫米分划的小尺，使尺子与 OB 垂直。标志、尺子应大致与仪器同高。盘左瞄准 A 点，纵转望远镜在 B 点尺上读数 B_1，盘右再瞄准 A 点，纵转望远镜，又在小尺上读数 B_2。若 B_1 与 B_2 重合，则条件满足。由图可见，$\angle B_1OB_2=4c$，由此算得：

$$c = \frac{\overline{B_1B_2}}{4D}\rho'' \qquad (2.12)$$

式中 D 为 O 点至小尺的水平距离。若"$c>60$"，则需要校正，$\rho''=206265$。

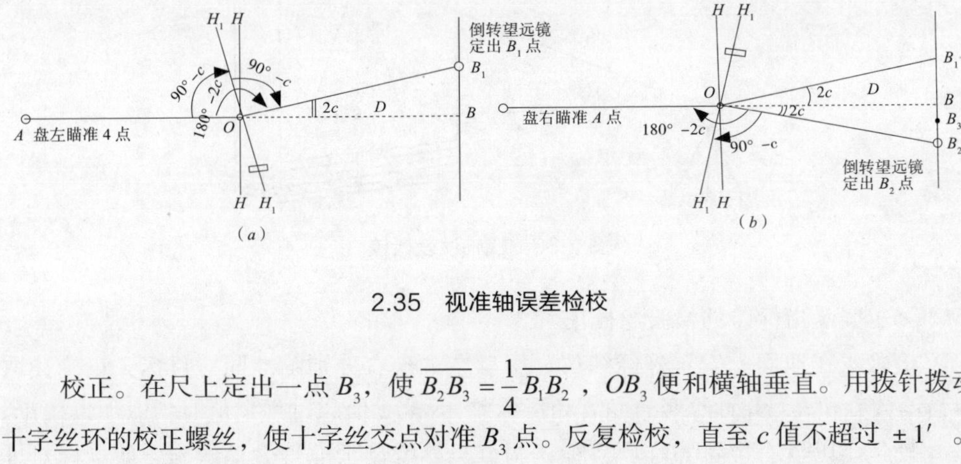

2.35　视准轴误差检校

校正。在尺上定出一点 B_3，使 $\overline{B_2B_3}=\frac{1}{4}\overline{B_1B_2}$，$OB_3$ 便和横轴垂直。用拨针拨动十字丝环的校正螺丝，使十字丝交点对准 B_3 点。反复检校，直至 c 值不超过 ±1′。

（4）横轴垂直于竖轴的检验与校正

检验。在距墙壁 15~30m 处安置经纬仪，在墙面上设置一明显的目标点 P，如图 2.36 所示，要求望远镜瞄准 P 点时的仰角在 30° 以上。盘左位置瞄准 A 点，固定照准部，调整竖盘指标水准管气泡居中后，读取竖盘读数 L，然后放平望远镜，照准墙上与仪器同高的一点 a_1，做出标志。盘右位置同样瞄准 A 点，读得竖盘读数 R，放平望远镜后在墙上与仪器同高处得出另一点 a_2，也做出标志。若 a_1、a_2 两点重合，说明条件满足。也可用带毫米刻划的横尺代替与望远镜同高时的墙上标志。若 a_1、a_2 两点不重合，则需要校正。

校正。如图 2.36 所示，在墙上定出 a_1a_2 的中点 a。调节水平微动螺旋使望远镜瞄准 a 点，再将望远镜往上仰，此时，十字丝交点必定偏离 A 点而瞄准 A' 点。校正横轴一端支架上的偏心环，使横轴的一端升高或降低，移动十字丝交点位置，并精确照准 A 点。横轴不垂直于竖轴所构成的倾斜角 i 可通过下式计算：

$$i=\frac{\Delta\cot\alpha}{2D}\rho'' \tag{2.13}$$

式中 α 为 A 点的竖直角，D 为仪器至 A 点的水平距离，Δ 为 P_1P_2 的间距。

反复检校，直至 i 角值不大于 1′ 。

由于近代光学经纬仪的制造工艺能确保横轴与竖轴垂直，且将横轴密封起来，故使用仪器时，一般只进行检验，如 i 值超过规定的范围，应由仪器维修人员进行修理。

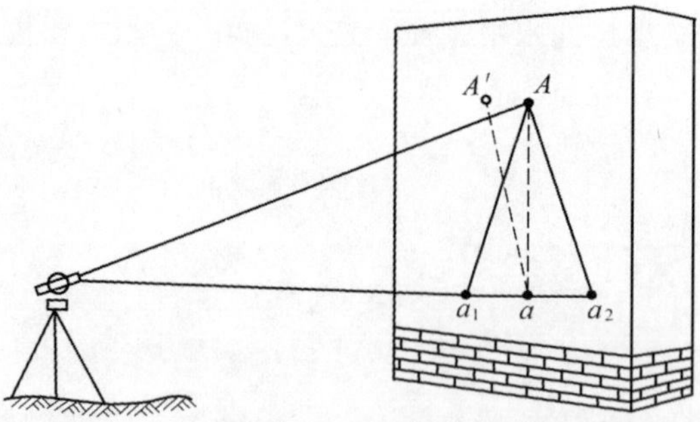

图 2.36　横轴误差检校

（5）竖盘指标差的检验与校正

检验。在地面上安置好经纬仪，用盘左、盘右分别瞄准同一目标，正确读取竖盘读数 L 和 R，并计算竖直角 α 和指标差 x。当 x 值超过规定值时，应加以校正。

校正。以盘右位置照准原目标，调节竖直度盘水准管微动螺旋，使指标对准正确读数，此时气泡不居中。用校正针改正竖直度盘水准管的校正螺丝使气泡居中，此项须反复进行，直至指标差在 ±1′ 以内。

（6）光学对中器的检验与校正

检验。安置经纬仪于三脚架上，整平仪器，在仪器下方地面上放一块画有“十”字的硬纸板。移动纸板，使对中器的刻划圈中心对准“十”字影像，然后旋转照准部 180°，如刻划圈中心不对准“十”字中心，则需进行校正。

校正。光学对中器上的校正螺丝随仪器的型号而异，有些是校正转向棱镜座，有些是校正分划板。图 2.37 是位于照准部支架间的圆形护盖下的校正螺丝，松开护盖上的两颗固定螺丝，取下护盖即可看见。调节校正螺丝 2 可使分划圈中心前后移动，调节校正螺丝 1 可使分划圈中心左右移动，直至分划圈中心与地面点的影像重合。

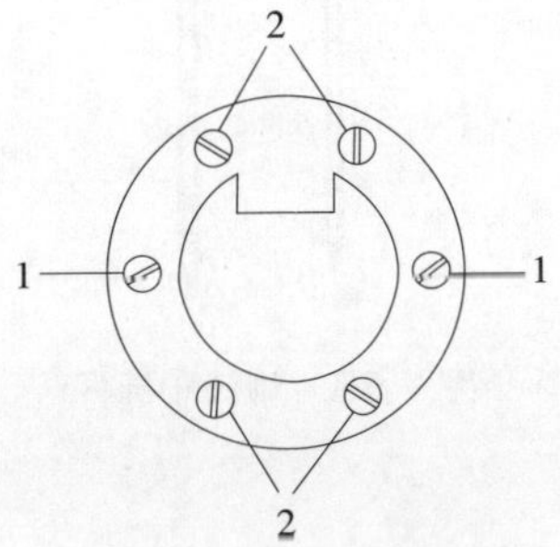

图 2.37　光学对点器检校

2.3 距离测量的原理与方法

2.3.1 钢尺量距

1. 量距的工具

钢尺又叫钢卷尺，其长度有 20m、30m 和 50m 等数种，卷放在圆形盒内或金属架上。钢尺的基本分划为厘米和毫米，厘米分划的钢尺在起点处 1 分米内有毫米分划，毫米分划的钢尺整个尺长内都有毫米分划。尺子的起点称为零点，由于零点位置不同，钢尺分为端点尺和刻线尺，如图 2.38 所示。

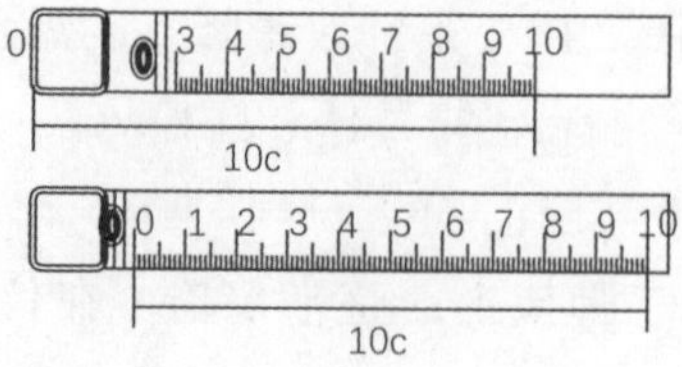

图 2.38 端点尺和刻线尺

量距的辅助工具有标杆、测钎、锤球等，如图 2.39 所示。标杆的作用是标定直线的方向，测钎用来标志尺段起、终点的位置和记录所量得的尺段数量。

图 2.39 测钎和标杆

2. 直线定线

当地面上点与点之间距离比较远时，用钢尺无法一次测量完成，这时可以将直线分成若干段，即在两点连线之间标定若干点，这个过程称为直线定线。一般情况下，直线定线可以通过目估定线和仪器定线两种方法来完成。

（1）目估定线

如图 2.40 所示，*A*、*B* 两点相互通视，现需要在直线 *AB* 上标定出 1、2 等点。具体操作方法如下：先将标杆竖立于 *A*、*B* 点上，甲站在 *A* 点标杆后约 1 米处，乙在直线 *AB* 之间听从甲的指挥，直到甲沿着直线 *AB* 方向可以看到乙所持标杆与 *A*、*B* 两点处的标杆在同一直线上。这样依次由远到近标定出 *AB* 之间的其他点位。

（2）仪器定线

将经纬仪（或全站仪）架设在 *A* 点上，瞄准 *B* 点，然后固定照准部，指挥 *AB* 之间的持杆人移动标杆，当望远镜的十字丝竖丝与标杆的影像重合时，标杆的位置就是要标定的点位。如果要求定线的精度较高时，标杆可以用测钎或垂球线代替。

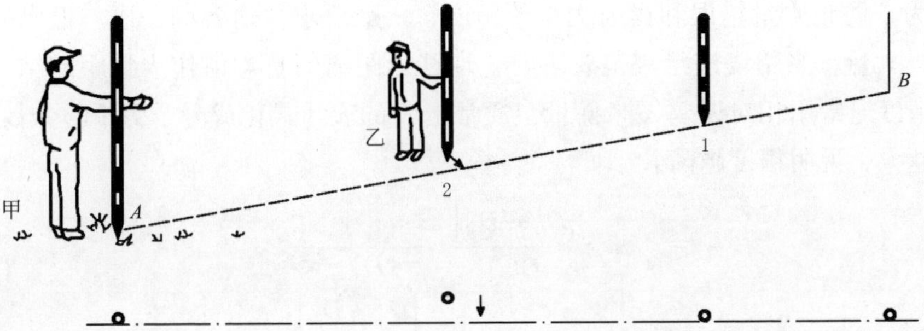

图 2.40 目估定线

3. 钢尺量距的一般方法

丈量工作一般由三人协同完成，分别为前尺员、后尺员及记录人员。因地势情况的变化不同，距离丈量方法也有所不同。

（1）平坦地面的丈量方法

在平坦地面上可以直接丈量任意两点之间的水平距离。在标定出直线后，可以将直线分为若干段，然后分段丈量。如图 2.41 所示，后尺员甲手持钢尺的零端站立在 A 处，前尺员乙持钢尺的末端携带测钎沿丈量方向前行，行至一整尺处停下，然后，两人将尺拉紧伸直，随即后尺员以零点对准 A 点，前尺员在尺的末端处垂直插下一测钎，定出点 1，即量得第一整尺段。接着，前、后尺员将尺举起前行，用同样的方法，继续向前量第二、第三……整尺段。最后丈量到 B 点，量取不足一整尺的距离 q，则 A、B 之间的水平距离用 D 表示为：

$$D = nl + q \tag{2.14}$$

式中：n 为整尺段数；l 为钢尺长度；q 为不足一整尺的余长。

图 2.41 平坦地面的丈量

为了防止丈量错误和提高丈量的精度，一般要求往返各测一次。返测时要重新定线丈量，当精度满足规范要求时，取往返距离的平均值作为量距的结果。量距的精度通常用相对误差 K 来衡量。通常把 K 的表达式化成分子为 1 的分数形式，分母越大，说明精度越高。

$$K=\frac{\left|D_{往}-D_{返}\right|}{D_{平均}}=\frac{1}{\dfrac{D_{平均}}{\left|D_{往}-D_{返}\right|}} \tag{2.15}$$

式中：$D_{往}$ 为往测距离；$D_{返}$ 为返测距离；$D_{平均}$ 为往返观测的距离平均值。

在计算相对误差时，一般将分子化为 1，分母凑成整百数的形式，并且用它来衡量量距结果的精度。分母越大，精度越高，反之精度越低。当计算的相对误差满足要求时，取往返丈量的平均值作为该段的距离。

（2）倾斜地面的丈量方法

平量法。当倾斜地面地势起伏不大时，可将钢尺水平拉直丈量，如图 2.42 所示。尺子的水平情况可由第三人在尺子侧旁适当位置用目估判定。一般使尺子一端靠地，另一端用垂球线紧靠尺子的某分划，使垂球自由下坠，其尖端在地面上的接触点为该分划的水平投影位置。各测段丈量结果总和即为 AB 水平距离。

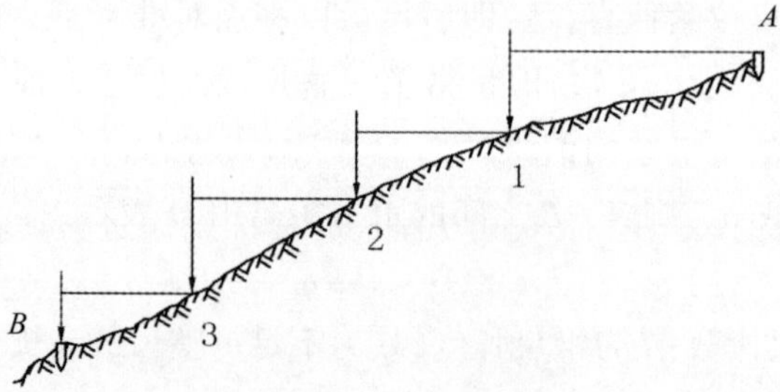

图 2.42　平量法

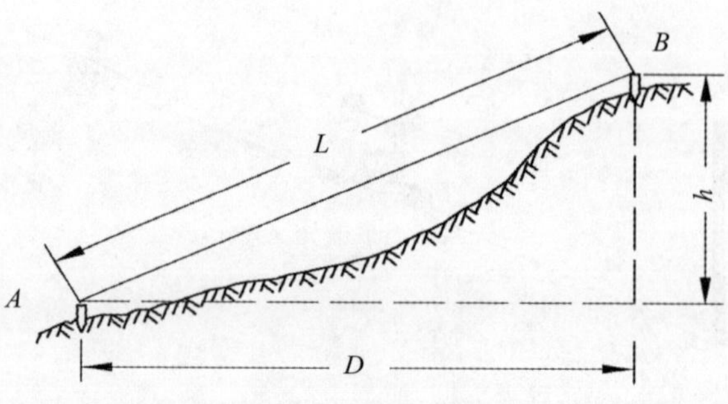

图 2.43　斜量法

斜量法。如图 2.43 所示，当地面坡度较大时，可以直接量出 AB 的斜距 L，测量出 AB 两点间的高差 h，则 AB 间的水平距离为：

$$D=\sqrt{L^2-h^2} \tag{2.16}$$

4. 钢尺的检定

由于制造误差、拉力不同及温度的影响，钢尺尺面注记的名义长度和实际长度往往不相等。用这样的尺子量距会使丈量结果包含一定的差值，因此，要获得准确的距离，除了要掌握好量距方法外，还必须进行钢尺检定。

（1）尺长方程式

经过检定的钢尺，其长度可用尺长方程式表示。其一般形式为：

$$l_t=l_0+\Delta l+\alpha l_0\left(t-t_0\right) \tag{2.17}$$

式中：l_t——钢尺在温度 t 时的实际长度

l_0——钢尺的名义长度

Δl——尺长改正数，即钢尺在 $t=t_0$ 时的整尺长改正数

α——钢尺的线膨胀系数，取 $\alpha=1.25\times10^{-5}$

t——钢尺量距时的温度

t_0——检定钢尺时的温度 20° C

此式未考虑拉力对尺长的影响。因此，量距时作用于钢尺上的拉力应与检定时的拉力相同。对于 30m 和 50m 的钢尺，通常拉力为 100N 和 150N。

（2）钢尺的检定方法

可将被检定的钢尺与已有尺长方程式的标准钢尺进行比较。两根钢尺并排放在平坦地面上，施加相同的标准拉力，把两根钢尺的末端对齐，在零分划处读出两尺的差数，这样就可以根据标准尺的尺长方程式来确定被检定钢尺的尺长方程式。

5. 成果整理

如果量取的是倾斜距离，则需要对距离 L 进行尺长、温度和倾斜三项改正。地面倾斜坡度不同时，可分段进行改正；地面倾斜坡度基本一致时，可按整条边的长度进行改正。

①尺长改正

$$\Delta l_d=L\frac{\Delta l}{l_0} \tag{2.18}$$

②温度改正

$$\Delta l_t = L\alpha\left(t - t_0\right) \tag{2.19}$$

③倾斜改正

$$\Delta l_h = -\frac{h^2}{2L} \tag{2.20}$$

经过各项改正后的水平距离为：

$$D = L + \Delta l_d + \Delta l_t + \Delta l_h \tag{2.21}$$

随着高精度电子仪器的使用，钢尺精密量距的使用已经越来越少了。

6. 钢尺量距的误差与注意事项

（1）钢尺量距的误差

仪器工具。仪器工具误差主要是钢尺的尺长误差，钢尺的名义长度与实际长度不符就会产生尺长误差。尺长误差属于系统误差，有累积性的，距离越长，误差值越大。因此，新购的钢尺必须经过检定，方便进行尺长改正。

外界环境影响。钢尺量距时外界环境影响的误差主要是温度误差，钢尺丈量时的温度和标准温度不一致，就会产生温度误差。因此，精度要求高时要进行温度改正。

人为误差。主要有拉力误差、钢尺倾斜和垂曲误差、定线误差以及丈量误差。丈量时要施加标准的拉力，钢尺两端要保持水平中间不能有下垂；严格定线认真操作以减小丈量误差。

（2）钢尺量距的注意事项

①钢尺易氧化生锈，收工时立即用软布擦去钢尺上的泥土和水珠，涂上机油以防生锈。

②钢尺易折断，在行人和车辆多的地区量距时，严防钢尺被车辆压过而折断。当钢尺卷曲时，切不可用力硬拉，应按顺时针方向收卷钢尺。

③不准将钢尺沿地面拖拉，以免磨损尺面刻划。

2.3.2 视距测量

视距测量是根据几何光学原理测距的一种方法。视距测量精度仅 1/300 ～ 1/200，由于操作简便，不受地形起伏限制，并且可同时测定距离和高差，被广泛用于测距精度要求不高的地形图测绘当中。

1. 视距测量原理

（1）视准轴水平时的距离与高差公式

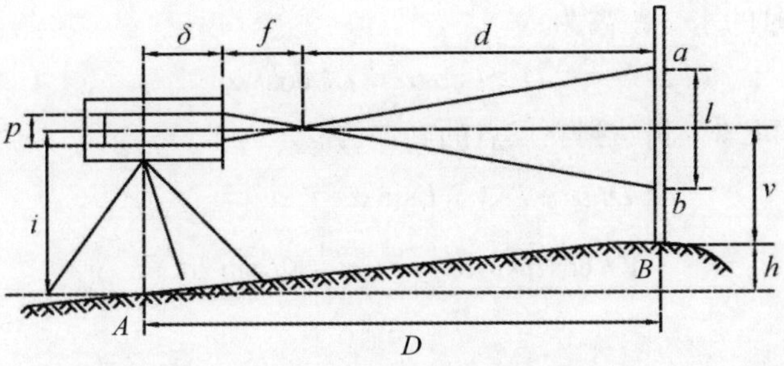

图 2.44　视线水平时视距测量原理

如图 2.44 所示，在 A 点安置经纬仪，B 点竖立视距尺，并使望远镜视线水平（使竖直角为零，即竖直度盘读数为 90° 或 270°），瞄准 B 点的视距尺，此时视线与视距尺垂直。对于倒像望远镜，下丝在视距尺上读数为 a，上丝在视距尺上读数为 b，下、上丝读数之差称为视距间隔 l（$l=a-b$）。若十字丝分划板上的两根视距丝之间的距离是 p，f 为望远镜物镜焦距，δ 为物镜中心到仪器中心的距离，根据相似三角形的关系，得到 A、B 两点间水平距离为：

$$D=\delta+f+d=\delta+f+\frac{f}{p}l$$

令 $\mathrm{C}=\delta+f$，$\mathrm{K}=\frac{f}{p}$ 则

$$D=\mathrm{K}l+\mathrm{C} \tag{2.22}$$

式中，K、C 分别为视距乘常数和视距加常数。设计制造仪器时，通常使 $\mathrm{K}=100$，C 接近于零。因此，视准轴水平时的视距计算公式为：

$$D=\mathrm{K}l=100l \tag{2.23}$$

若仪器高用 i 表示，十字丝中丝读数用 v 表示，则由图 2.44 所示，A、B 两点间高差为：

$$h=i-v \tag{2.24}$$

（2）视准轴倾斜时的距离与高差公式

在地面起伏较大的地区测量时，必须使经纬仪的视准轴倾斜才能读取尺的间隔，如图 2.45 所示。由于视准轴不垂直于视距尺，如果能将尺间隔 L（$L=a-b$），转换成与视准轴垂直的尺间隔 L'（$L'=a'-b'$），就可按式（2.23）计算倾斜距离 L，根据 L 和竖直角 α 算出水平距离 D 和高差 h。

$$L' = L\cos\alpha$$

根据式（2.23）得倾斜距离为：

$$L = \mathrm{K}L' = \mathrm{K}L\cos\alpha$$

视线倾斜时的水平距离为：

$$D = L\cos\alpha = \mathrm{K}L\cos^2\alpha \tag{2.25}$$

由图 2.45 可知，测站到立尺点的高差为；

$$\begin{aligned} h &= Dtg\alpha + i - v = L\sin\alpha + i - v \\ &= \mathrm{K}L\cos\alpha\sin\alpha + i - v = \frac{1}{2}\mathrm{K}L\sin 2\alpha + i - v \end{aligned} \tag{2.26}$$

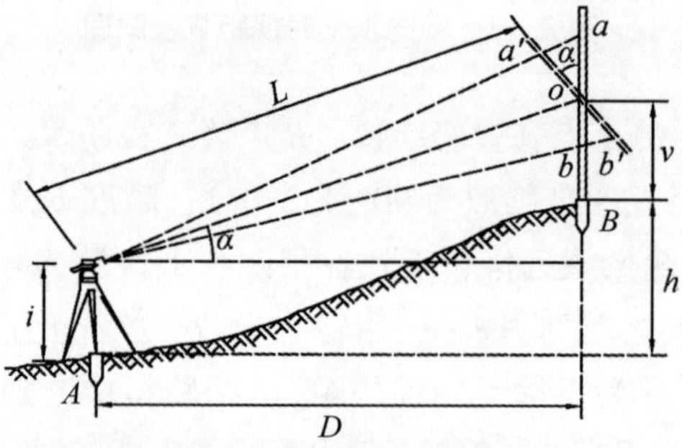

图 2.45　视线倾斜时视距测量原理

2. 视距测量误差及注意事项

（1）读数误差

视距间隔 L 由上、下视距丝在标尺上读数相减而得，由于视距常数 $\mathrm{K}=100$，因此视距丝的读数误差将扩大 100 倍地影响所测距离。即读数误差如为 1mm，则影响距离为 0.1m。所以，在标尺上读数前，必须消除视差，读数时应十分仔细。

（2）标尺不竖直误差

标尺立得不竖直对距离的影响与标尺倾斜度和竖直角有关，且当尺面沿测线前后倾斜时容易被观测员忽略。为减小标尺不竖直误差的影响，应选用安装圆水准器的标尺。

（3）外界条件的影响

外界条件的影响主要有大气折光、空气对流使标尺成像不稳定，风力过大使尺子抖动等。因此，应尽可能使仪器视线高出地面 1m 以上，并选择合适的天气作业。

2.4 全站仪及其使用

2.4.1 全站仪的基本功能

全站型电子速测仪（简称全站仪）是集测角、测距和常用测量软件功能于一体，由微处理机控制，自动测距、测角，自动归算水平距离、高差、坐标增量等，同时还可以自动显示、记录、存储和输出数据的一种智能型测绘仪器。

全站仪集光电、计算机、微电子通信、精密机械加工等高精尖技术于一体，可方便、高效、可靠地完成多种工程测量工作，是目前测量工作中使用频率最高的仪器之一，具有常规测量仪器无法比拟的优点，是新一代综合性勘察测绘仪器。与普通测绘仪器相比，全站仪具有如下基本功能：

①具有普通仪器（如经纬仪）的全部功能。

②能在数秒内测定距离、坐标值，测量方式分为精测、粗测、跟踪三种，可任选其中一种。

③角度、距离、坐标的测量结果在液晶屏幕上自动显示，不需要人工读数、计算，测量速度快、效率高。

④测距时仪器可自动进行气象改正。

⑤系统参数可根据需要进行设置、更改。

⑥菜单式操作，可进行人机对话。提示语言有中文、英文等。

⑦内存大，一般可存储几千个点的测量数据，能充分满足野外测量需要。

⑧数据可录入电子手簿，并输入计算机进行处理。

⑨仪器内置多种测量应用程序，可根据实际测量工作需要，随时调用。

全站仪作为一种现代大地测量仪器，它的主要特点是同时具备电子经纬仪测角和测距两种功能，并由电子计算机控制、采集、处理和储存观测数据，使测量数字化、后处理自动化。全站仪除了应用于常规的控制测量、地形测量和工程测量外，还广泛地应用于变形测量等领域。

全站仪的种类很多，目前常见的全站仪有瑞士徕卡的 TC 系列、日本拓普康的 GTS 系列、日本索佳的 SET 系列、日本尼康的 DTM 系列、中国南方 NTS 系列等十几种品牌。各类全站仪的外形大致相同，酷似光学经纬仪，也有照准部、基座和度盘三大部件。照准部上有望远镜，水平、竖直制动和微动螺旋，圆水准器，管水准器，光学对中器等。另外，仪器正反两侧都有液晶显示器和操作键盘。

2.4.2 全站仪的使用

全站仪的功能很多，它是通过显示屏和操作键盘来实现的。不同型号的全站仪操作键盘不同，大致可区分为两大类：一类是操作按键比较多（15 个左右），每个键都有 2 ~ 3 个功能，通过按某个键执行某个功能；另一类是操作按键比较少，只有几个作业模式按键和几个软键（功能键），通过选择菜单执行某项功能，使用时可参照仪器说明。

第 3 章　测量数据处理研究

3.1 测量误差

3.1.1 测量误差概述

在测量工作中，不管仪器的精密度有多高，操作技术人员有多认真，对某观测量进行了多次测量，其观测值之间总是存在差异，并且无法得到绝对正确的测量结果。如水准测量中的往返测量、角度测量中的多个测回的重复测量，观测结果并不都是一致的；再如平面三角形，三个内角测量值之和往往不是180°。观测值与客观真实值的偏差即误差。大量的实践说明，误差是无法避免的，但是可以通过对误差原因的分析、规律的研究，找到相应的措施，减少误差对测量值的影响，以此来提高观测精度。

1. 误差来源

测量作业指的是由测量的观测者操作测量仪器，对观测量进行测量。观测者的感官鉴别能力不同，技术水平存在差异，在观测中对仪器的整平、对中、瞄准、读数等方面总会产生偏差；测量仪器受制造工艺的限制和使用过程中损耗的影响，在测量过程中必然会产生误差。外界环境对观测结果的影响也很大，如温度、风力、气压、光照等的变化都会对观测结果产生一定的影响。

一般将观测者、测量仪器、外界环境统称为观测条件。观测条件的限制和变化是产生测量误差的原因。多次观测中，若观测条件相同称为等精度观测，观测条件不同称为非等精度观测。

2. 误差的分类

根据测量误差对测量结果影响的性质误差可以分为：粗差、系统误差、偶然误差。

（1）粗差

一般超限的观测结果很可能是粗差导致的。出现粗差的原因有很多，不外乎观测条件引起观测值的错误，例如观测者读数错误、记录错误、瞄准错误；观测仪器发生故障；测量区域有振动源等。

粗差对测量结果的影响很大，应尽量避免。测量人员应严格按照相关规范进行测量作业，利用多余观测和改变测量条件等措施进行必要的检核，一旦发现粗差必须舍弃测量结果进行重新测量。在最终的观测成果中，不允许粗差存在。

（2）系统误差

在相同观测条件下，对某量进行多次观测，误差的大小和符号均相同或符合一定的变化规律，这种误差叫作系统误差。系统误差一般具有积累性。

产生系统误差的主要原因之一是仪器本身制造的不完善或外界条件对仪器的影响。如一把尺子的名义长度为30m，实际长度为30.003m，用这把尺子进行距离测量时，每测量一个尺长的距离，就会产生误差+0.003m，测量的距离越长，积累的误差越大。

系统误差的积累性对测量结果影响很大，但是可以利用其规律性尽量地减少系统误差对测量结果的影响。一般的处理措施如下：

①用计算的方法加以改正。如对钢尺进行温度改正、尺长改正等。

②采用合适的观测方法消除系统误差。例如，水准测量中，安排成偶数站可以消除水准尺零点差的影响；水平角度测量中，取盘左、盘右测量值的平均值可消除经纬仪视准轴的偏差。

③将系统误差限制在一定范围内。有些系统误差不能计算改正，又无法通过合适的观测方法消除。如经纬仪照准部管水准器和仪器竖轴不垂直的误差，对水平角度测量的影响。对于此类误差，必须严格按照相关规范，对仪器进行精确校验，使其影响减少到允许范围之内。

（3）偶然误差

在相同观测条件下，对某量进行多次观测，误差的大小和符号均不一定，这种误差叫作偶然误差。偶然误差不同于粗差和系统误差，它是不可避免的。

单个偶然误差，没有规律可言，无法预测它的大小和符号；但是若在一定条件下，对某量进行多次观测，对偶然误差进行统计，其呈现出一定的规律性，并且观测次数越多，偶然误差的统计规律越明显。

例如，在相同观测条件下，多次测量三角形三个内角，由于误差的存在每次观测的测量值之和一般不等于 180°。用 X 表示真值，l 表示测量值，则观测值与真值之差为真误差。

$$\Delta = [l] - X \tag{3.1}$$

l 为三个内角测量值之和，即 $[l] = l_1 + l_2 + l_3$。对测量结果进行统计如表 3.1 所示，并绘制统计直方图。

表3.1　偶然误差统计表

误差区间（″）	正误差个数	负误差个数	误差总计
0~2	23	24	47
2~4	15	13	28
4~6	7	9	16
6~8	2	2	4
8~10	1	2	3
10~12	1	1	2
12 以上	0	0	0
总计	49	51	100

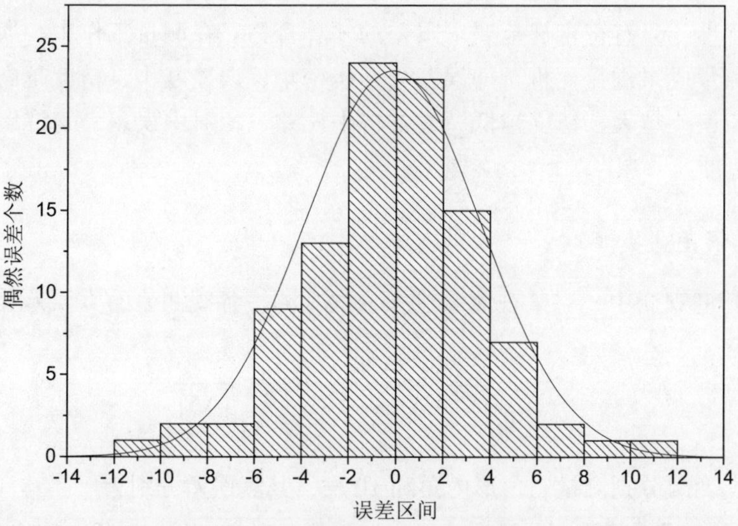

图 3.1　偶然误差统计直方图

由图 3.1 可直观地看到正负误差出现的频率基本相等，小误差出现的频率大于大误差。通过大量实验证明偶然误差具有以下规律：

①在一定的观测条件下，偶然误差的绝对值一定不会超过某限值，即有界性；本例为 12″ 。

②绝对值小的误差比绝对值大的误差出现的概率大，即密集性；越靠近 0″ 越密集。

③绝对值相等的正负误差出现的概率相等，即对称性；在各个误差区间内，正负误差出现的个数基本相等。

④在等精度观测条件下，对某量进行多次观测，观测值偶然误差的算术平均值随着观测次数的无限增加而趋近于零，即抵偿性。偶然误差的第四个特性由第三个特性导出，在大量的偶然误差中，正负误差互相抵消。如下式所示

$$\lim_{n\to\infty}\frac{[\Delta]}{n}=0 \tag{3.2}$$

式中， $\Delta=\Delta_1+\Delta_2+\cdots+\Delta_n$ ， n 为观测次数。

偶然误差的四个特性具有普遍性，在图 3.1 中，将误差区间无限缩小，测量次数无限增加，偶然误差的分布直方图就会变成平滑的曲线，该曲线叫作误差概率分布曲线，它可以清楚地反映出偶然误差的特性。

3.1.2 衡量精度的标准

测量成果中不可避免地含有误差，为了衡量测量成果质量的好坏必须提出统一的衡量标准，只有符合规范要求限差的才算合格。在测量工作中，通常用“精度”来对测量成果进行评价，即误差分布越密集，误差越小，精度越高；误差分布越离散，误差越大，精度越低。通常将中误差、相对中误差、容许误差作为衡量精度的标准。

1. 中误差

在等精度观测中，对某观测量进行 n 次观测，各观测值的真误差为 Δ ，则中误差为

$$m=\pm\sqrt{\frac{\Delta_1^{\ 2}+\Delta_2^{\ 2}+\cdots+\Delta_n^{\ 2}}{n}}=\sqrt{\frac{[\Delta\Delta]}{n}} \tag{3.3}$$

例如，两组分别测量三角形内角和 10 次，其真误差分别为

第一组：+2″ ，+2″ ，−3″ ，+1″ ，−1″ ，−2″ ，−5″ ，+3″ ，+4″ ，−2″ ；

第二组：+1″，+4″，−3″，−5″，0″，+6″，−1″，−2″，+2″，−1″。

求两组观测值的中误差。

解：$m_1 = \pm\sqrt{\dfrac{2^2+2^2+3^2+1^2+1^2+2^2+5^2+3^2+4^2+2^2}{10}} = 2.8''$

$$m_2 = \pm\sqrt{\frac{1^2+4^2+3^2+5^2+0^2+6^2+1^2+2^2+2^2+1^2}{10}} = 3.1''$$

对比两组中误差 $m_1 < m_2$，可知第一组精度高于第二组。

需要注意，在一组等精度观测中，各个真误差并不都相等，但是它们具有相同的精度，因为它们对应着相同的误差分布。

2. 相对中误差

中误差的大小与观测值的大小无关，在某些测量中，中误差无法全面反映测量的精度。如长度的丈量误差与长度有关，用中误差来衡量丈量的精度并不适合。在测量误差与测量值的大小相关的情况下，为衡量精度的大小，需要引入相对中误差的概念。

中误差的绝对值与相应观测值之比，即相对中误差，通常用 K 表示。相对中误差习惯用分子为 1 的分数表示，分母愈大，相对误差愈小，精度愈高。

$$K = \frac{|m|}{l} = \frac{1}{l/|m|} \tag{3.4}$$

上述长度丈量的相对中误差分别是 $\dfrac{1}{100}$ 和 $\dfrac{1}{200}$，可知后者精度要高于前者。

3. 容许误差

根据偶然误差的有界性可知，在一定观测条件下，偶然误差的绝对值不会超过一定的限值，这个限值就是极限误差，简称限差。限差是观测结果取舍的判断标准，如果观测值的偶然误差超过限差，说明观测值中很可能含有粗差，应舍去。大量实验证明，偶然误差的绝对值大于 2 倍中误差的概率约为 5%，大于 3 倍中误差的概率约为 0.3%。在观测次数不多的条件下，偶然误差绝对值大于 3 倍中误差的概率几乎为零，因此把 3 倍的中误差作为偶然误差的极限误差，即

$$\Delta_{极}=3m \tag{3.5}$$

在实际测量工作中，为保证测量成果的质量，常将 2 倍的中误差作为偶然误差的容许误差，当观测值的偶然误差大于容许误差时，应舍去不用或重测。

$$\Delta_{容}=2m \tag{3.6}$$

3.1.3 误差传播定律

对于直接观测的量，如距离、角度等，通过多次观测就可以求得观测值的中误差。但在实际测量工作中，某些观测量无法通过直接测量得到，它与直接观测量之间构成函数关系，如两点高差 $h=a-b$ ，直接观测值 a、b 含有误差，则高差 h 也会受到误差的影响。阐述观测值中误差与观测函数中误差之间关系的定律称为误差传播定律。误差传播定律阐述了在观测值中误差已知的条件下，计算观测函数中误差的方法，在测量工作中得到广泛应用。

1. 线性函数的中误差

（1）倍数函数

设有倍数函数

$$Z=\mathrm{k}x$$

式中 x 为直接观测值，k 为常数，Z 为观测值 x 的函数。

若对 x 进行 n 次观测，其真误差列为 Δ_{x_1} 、$\Delta_{x_2}\cdots\Delta_{x_n}$ ，对应函数的真误差列为 Δ_{z_1} 、$\Delta_{z_2}\cdots\Delta_{z_n}$ ，则由函数关系可知

$$\Delta_{z_1}=\mathrm{k}\Delta_{x_1}$$
$$\Delta_{z_2}=\mathrm{k}\Delta_{x_2}$$
$$\cdots\cdots$$
$$\Delta_{z_n}=\mathrm{k}\Delta_{x_n}$$

求以上关系式平方和再除以 n，得

$$\frac{[\Delta_z\Delta_z]}{n}=\mathrm{k}^2\frac{[\Delta_x\Delta_x]}{n}$$

由中误差的定义可知

$$m_z{}^2=\frac{[\Delta_z\Delta_z]}{n}$$

$$m_x{}^2=\frac{[\Delta_x\Delta_x]}{n}$$

所以观测函数中误差与观测值中误差的关系可写成

$$m_z{}^2=\mathrm{k}^2m_x{}^2$$

或

$$m_z=\mathrm{k}m_x \tag{3.7}$$

上式表明，观测值倍数函数的中误差是观测值中误差的 k 倍。

（2）和差函数

设有和差函数

$$Z = x \pm y$$

x、y 是相互独立的观测值，对两个观测量进行 n 次观测，由函数关系可知

$$\Delta_{z_1} = \Delta_{x_1} \pm \Delta_{y_1}$$
$$\Delta_{z_2} = \Delta_{x_2} \pm \Delta_{y_2}$$
$$\cdots\cdots$$
$$\Delta_{z_n} = \Delta_{x_n} \pm \Delta_{y_n}$$

求上式两边平方和除以 n 得

$$\frac{[\Delta_z \Delta_z]}{n} = \frac{[\Delta_x \Delta_x]}{n} + \frac{[\Delta_y \Delta_y]}{n} \pm 2\frac{[\Delta_x \Delta_y]}{n}$$

易知 $\Delta_x \Delta_y$ 各项均为偶然误差，根据偶然误差的抵偿性，偶然误差的算术平均值随着观测次数的无限增加而趋近于零，即 $\lim\limits_{n\to\infty}\frac{[\Delta_x \Delta_y]}{n} = 0$，$\frac{[\Delta_x \Delta_y]}{n}$ 很小，可以忽略不计。根据中误差的定义得出

$$m_z{}^2 = m_x{}^2 + m_y{}^2$$

或

$$m_z = \pm\sqrt{m_x{}^2 + m_y{}^2} \tag{3.8}$$

上式表明和差函数的中误差等于两独立观测值平方和的平方根。

将两个独立观测值的和差函数关系推广到 n，设有如下和差函数

$$Z = x_1 \pm x_2 \pm \ldots \pm x_n$$

仿照上述推导过程可得

$$m_z{}^2 = m_{x_1}{}^2 + m_{x_2}{}^2 + \ldots + m_n{}^2 \tag{3.9}$$

式中 m_i 是 x_i（$i = 1,2\ldots n$）的中误差。

特别当 N 次观测为等精度观测时，$m_{x_1} = m_{x_2} = \ldots = m_{x_n} = m_x$，则公式变为

$$m_z{}^2 = nm_x{}^2$$

或

$$m_z = \pm\sqrt{n} m_x \tag{3.10}$$

（3）一般线性函数

设有一般线性函数

$$Z = \mathrm{k}_1 x_1 \pm \mathrm{k}_2 x_2 \ldots \pm \mathrm{k}_n x_n$$

式中 $\mathrm{k}_1, \mathrm{k}_2 \ldots \mathrm{k}_n$ 为常数，$x_1, x_2 \ldots x_n$ 为独立观测值，对应的中误差分别为

$m_1, m_2 \ldots m_n$，根据倍函数和和差函数的中误差公式，可以得到一般线性函数的中误差为

$$m_z^{\ 2} = \mathrm{k}_1^{\ 2} m_1^{\ 2} + \mathrm{k}_2^{\ 2} m_2^{\ 2} + \cdots + \mathrm{k}_\mathrm{n}^{\ 2} m_n^{\ 2} \tag{3.11}$$

2. 一般函数的中误差

设有一般函数

$$Z = f\left(x_1, x_2 \cdots x_n\right)$$

式中 $x_1, x_2 \cdots x_n$ 为独立观测值，对应的中误差分别为 $m_1, m_2 \cdots m_n$ 。

将函数线性化，取上式的全微分得

$$dZ = \frac{\partial f}{\partial x_1} dx_1 + \frac{\partial f}{\partial x_2} dx_2 + \cdots + \frac{\partial f}{\partial x_n} dx_n$$

则，按照线性函数的中误差公式得到一般函数的中误差

$$m_z^{\ 2} = \left(\frac{\partial f}{\partial x_1} m_1\right)^2 + \left(\frac{\partial f}{\partial x_2} m_2\right)^2 + \cdots + \left(\frac{\partial f}{\partial x_n} m_n\right)^2 \tag{3.12}$$

上式是误差传播定律的一般形式，具有普遍的意义，其他形式都是该式的特例。

3.1.4 等精度观测最可靠值及其中误差

在相同观测条件下对某量进行一组等精度观测，观测值为 $l_1, l_2 \cdots l_n$ ，观测量的真值为 x ，则观测值的真误差为：

$$\Delta_1 = l_1 - X$$

$$\Delta_2 = l_2 - X$$

$$\cdots\cdots$$

$$\Delta_n = l_n - X$$

等式两边求和并除以观测次数 n

$$\frac{[\Delta]}{n} = \frac{[l]}{n} - X$$

其中 $\frac{[l]}{n}$ 为观测值的算术平均值，通常用 x 表示，则

$$X = x - \frac{[\Delta]}{n}$$

根据偶然误差的第四个特性抵偿性可知，当观测次数 n 无限增大时，$\frac{[\Delta]}{n}$ 趋向于零，则观测值的算术平均值趋向于观测量的真值：

$$X = x$$

但是实际测量工作中测量次数 n 是有限的，在等精度观测中通常将观测值的算术平均值作为观测量的最可靠值，并将它作为测量的最后成果。

通常观测量的真值 x 是不知道的，无法直接用真误差来求取观测量的中误差，而是利用观测量的改正数 v 来计算的。观测量的改正数 v 为其算术平均值与观测值之差，即

$$v = x - l$$

在等精度观测值数列中

$$v_1 = x - l_1$$
$$v_2 = x - l_2$$
$$\cdots\cdots$$
$$v_n = x - l_n$$

上式两边求和得

$$[v] = nx - [l]$$

因为 $x = \frac{[l]}{n}$ ，带入上式得，$[v] = 0$ ，可以将该式作为改正数计算的检核。

利用改止数计算观测量的中误差

$$m = \pm\sqrt{\frac{[vv]}{n-1}} \tag{3.13}$$

该公式称为白塞尔公式。

得到观测量的中误差后，可以根据误差传播定律求取观测值算术平均值的中误差 M ，因为是等精度观测，所有观测值的中误差（ $m_1, m_2 \cdots m_n$ ）均为 m 。观测值与观测值算术平均值的函数关系为

$$x = \frac{[l]}{n} = \frac{1}{n}l_1 + \frac{1}{n}l_2 + \cdots + \frac{1}{n}l_n$$

由误差传播定律得

$$M^2 = (\frac{1}{n}m_1)^2 + (\frac{1}{n}m_2)^2 + \cdots + (\frac{1}{n}m_n)^2 = \frac{1}{n}m^2$$

即

$$M = \frac{m}{\sqrt{n}} = \pm\sqrt{\frac{[vv]}{n(n-1)}} \tag{3.14}$$

由上式可知，算术平均值的中误差与观测次数 n 成反比，算术平均值的精度比各观测值的精度提高 $\sqrt{n}$ 倍，观测次数越多，算术平均值的中误差越小，其精度

越高，但是关系式为非线性关系，当观测次数达到一定数目后，随着观测次数的增加，算术平均值的中误差 M 减少得很少，即精度提高很少。

3.1.5 非等精度观测最可靠值及其中误差

1. 权

对观测量进行 N 次非等精度观测，由于各次观测值的精度不同，不能用算术平均值来计算观测量的最可靠值，应该提高精度高的观测值对观测结果的影响，降低精度低的观测值对观测结果的影响。在测量工作中通常引入“权”的概念来比较观测值的可靠程度。观测值的精度越高，中误差越小，权越大；观测值的精度越低，中误差越大，权越小。在测量计算中，常用中误差来求权：

$$p_i = \frac{\mathrm{u}^2}{m_i^2} \quad (i = 1, 2 \cdots n) \tag{3.15}$$

p 为观测值的权，u 为不为 0 的任意常数，m 为观测值的中误差，在一组观测数据列中 u 只能取同一个值。当取常数 $\mathrm{u}^2 = m^2$ 时，$p = 1$，其权为单位权，其对应的中误差为单位权中误差。

当已知一组非等精度观测值的中误差时，可以先设定 u 的值，再计算各观测值的权。

例如对某长度进行三次观测，观测值的中误差 m_1, m_2, m_3 分别为 1mm、2mm、4mm，计算观测值的权 p_1，p_2，p_3

当取常数 u = 4mm 时，$p_1 = \frac{4^2}{1^2} = 16$，$p_2 = \frac{4^2}{2^2} = 4$，$p_3 = \frac{4^2}{4^2} = 1$，$p_3$ 为单位权，m_3 为单位权中误差，$p_1 : p_2 : p_3 = 16 : 4 : 1$。

当取常数 u = 1mm 时，$p_1 = \frac{1^2}{1^2} = 1$，$p_2 = \frac{1^2}{2^2} = 1/4$，$p_3 = \frac{1^2}{4^2} = 1/16$，$p_1$ 为单位权，m_1 为单位权中误差，$p_1 : p_2 : p_3 = 16 : 4 : 1$。

通过上述可知，u 的取值不同，权的大小不同，但是权之间的比例关系不变，权是用来表征观测值之间的精度的对比关系的，权本身数值的大小没有意义。

在测量作业中，有不同的定权方法，如在水准测量中，可以用测距离和测站数两种方式进行定权。测量规范规定，一般在地形起伏不大的地区，每千米的测站数基本相同，所以可以用距离来定权，即水准路线观测高差的权与测量的路线长度成反比；在地形起伏较大的地区，每千米的测站数相差较大，用距离定权显然不合适，可以用测站数来定权，即水准路线观测高差的权与测站数成反比。

2. 加权平均值及其中误差

对观测量进行 n 次非等精度观测，观测值为 l_i ，对应的权为 p_i ，则观测值的加权算术平均值就是观测量的最或是值：

$$x=\frac{p_1l_1+p_2l_2+\cdots+p_nl_n}{p_1+p_2+\cdots+p_n}=\frac{[pl]}{[p]}$$

根据误差传播定律，计算加权算术平均值的中误差得

$$M=\frac{{p_1}^2}{[p]^2}{m_1}^2+\frac{{p_2}^2}{[p]^2}{m_2}^2+\cdots+\frac{{p_n}^2}{[p]^2}{m_n}^2$$

由于 $p_1{m_1}^2=p_2{m_2}^2=\cdots=p_n{m_n}^2={m_0}^2$， m_0 为单位权中误差，带入上式得

$$M=\frac{p_1{m_0}^2+p_2{m_0}^2+\cdots+p_n{m_0}^2}{[p]^2}=\frac{[m_0]^2}{[p]}$$

根据权的定义，计算加权算术平均值的权 $p=[p]$，即加权算术平均值的权是所有观测值权之和。

知道观测值的真误差时，可以用真误差来计算单位权中误差

$$m_0=\pm\sqrt{\frac{[p\Delta\Delta]}{n}}$$

但是在实际计算中，一般单位权中误差用观测值的改正数来计算，其公式为：

$$m_0=\pm\sqrt{\frac{[pvv]}{n-1}}$$

3.2 水准测量的内业

进行水准测量成果计算时，要先检查野外观测手簿，计算各点间高差，经检核无误，则根据野外观测高差计算高差闭合差，若高差闭合差符合规定的精度要求，则调整高差闭合差，最后计算各点的高程。以上工作，称为水准测量的内业。

高差闭合差的容许值视水准测量的精度等级而定。对于等外水准测量而言，高差闭合差的容许值 $f_{h_{容}}$ 规定为：

$$\left.\begin{aligned}&\text{山地}\quad f_{h_{容}}=\pm12\sqrt{n}\ \text{mm}\\&\text{平地}\quad f_{h_{容}}=\pm40\sqrt{L}\ \text{mm}\end{aligned}\right\}\qquad(3.16)$$

式中：L 为水准路线长度，单位 km；n 为测站数。

3.2.1 闭合水准路线的成果计算

如图 3.2 所示，已知水准点 BM_A 的高程为 42.098m，B、C、D 为待测水准点。表 3.2 为水准测量成果计算表。

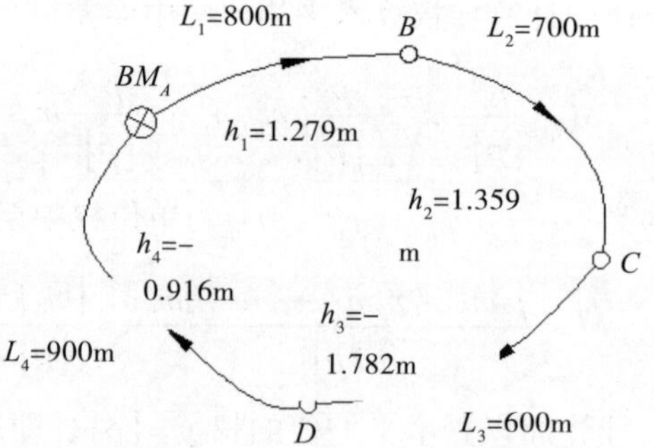

图 3.2　闭合水准路线

1. 填写已知数据和观测数据

按观测路线依次将点名、测站数、实测高差和已知高程填入计算表中。

2. 计算高差闭合差及其容许值

$$f_h = \sum h_{测} = -0.030\text{m} = -30\text{ mm}$$

$$f_{h_{容}} = \pm 40\sqrt{3000}\text{ mm} = \pm 54.8\text{ mm}$$

$|f_h| < |f_{h容}|$，满足规范要求，则可进行下一步计算，若超限，则需检查原因，如有需要，则重测。

3. 高差闭合差调整

高差闭合差的调整是按与边长或测站数成正比例且反符号计算各测段的高差改正数，然后计算各测段改正后高差。高差改正数的计算公式为：

$$v_i = -\frac{f_h}{n} \times n_i \qquad v_i = -\frac{f_h}{L} \times L_i \tag{3.17}$$

式中：n 为测站总数；n_i 为第 i 测段的测站数；L 为路线总长度；L_i 为第 i 测段的路线长度。例如，第一测段的高差改正数为：

$$v_1 = -\frac{30}{3000} \times 800\ \text{mm} = +8\ \text{mm}$$

表3.2　闭合水准路线成果计算表

测段	测点	测 段 长（m）	实测高差（m）	改正数（mm）	改正后的高差（mm）	高程（m）	备注
	BM_A					42.098	
A—B		800	1.279	8	1.287		
	B					43.385	
B—C		700	1.389	7	1.396		
	C					44.781	
C—D		600	−1.782	6	−1.776		
	D					43.005	
D—A		900	−0.916	9	−0.907		
	BM_A					42.098	
Σ		3000	−0.030	30	0		
辅 助 计算	$f_h = \sum h_{测} = -0.030\text{m} = -30\ \text{mm}$ $f_{h_{容}} = \pm 40\sqrt{3000}\ \text{mm} = \pm 54.8\ \text{mm}$ $\lvert f_h \rvert < \lvert f_{h容} \rvert$，成果合格。						

1. 计算各点高程

从已知点（BM_A）高程开始，依次加各测段的改正后高差，即可得各待测点高程。最后推算出已知点的高程，若与已知点高程相等，则说明计算正确，计算完毕。

3.2.2 附合水准路线成果计算

如图 3.3 所示，已知水准点 BM_A 的高程为 39.188m，BM_B 的高程为 39.068m，C、D、E 为待测水准点。表 3.3 为水准测量成果计算表。

附合水准路线的高差闭合差：

$$f_h = \sum h_{测} - \left(h_{终} - h_{始}\right) = -0.060 - (39.068 - 39.188) = 60\ \text{mm}$$

其计算步骤、闭合差的容许值及调整、各点的高程计算与闭合水准路线相同。

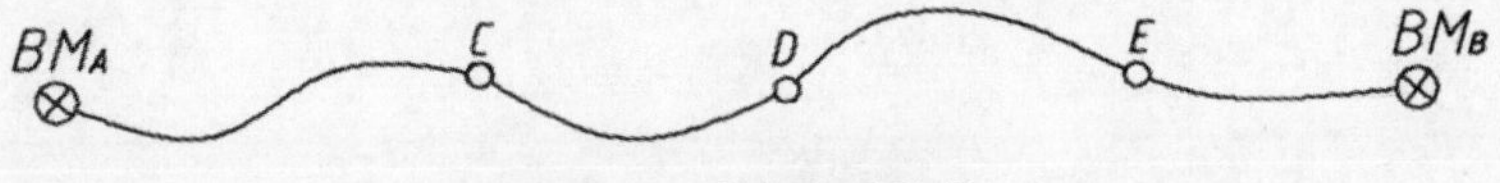

图 3.3　附合水准路线

表3.3 附合水准路线成果计算表

测段	测点	测站数	实测高差（m）	改正数（mm）	改正后的高差（mm）	高程（m）	备注
	BM_A					39.188	
$A—C$		9	2.098	−18	2.080		
	C					41.268	
$C—D$		8	3.125	−16	3.109		
	D					44.377	
$D—E$		6	−3.879	−12	−3.891		
	E					40.486	
$E—B$		7	−1.404	−14	−1.418		
Σ	BM_B	30	−0.06	−60	−0.120	39.068	
辅助计算	$f_h=\sum h_{测}-(h_{终}-h_{始}) = -0.060-(39.068-39.188)=60\ \text{mm}$ $f_{h容}=\pm12\sqrt{30}\ \text{mm}=\pm65.7\ \text{mm}$ $\lvert f_h\rvert<\lvert f_{h容}\rvert$，成果合格。						

3.2.3 支水准路线成果计算

如图3.4，已知水准点A的高程为75.126m，往、返测站共18站。高差闭合差为：

$$f_h=h_{往}+h_{返}=-1.685+1.677=-0.008\text{m}=-8\text{mm}$$

闭合差容许值为：

$$f_{h容}=\pm12\sqrt{n}=\pm12\sqrt{18}=\pm50.9\text{mm}$$

$\lvert f_h\rvert<\lvert f_{h容}\rvert$，说明符合等外水准测量的要求。经检核符合精度要求后，可将往测和返测高差绝对值的平均值作为A、I两点间的高差，其符号与往测高差符号相同，即：

$$h_A=\frac{-1.685-1.677}{2}=-1.681m$$

$$h_1=75.126-1.681=73.445m$$

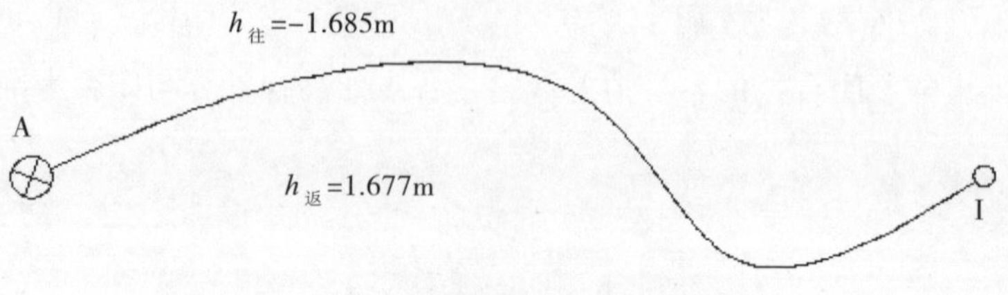

图3.4 支水准路线计算略图

3.2.4 水准测量的误差分析

水准测量误差包括仪器误差、观测误差和外界条件的影响三个方面。在水准测量作业中，应根据产生误差的原因，采取相应措施，尽量减少或消除其影响。

1. 仪器误差

（1）仪器校正后的残余误差

水准管轴与视准轴不平行，虽经校正但仍然存在残余误差。这种误差多属系统性误差，若观测时使前视、后视距离相等，便可消除或减弱此项误差的影响。

（2）水准尺误差

水准尺刻划不准确、尺长变化、尺身弯曲及底部零点磨损等，都会直接影响水准测量的精度。因此对水准尺要进行检定，凡刻划达不到精度要求及弯曲变形的水准尺，均不能使用。对于尺底的零点差，可采用在一水准测段中设置偶数测站的方法消除其对高差的影响。

2. 观测误差

（1）水准管气泡居中误差

设水准管分划值为 τ''，居中误差一般为 $\pm 0.15\tau''$，采用符合式水准器时，气泡居中精度可提高一倍。故由气泡居中误差引起的读数误差为：

$$m_V = \frac{60''}{V} \times \frac{D}{\rho''} \tag{3.18}$$

式中：V 为望远镜放大倍率，$60''$ 为人眼的极限分辨能力，D 为水准仪到水准尺的距离，$\rho'' = 206265$。

（2）读数误差

在水准尺上估读毫米数的误差，与人眼分辨能力、望远镜放大倍率以及视线长度有关，通常按下式计算：

$$m_\tau = \frac{0.15\tau''}{2\rho''} D \tag{3.19}$$

（3）视差影响

当存在视差时，由于十字丝平面与水准尺影像不重合，若眼睛位置不同，便会读出不同的读数，而产生读数误差。因此，观测时要仔细调焦，严格消除视差。

（4）水准尺倾斜误差

水准尺倾斜会使读数增大，其误差大小与尺倾斜的角度和在尺上的读数大小有关。如水准尺倾斜 3° 30′，视线在水准尺上 1m 处读数时，将产生 2 mm 的误差，若读数或倾斜角增大，误差也增大。因此，为了减少这种误差的影响，要认真扶尺，尽可能保持尺上水准气泡居中，将水准尺立直立稳。

3. 外界条件的影响

（1）仪器下沉

仪器安置在土质松软的地面，在观测过程中会产生仪器下沉现象，致使视线降低，从而引起高差误差。若采用“后、前、前、后”的观测程序，可减弱其影响。此外，仪器尽量安置在坚实地面处，并将脚架踏实。

（2）尺垫下沉

如果转点选在土质松软的地面，尺垫受水准尺的撞击及重压后也会下沉，将使下一站后视读数增加，也将引起高差误差。采用往返观测的方法，取成果的中数，可以减少其影响。所以转点也应选在坚实地面并将尺垫踏实。

（3）温度的影响

温度的变化会引起大气折光的变化，而且当烈日照射水准管时，水准管和管内的液体温度升高，气泡移向温度高的一端，从而影响仪器水平，产生气泡居中误差。因此水准测量时，应撑伞遮阳，防止阳光直接照射仪器。

3.3 角度测量

3.3.1 水平角测量

水平角的观测方法一般根据目标的多少而定，常用的方法有测回法和方向观测法。

1. 测回法

此法适合于观测由两个目标所构成的水平角。如图 3.5 所示，A、O、B 分别为地面上的三点，欲测定 OA 与 OB 所构成的水平角，其操作步骤如下：

①将经纬仪安置在测点 O，对中、整平。

②将经纬仪置于盘左位置，瞄准目标 A，读取读数 $a_{左}$，顺时针旋转照准部，瞄准目标 B，并读取读数 $b_{左}$，以上称为上半测回。上半测回的角值 $\beta_{左}=b_{左}-a_{左}$。

③倒转望远镜成盘右位置，瞄准目标 B，读取读数 $b_{右}$，按逆时针方向旋转照准

部，照准目标 A，读取读数 $a_{右}$，以上称为下半测回。下半测回角值 $\beta_{右}=b_{右}-a_{右}$。

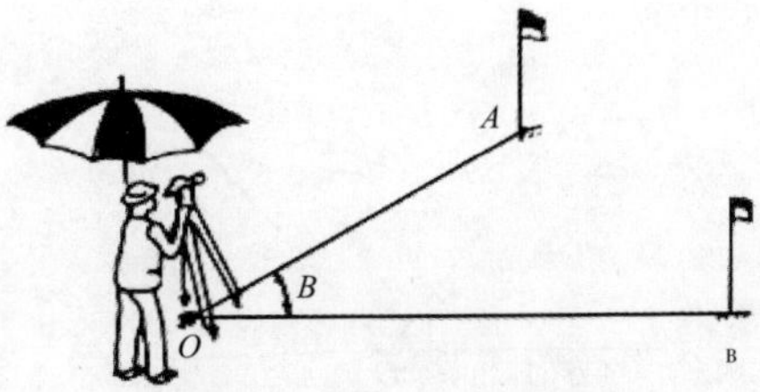

图 3.5　测回法测水平角

上、下半测回构成一个测回。

测回法测角的记录和计算见表 3.4。

表3.4　测回法观测手簿

测站	盘位	目标	读数			半测回角值			一测回角值			各测回平均角值			备注
			（°	′	″）	（°	′	″）	（°	′	″）	（°	′	″）	
O（第一测回）	左	A	0	01	24	135	32	42	135	32	48	135	32	54	
		B	135	34	06										
	右	A	180	00	54	135	32	54							
		B	315	33	48										
O（第二测回）	左	A	90	00	36	135	32	54	135	33	00				
		B	225	33	30										
	右	A	270	01	06	135	33	06							
		B	45	34	12										

当测角精度要求较高时，往往要观测几个测回，为了减少度盘分划误差的影响，各测回间应根据测回数 n，按 180°/n 变换水平度盘位置。例如，要观测三个测回，则第一测回的起始方向读数可安置在略大于 0° 处；第二测回起始方向读数应安置在 180°/3=60° 左右，第三测回则应在 120° 左右。

2. 方向观测法（全圆观测法）

此法适用于在一个测站需要观测多个角度，即观测方向在三个或三个以上时。

如图 3.6 所示，O 为测站点，A、B、C、D 为四个目标点，欲测定各方向之间的水平角，操作步骤如下：

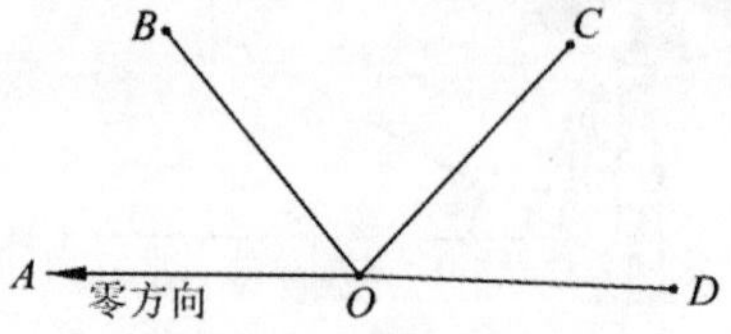

图 3.6　方向观测法测水平角

（1）测站观测

①将经纬仪安置于测站点 O，对中、整平。

②用盘左位置选定一距离较远、目标明显的点 A 作为起始方向（零方向），将水平度盘读数调至略大于 0°，并读取此时的读数；松开水平制动螺旋，顺时针方向依次照准 B、C、D 三个目标点，并读数；最后再次瞄准起始点 A，称为归零，并读数。以上为上半测回。两次瞄准 A 点的读数之差称为"归零差"。对于不同精度等级的仪器，限差要求不同，如表 3.5 所示。

③取盘右位置瞄准起始目标 A，并读数。然后按逆时针方向依次照准 D、C、B、A 各目标，并读数。以上称为下半测回，其归零差仍应满足表 3.5 规定的要求。

上、下半测回构成一个测回，在同一测回内不能第二次改变水平度盘的位置。当精度要求较高，需测多个测回时，各测回间应按 180°　/n 配置度盘起始目标的读数。

表3.5　方向观测法的各项限差

经纬仪型号	半测回归零差	一测回内 2c 互差	同一方向值各测回互差
DJ_2	8″	13″	9″
DJ_6	18″	—	24″

（2）记录计算

如表 3.6 为方向观测法观测手簿。盘左各目标的读数按从上往下的顺序记录，盘右各目标的读数按从下往上的顺序记录。

①计算归零差。对于起始目标，分别计算盘左两次瞄准的读数差和盘右两次瞄准的读数差 Δ，并计入表 3.6 中。

表3.6　方向观测法记录与计算手簿

测站	测回数	目标	读数 盘左	读数 盘右	2c	平均读数	归零后方向值	各测回归零方向值的平均值	角值
			(° ′ ″)	(° ′ ″)	(″)	(° ′ ″)	(° ′ ″)	(° ′ ″)	(° ′ ″)
1	2	3	4	5	6	7	8	9	10
						(0 01 48)			
		A	00 01 36	180 01 48	−12	0 01 42	0 00 00		
		B	31 16 12	211 16 18	−6	31 16 15	31 14 27		
O	1	C	125 23 30	305 23 42	−12	125 23 36	125 21 48		
		D	215 45 06	35 45 12	−6	215 45 09	215 43 21		
		A	00 01 48	180 02 00	−12	00 01 54		0 00 00	31 14 28
		Δ	+12	+12				31 14 28	94 07 26
						(90 02 34)		125 21 54	90 21 27
		A	90 02 24	270 02 36	−12	90 02 30	0 00 00	215 43 28	144 16 32
		B	121 17 00	300 17 06	−6	121 17 03	31 14 29		
O	2	C	215 24 34	35 24 34	0	215 24 34	125 22 00		
		D	305 46 06	125 46 12	−6	305 46 09	215 43 35		
		A	90 02 36	270 02 42	−6	90 02 39			
		Δ	+12	+6					

②计算两倍照准误差 2*c* 值。理论上，相同方向的盘左 / 盘右观测值应该相差 180°，如果不是，其偏差值称为 2*c*，计算公式为

$$2c=盘左读数-（盘右读数\ \pm 180°）\tag{3.20}$$

上式中，盘右读数大于 180° 时取“－”号，小于 180° 取“＋”号，计算结果填入表 3.6 中第 6 栏。

③计算各方向的平均读数

$$平均读数=[盘左读数+（盘右读数\ \pm 180°）]/2\tag{3.21}$$

使用上式计算时，最后的平均读数为换算到盘左读数的平均值，也即盘右读数通过加或减 180° 后，应基本等于盘左读数，计算结果填入表 3.6 中第 7 栏。起始方向有两个平均值，应将此两数值再次平均，所得的值为起始方向的方向值，填入第 7 栏上方并括以括号，如本例中（0° 01′ 48″）和（90° 02′ 34″）。

④计算归零后的方向值。将各方向的平均读数减去起始目标的平均读数，即得归零后的方向值。计算结果填入表 3.6 中第 8 栏，起始方向的归零值为零。

⑤计算各测回归零后方向值的平均值的最后结果，填入表 3.6 中第 9 栏。在取平均值之前，应计算同一方向归零后的方向值各测回的互差有无超限，如果超限，则应重测。

⑥计算水平角。相邻方向值之差，即为两相邻方向所夹的水平角，计算结果填入表 3.6 中第 10 栏。

方向观测法有三项限差要求，若任何一项限差超限，则应重测。

3.3.2 竖直角测量

1. 竖直度盘的构造

经纬仪竖直度盘部分主要由竖盘、竖盘指标、竖盘指标水准管和竖盘指标水准管微动螺旋组成。竖直度盘垂直于望远镜横轴，且固定在横轴的一端，随望远镜的上下转动而转动。在竖盘中心的下方装有反映读数指标线的棱镜，它与竖盘指标水准管连在一起，不随望远镜转动，只能通过调节指标水准管微动螺旋，使棱镜和指标水准管一起做微小转动。当指标水准管气泡居中时，棱镜反映的读数指标线处于正确位置。

竖盘的注记形式有很多，分为天顶式注记和高度式注记两类。所谓天顶式注记就是假想望远镜指向天顶时，竖盘读数指标指示的读数为 0° 或 180°；与此相对应的高度式注记是假想望远镜指向天顶时，读数为 90° 或 270°。在天顶式和高度式注记中，由于度盘的刻画顺序不同，又可分为顺时针和逆时针两种形式。

如图 3.7 所示，近代生产的经纬仪多为顺时针注记。

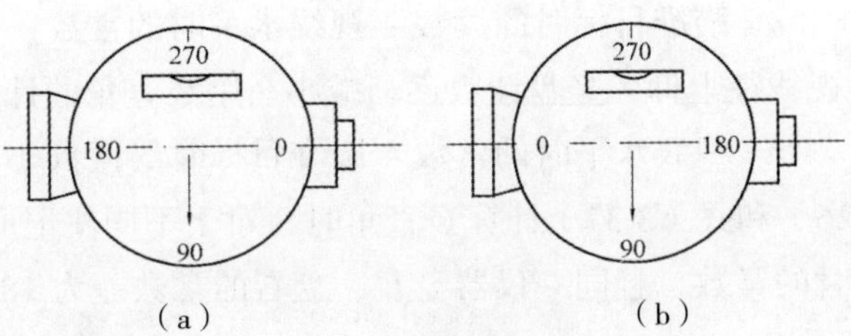

图 3.7　竖直度盘

2. 竖直角观测与计算

（1）竖直角计算公式

由于竖盘注记形式不同，竖直角计算的公式也不一样。利用经纬仪测量竖直角之前应先正确判定竖直角的计算公式，才能算出正确的竖直角值。现以天顶式顺时针注记的竖盘为例，来推导竖直角计算的基本公式。

如图 3.7 所示，当望远镜视线水平，竖盘指标水准管气泡居中时，读数指标处于正确位置，竖盘读数正好为一常数 90° 或 270° 。

在图 3.7（a）中，盘左位置，视线水平时竖盘读数为 90° 。当望远镜往上仰时，读数减小，倾斜视线与水平视线所构成的竖直角为 α。若视线倾斜时，读数指标指向的读数为 L，则盘左位置的竖直角为：

$$a_L = 90° - L \tag{3.22}$$

在图 3.7（b）中，盘右位置，视线水平时竖盘读数为 270° 。当望远镜往上仰时，读数增大，若视线上仰时的读数为 R，则盘右位置的竖直角为：

$$a_R = R - 270° \tag{3.23}$$

对于同一目标，由于观测中存在误差，以及仪器本身和外界条件的影响，盘左、盘右所获得的竖直角 α_L 和 α_R 不完全相等，应取盘左、盘右的平均值作为竖直角的结果，即：

$$\alpha = \frac{1}{2}(\alpha_L + \alpha_R) \tag{3.24}$$

$$\alpha = \frac{1}{2}\left[(R - L) - 180°\right] \tag{3.25}$$

上式同样适用于俯角的情况。

根据上述公式的推导，推广到其他注记形式的竖盘，可得竖直角计算公式的通用判别法。

①当望远镜视线往上仰，竖盘读数逐渐增加，则竖直角的计算公式为：

$$\alpha = 瞄准目标时的读数 - 视线水平时的常数 \tag{3.26}$$

②当望远镜视线往上仰，竖盘读数逐渐减小，则竖直角的计算公式为：

$$\alpha = 视线水平时的常数 - 瞄准目标时的读数 \tag{3.37}$$

在用式（3.26）和式（3.37）计算竖直角时，对于不同注记形式的竖盘，应正确判读视线水平时的常数，且同一仪器盘左、盘右的常数差为180°。

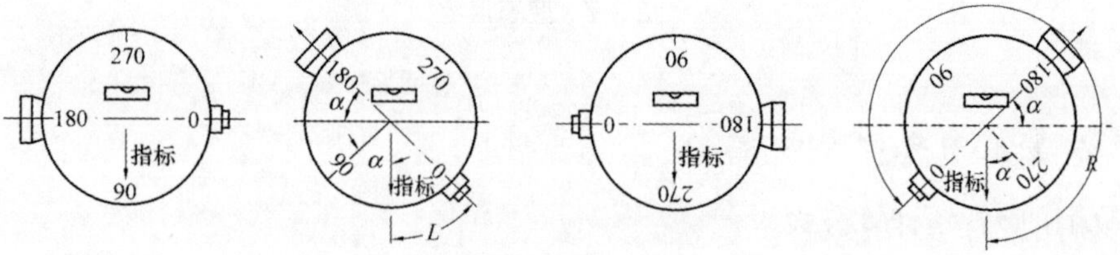

（a）　（b）

图3.8　竖盘注记形式

（2）竖直角的观测、记录与计算

①观测。在测站点上安置仪器，正确判定竖直角的计算公式；盘左位置瞄准目标，使十字丝中横丝切目标于某一位置，调节竖盘指标水准管微动螺旋，使气泡居中，读取竖盘读数 L；盘右位置瞄准原目标，使竖盘指标水准管气泡居中后，读取竖盘读数 R；以上盘左、盘右观测构成一个竖直角测回。

②记录与计算。将各观测数据及时填入表3.7的竖直角观测手簿中，并按式（3.22）和式（3.23）分别计算半测回竖直角，再按式（3.24）和式（3.25）计算出一测回竖直角。

表3.7　竖直角观测手簿

测站	目标	竖盘位置	竖盘读数	半测回竖直角	指标差	一测回竖直角	备注
1	2	3	4	5	6	7	
O	*M*	左	87°　12′　24″	+2°　47′　36″	−3″	+2°　47′　33″	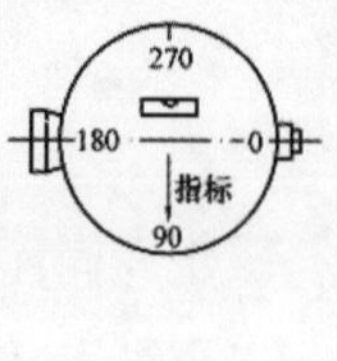
		右	272°　47′　30″	+2°　47′　30″			
	N	左	104°　13′　24″	−14°　13′　24″	−3″	−14°　13′　27″	
		右	255°　46′　30″	−14°　13′　30″			

（3）竖盘读数指标差

上述竖直角计算公式是在望远镜视线水平、指标水准管气泡居中、指标处于正确位置（即正好指向 90° 或 270° ）条件下推导出来的。而实际上这个条件往往不能满足，即望远镜视线水平、指标水准管气泡居中时，指标所处的位置与正确位置相差一个小角度 x，该角值称为竖盘指标差，如图 3.9 所示，当指标偏离位置与注记方向相同时，x 为正；反之，则 x 为负。图 3.9 中，x 为负。若仪器存在竖盘指标差，则竖直角的计算公式与式（3.28）和式（3.29）有所不同。

如图 3.9（a）所示，盘左位置，望远镜往上仰，读数减小，若视线倾斜时的竖盘读数为 L，则正确的竖直角为：

$$\alpha = 90^{\circ} - L - x = \alpha_L - x \tag{3.28}$$

如图 3.9（b）所示，盘右时竖直角公式为

$$\alpha = R - 270^{\circ} + x = \alpha_R + x \tag{3.29}$$

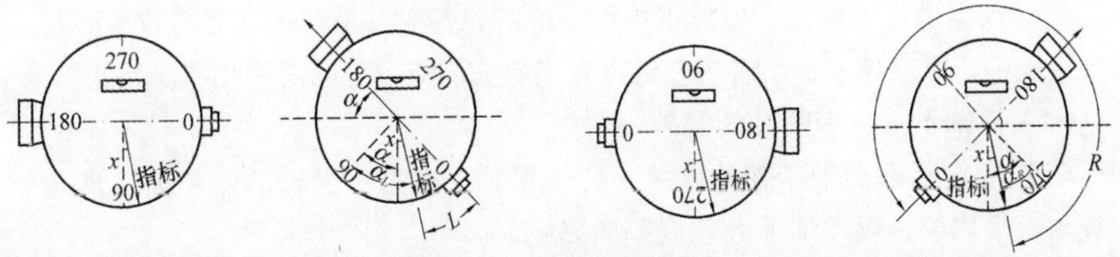

（a）　　　　　　（b）

图 3.9　竖盘指标差

将式（3.28）与式（3.29）两式联立求解可得：

$$\alpha = \frac{1}{2}\left(\alpha_L + \alpha_R\right) \tag{3.30}$$

$$x = \frac{1}{2}\left(\alpha_R - \alpha_L\right) \tag{3.31}$$

或

$$x = \frac{1}{2}\left(L + R - 360^{\circ}\right) \tag{3.32}$$

盘左、盘右竖直角取平均值，可以消除竖盘指标差的影响，获得正确的竖直角。

指标差互差可以反映观测成果的质量。对于 DJ_6 级光学经纬仪，规范规定，同一测站上不同目标的指标差互差或同方向各测回指标差互差，不超过 25″。当允许半测回测定竖直角时，可先测定指标差，然后再计算竖直角。

观测竖直角时，为使指标处于正确位置，每次读数都需要将竖盘指标水准管的气泡调至居中，这很不方便，所以有些光学经纬仪采用竖盘指标自动归零装置，

当经纬仪整平后，竖盘指标自动居于正确位置，这样就简化了操作程序。

3.3.3 水平角测量的误差分析

水平角观测存在许多误差，主要有仪器误差、观测误差以及外界条件的影响等。研究这些误差的成因及性质从而找出削弱其影响的方法，以提高水平角观测成果的质量，是测量工作的一个重要内容。

1. 仪器误差

仪器误差一方面来自生产厂家在制造仪器时的度盘偏心差、度盘刻划不均匀误差、水平度盘与竖轴的不完全垂直误差等；另一方面来自使用仪器之前检验与校正不完善，而遗留下来的残余误差。

（1）视准轴不垂直于横轴的误差

尽管仪器进行了检校，但校正不可能绝对完善，总是存在一定的残余误差。在观测过程中，通过盘左、盘右两个位置观测取平均值，可以消除此项误差的影响。

（2）横轴不垂直于竖轴的误差

与视准轴不垂直于横轴的误差一样，横轴不垂直于竖轴的误差通过盘左、盘右观测取平均值，可以消除此项误差的影响。

（3）竖轴倾斜误差

竖轴倾斜误差是由水准管轴应垂直于仪器竖轴的校正不完善而引起的。此项误差不能用盘左盘右取平均值的方法来消除。这种残余误差的影响与视线竖直角的正切成正比。因此，在山区进行测量时，应特别注意水准管轴垂直于竖轴的检校。在观测过程中，应特别注意仪器的整平。

（4）度盘偏心差

照准部旋转中心与水平度盘分划中心不重合，使读数指标所指的读数含有误差，此误差称为度盘偏心差。

采用对径分划符合读数可以消除度盘偏心差的影响。对于单指标读数的仪器，可通过盘左、盘右取平均值的方法来消除此项误差的影响。

如图 3.10 所示，由于 O 与 O' 不重合，当盘左瞄准某目标时，经纬仪一侧的水平度盘读数 I' （实线箭头读数）比无偏心时的读数 I（虚线箭头读数）大一个小角度 x。在盘右位置，仍瞄准该目标时，实线箭头读数 II' 比无偏心时的虚线箭头读数 II 小一个同样大小的 x 小角度。因此，若盘左盘右观测同一目标时，读数相差不是 180°，就可能存在照准部偏心误差，取盘左盘右读数的平均值，可取消其影响。

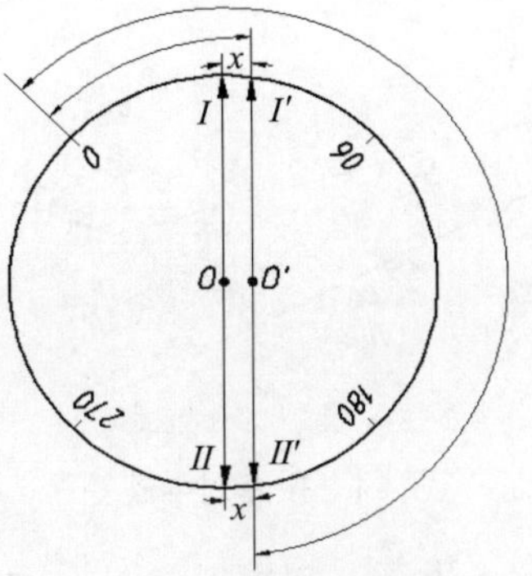

图 3.10　度盘偏心差

（5）度盘刻划误差

度盘的刻划总是或多或少存在误差。在观测水平角时，多个测回之间按一定方式变换度盘起始位置的读数，可以有效地削弱度盘刻划误差的影响。

2. 观测误差

（1）仪器对中误差

观测水平角时，对中不准确，使得仪器中心与测站点的标志中心不在同一铅垂线上即对中误差，也称测站偏心。如图 3.11 所示，设 C 点为测站点，A、B 为两目标点。由于仪器存在对中误差，仪器中心偏至 C'，设偏离量为 CC' 为 e，β 为无对中误差时的实测角度。设 $\angle AC'C$ 为 θ，测站 C 至 A、B 的距离分别为 S_1、S_2。由于对中误差所引起的角度偏差为：$\Delta\beta = \beta - \beta' = \varepsilon_1 + \varepsilon_2$

$$而\ \varepsilon_1 \approx \frac{e\sin\theta}{S_1}\rho''$$

$$\varepsilon_2 \approx \frac{e\sin(\beta'-\theta)}{S_2}\rho''$$

则
$$\Delta\beta = e\rho''\left[\frac{\sin\theta}{S_1} + \frac{\sin(\beta'-\theta)}{S_2}\right] \tag{3.33}$$

上式可知，仪器对中误差对水平角观测的影响与下列因素有关：

①与偏心距 e 成正比，e 愈大，$\Delta\beta$ 愈大；

②与边长成反比，边愈短，误差愈大；

③与水平角的大小有关，θ、$\beta'-\theta$ 愈接近 90°，误差愈大。

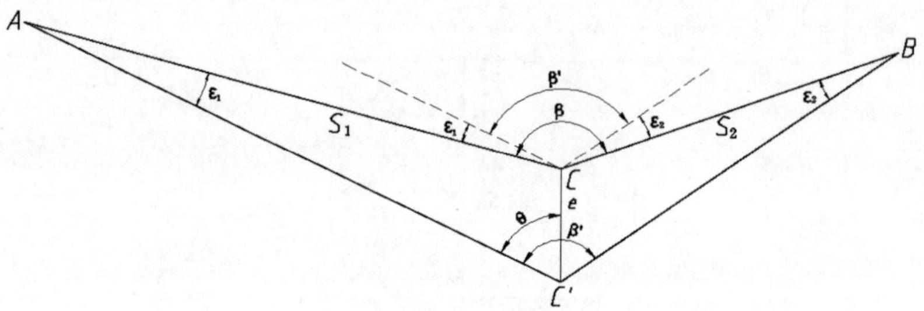

3.11 仪器对中误差

（2）目标偏心误差

当照准的目标与其地面标志中心不在一条铅垂线上时，两点位置的差异称目标偏心或照准点偏心。如图 3.12 所示，O 为测站点，A、B 为目标点。若立在 A 点的标杆是倾斜的，在水平角观测中，如瞄准标杆的顶部，则投影位置由 A 偏离至 A' ，产生偏心距 e，所引起的角度误差为：

$$\Delta\beta = \beta\text{-}\beta' = \frac{e\rho''}{S}\sin\theta \tag{3.34}$$

由上式可知，$\Delta\beta$ 与偏心距 e 成正比，与距离 S 成反比。偏心距的方向直接影响 $\Delta\beta$ 的大小，当 $\theta = 90^\circ$ 时，$\Delta\beta$ 最大。

目标偏心误差对水平角的影响不能忽视。尤其是当目标较近时，影响更大。因此，在树立标杆或其他照准标志时，应立在通过测点的铅垂线上。观测时，望远镜应尽量瞄准目标的底部。当目标较近时，可在测站点上悬吊锤球线作为照准目标，以减少目标偏心对角度的影响。

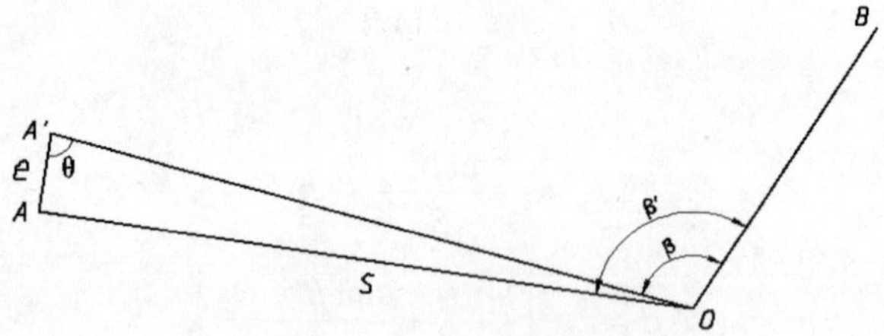

图 3.12 目标偏心差

（3）仪器整平误差

水平角观测时必须保持水平度盘水平、竖轴竖直。若气泡不居中，导致竖轴倾斜而引起的角度误差，不能通过改变观测方法来消除。因此，在观测过程中，应特别注意仪器的整平，在同一测回内，若气泡偏离超过两格，应重新整平仪器，并重新观测该测回。

（4）照准误差

望远镜照准误差一般用下式计算：

$$m_v = \pm\frac{60''}{V} \tag{3.35}$$

式中 V 为望远镜的放大倍率。

照准误差除了取决于望远镜的放大倍率外，还与人眼的分辨能力，目标的形状、大小、颜色、亮度和清晰度等有关。因此，在水平角观测时，除适当选择经纬仪外，还应尽量选择适宜的标志、有利的气候条件和观测时间，以削弱照准误差的影响。

（5）读数误差

读数误差与读数设备、照明情况和观测者的经验有关，其中主要取决于读数设备。一般认为，对于 DJ_6 级经纬仪最大估读误差不超过 ±6"，对于 DJ_2 级经纬仪一般不超过 ±1"。但如果照明情况不佳，显微镜的目镜未调好焦距或观测者技术不够熟练，估读误差可能大大超过上述数值。

3. 外界条件的影响

在观测水平角时如遇大风，仪器则不稳定。地面的辐射热也会导致大气的不稳定，大气的透明度会影响照准目标的精确度，气温的骤冷骤热会影响仪器的正常状态，地面的坚实程度又会影响仪器的稳定性，等等，这些外界因素都会影响观测的精度。然而，这些不利因素又不可能完全避免，所以在工作中尽量选择有利的外界条件，避开不利因素，消除这些不利因素的影响。

测量地面上两点间的水平距离是测量的基本工作之一。所谓两点间的水平距离是指该两点投影到水平面上的距离。如果测量的是倾斜的距离，还必须改算为水平距离。根据不同的精度要求，应采用不同的仪器和方法，最常用的方法有钢尺量距、视距测量以及全站仪量距等；直线定向是确定该直线的方向，本章接下来将介绍三种标准方向以及方位角、象限角的概念，正反坐标方位角的关系，坐标方位角与象限角的关系以及坐标方位角的推算。

3.4 直线定向与坐标方位角推算

为了确定地面上两点之间的相对位置，除了需要测量两点之间的水平距离外，还需要确定这条直线的方向。确定地面直线与标准方向之间的水平夹角，这项工作称为直线定向。进行直线定向，首先要选定一个标准方向作为定向基准，然后用直线与标准方向之间的水平夹角来表示该直线的方向。

3.4.1 三种标准方向

1. 真子午线方向

地表任一点 P 与地球旋转轴所组成的平面与地球表面的交线称为 P 点的真子午线，真子午线在 P 点的切线方向称为 P 点的真子午线方向，指向北方的一端简称真北方向。可以应用天文测量方法来测定地表任一点的真子午线方向。

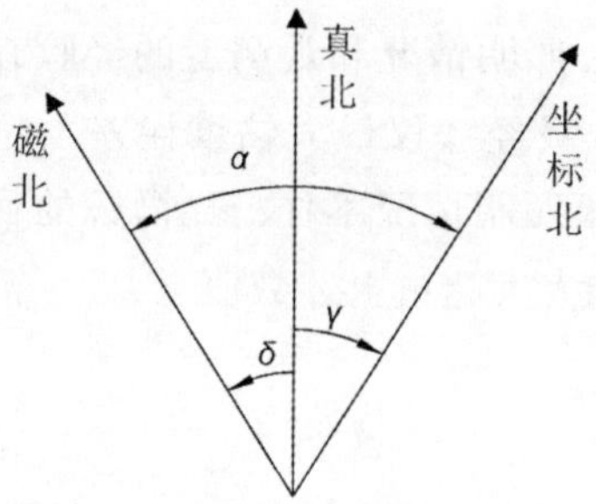

图 3.13　三北方向图

2. 磁子午线方向

地表任一点 P 与地球磁场南北极连线所组成的平面与地球表面交线称为 P 点的磁子午线，磁子午线在 P 点的切线方向称为 P 点的磁子午线方向，指向北方的一端简称磁北方向。磁子午线方向可以应用罗盘仪来测定。在 P 点安置罗盘，磁针自由静止时其轴线所指的方向即为 P 点的磁子午线方向。

3. 坐标纵线方向

过地表任一点 P 且与其所在的高斯平面直角坐标系或者假定坐标系的坐标纵轴平行的直线称为 P 点的坐标纵线方向，指向北方的一端简称坐标北方向。在同一投影带中，各点的坐标纵线方向是相互平行的。

3.4.2 三个北方向之间的夹角

1. 真北方向与坐标北方向之间的夹角

通过地面某点的真子午线与该点的坐标纵线方向进行比较，这两个标准方向之间的夹角称为子午线收敛角，如图 3.13 中的 γ。坐标纵线偏在子午线以东为正，偏在以西为负。

2. 真北方向与磁北方向之间的夹角

由于地磁南北极和地球南北极并不重合，因此，通过地面上某点的真子午线方向与磁子午线方向常不重合，两者之间的夹角称为磁偏角，如图 3.13 中 δ。磁子午线偏于真子午线以东，取正值；偏于真子午线以西，取负值。

3. 坐标北方向与磁北方向之间的夹角

地面某点的坐标纵线方向和磁北方向进行比较，这两个标准方向之间的夹角称为磁坐偏角，如图 3.13 中的 α。已知某点的磁偏角 δ 与子午线收敛角 γ，则磁坐偏角为

$$\alpha = \pm\delta \pm \gamma \tag{3.36}$$

3.4.3 直线定向的方法

测量工作中，常采用方位角或象限角表示直线的方向。

方位角定义：从直线起始点的标准方向的北端起，顺时针量到的该直线的水平夹角。方位角的取值范围是 0° ～ 360° 。不同的标准方向所对应的方位角分别称为真方位角（用 A 表示）、磁方位角（用 A_m 表示）和坐标方位角（用 α 表示）。利用上述的三个标准方向，可以对地表任一直线 PQ 定义三个方位角。

1. 真方位角

由过直线起始点（P 点）的真子午线方向的北端起，顺时针量到的直线 PQ 的水平夹角，称为直线 PQ 的真子午线方位角，用 A_{PQ} 表示。

2. 磁方位角

由过直线起始点（P 点）的磁子午线方向的北端起，顺时针量到的直线 PQ 的水平夹角，称为直线 PQ 的磁子午线方位角，用 $A_{m_{PQ}}$ 表示。

3. 坐标方位角

由过直线起始点（P 点）的坐标纵线方向的北端起，顺时针量到的直线 PQ 的水平夹角，称为直线 PQ 的坐标方位角，用 α_{PQ} 表示。

3.4.4 三种方位角之间的关系

1. 真方位角 A_{PQ} 与磁方位角 $A_{m_{PQ}}$ 的关系

由于地球的南北极与地球磁场的南北极不重合，过地表任一点 P 的真子午线方向与磁子午线方向也不重合，两者间的水平夹角称为磁偏角，用 δ_p 表示。其正负的定义为：以真子午线方向北端为基准，磁子午线方向北端偏东，$\delta_p>0$；偏西，$\delta_p<0$。可得

$$A_{PQ}=A_{m_{PQ}}\pm\delta_P \tag{3.37}$$

我国磁偏角的变化大约在 $-10°\sim+6°$ 之间。

2. 真方位角 A_{PQ} 与坐标方位角 a_{PQ} 的关系

在高斯平面直角坐标系中，过其内任一点 P 的真子午线是收敛于地球旋转轴南北两极的曲线。所以，只要 P 点不在赤道上，其真子午线方向与坐标纵线方向就不重合，两者间的水平角称为子午线收敛角，用 γ_p 表示。其正负的定义为：以真子午线方向北端为基准，坐标纵轴方向北端偏东，$\gamma_p>0$；偏西，$\gamma_p<0$。可得

$$A_{PQ}=\alpha_{PQ}\pm\gamma_P \tag{3.38}$$

其中，P 点的子午线收敛角可以按下列公式计算：

$$\gamma_P=(L_P-L_0)\sin B_p \tag{3.39}$$

式中 L_0 为 P 点所在的中央子午线经度；

L_P、B_p 分别为 P 点的大地经度和纬度。

3. 坐标方位角和磁方位角的关系

可得

$$\alpha_{PQ}=A_{m_{PQ}}\pm\delta_P\mp\gamma_P \tag{3.40}$$

3.4.5 象限角

一直线与坐标纵线的正、反方向所夹的锐角，称为象限角。其角值为

0° ~90° ，如图 3.14 所示，由坐标纵线北端或南端，顺时针方向或逆时针方向测量直线 OA、OB、OC、OD 的象限角分别为 R_1、R_2、R_3、R_4。用象限角定向时，不但要注明角度的大小还要注明它所在的象限，图中各条直线的象限角应写为北东 R_1、南东 R_2、南西 R_3、北西 R_4。方位角和象限角可以互相换算，换算方法见表 3.8。

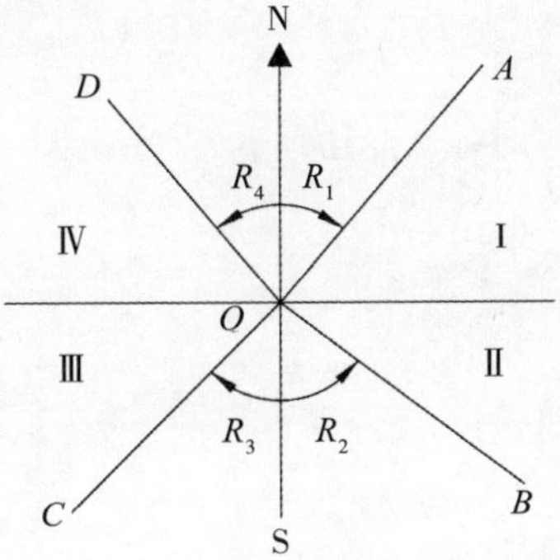

图 3.14　象限角

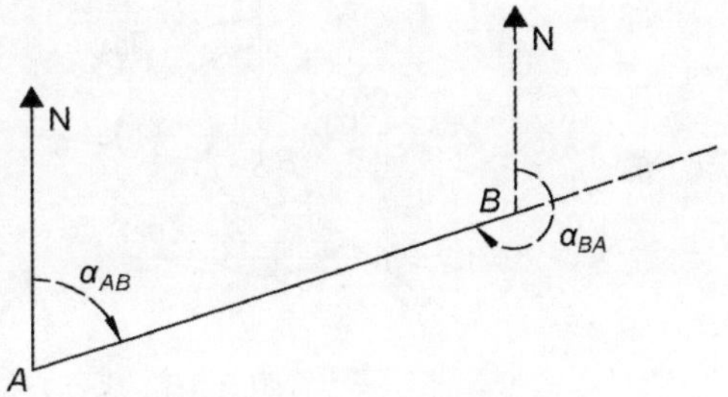

图 3.15　正反坐标方位角的关系

表3.8　方位角和象限角的关系

象限	坐标方位角和象限角有如下的换算关系
Ⅰ	北东 $R_1=\alpha$
Ⅱ	南东 $R_2=180°-\alpha$
Ⅲ	南西 $R_3=\alpha-180°$
Ⅳ	北西 $R_4=360°-\alpha$

3.4.6 正、反坐标方位角

在测量工作中，直线的坐标方位角以通过该直线的某一端点的坐标纵线为标准方向，并规定了直线的起点和终点，如图 3.15 所示，如果 A 为直线的起点，B 为终点，则直线 AB 的坐标方位角为 α_{AB}，直线 BA 的坐标方位角为 α_{BA}，α_{BA} 又称为直线 AB 的反坐标方位角；如果 B 为直线的起点，A 为终点，则直线 BA 的坐标方位角为 α_{BA}，直线 AB 的坐标方位角为 α_{AB}，α_{AB} 又称为直线 BA 的反坐标方位角。在同一坐标系中，各点的坐标纵线是互相平行的，所以

$$\alpha_{BA} = \alpha_{AB} \pm 180° \quad (3.41)$$

3.4.7 坐标方位角推算

在实际工作中并不需要测定每条直线的坐标方位角，而是通过与已知坐标方位角的直线联测后，推算出各条直线的坐标方位角。

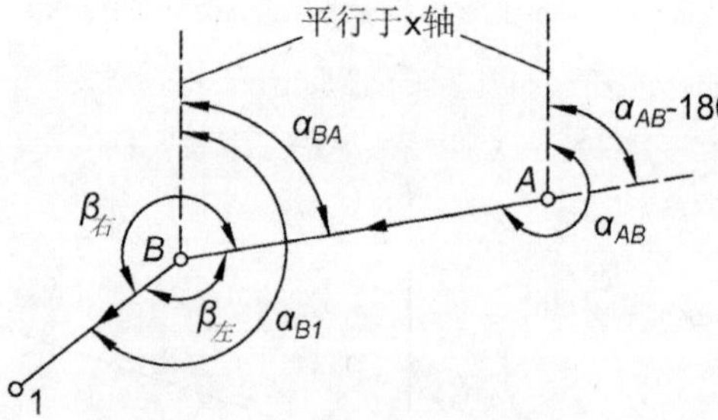

图 3.16　坐标方位角推算

如图 3.16 所示，已知 $A \rightarrow B$ 的坐标方位角 α_{AB}，用经纬仪观测了水平角 $\beta_{左}$，求 $B \rightarrow 1$ 的坐标方位角 α_{B1}。分别过 A、B 点作 X 轴的平行线，如图中虚线所示，根据坐标方位角的定义及图中的几何关系容易得出

$$\alpha_{B1} = \alpha_{AB} - 180° + \beta_{左} = \alpha_{AB} + \beta_{左} - 180° \quad (3.42)$$

由于观测的水平角 $\beta_{左}$ 位于坐标方位角推算路线 $A \rightarrow B \rightarrow 1$ 的左边，所以称 $\beta_{左}$ 角相对于上述推算路线为左角。如果观测的是右角，则有 $\beta_{左} = 360° - \beta_{右}$，将其代入公式（3.42）得

$$\alpha_{B1} = \alpha_{AB} - \beta_{右} + 180° \quad (3.43)$$

式（3.42）和（3.43）就是坐标方位角的推算公式，由此可以写出推算坐标方位角的一般公式为：

$$\alpha_{前} = \alpha_{后} + \begin{Bmatrix} +\beta_{左} \\ -\beta_{右} \end{Bmatrix} \pm 180° \quad (3.44)$$

式中，用 $\beta_{左}$ 推算时是加 $\beta_{左}$，用 $\beta_{右}$ 推算时是减 $\beta_{右}$，简称“加 $\beta_{左}$ 减 $\beta_{右}$”；若计算的坐标方位角大于 360°，再减 360°；若小于 0°，再加 360°，这样就可以确保求得的坐标方位角一定满足方位角的角值范围（0°~360°）。

第 4 章　地形图的测绘方法探究

4.1 控制测量

4.1.1 控制测量概述

测量工作必须遵循“从整体到局部，先控制后碎部”的原则，即为控制全局，限制误差传播、积累和提供基准，通常先选定若干具有控制意义的点即控制点，再由所选控制点按一定规律与要求组成网状几何图形即控制网。控制网分为平面控制网和高程控制网。测定控制点平面位置（x，y）的工作，称为平面控制测量；测定控制点高程（H）的工作称为高程控制测量。

为了在建网和使用过程中能最大限度地节约人力、物力资源和时间，并满足不同地区经济建设对控制网精度、密度等的不同要求，控制网布网应遵循如下原则：

①先整体，后局部，分级布网，逐级控制；

②要有足够的精度及密度；

③应具有统一的规格。

国家相关部门专门制定了各种测量规范（规程），作为测绘工作的法规文件，以保证上述原则的贯彻与实施。

控制网按控制范围可分为国家控制网、城市控制网和小地区控制网。

1. 国家控制网

在全国范围内建立的大地控制网，称为国家控制网。国家控制网是用精密测量仪器依照测量精度按等级建立的，低级点受高级点逐级控制。

国家平面控制网采用传统大地测量技术建立时主要通过测角、测边推算大地控制网点的坐标，其方法主要有三角测量法、导线测量法、三边测量法和边角同测法。其网络布设方法则是先用高精度的稀疏的一等三角锁网，纵横交错地布满全国，形成统一坐标系统骨干网，然后根据不同地区、不同测区特点的需要，再分别布设二、三、四等三角网。其中一等精度最高，是国家控制网的骨干，二等精度是国家控制网的基础，三、四等精度是二等控制网的进一步加密。

国家平面控制网采用全球导航卫星系统（GNSS）连续运行基准站网建立，是由若干连续运行基准站及数据中心、数据通信网络组成的，提供数据、定位、定时及其他服务。依据管理形式、任务要求和应用范围，基准站网划分为国家基准站网、区域基准站网、专业应用网三类。

国家高程控制网主要是指国家一、二、三、四等水准网。水准网的布设原则是由高级到低级，从整体到局部，逐级控制，逐级加密。一等水准路线是国家高程控制网的骨干，同时也是研究地壳和地面垂直运动的依据；二等水准路线是国家高程控制的基础，应在一等水准环内布设；三、四等水准网是在一、二等水准网的基础上进一步加密，根据需要在高等级水准网内布设成环线或结点网等，直接提供地形测图和各种工程建设的高程点。

2. 城市控制网

城市控制网是为城市建设工程测量建立统一坐标系统而布设的，它是城市规划、市政工程、城市建设以及工程施工放样的依据，城市控制网通常以国家控制点为基础，布设成不同等级的三角锁、边角组合网、导线网和 GPS 网等形式。

3. 小地区控制网

当测区面积为小于 15km² 的范围时，为大比例尺测图和工程建设而建立的控制网，称为小地区控制网。小地区控制网应尽可能与国家（或城市）已建立的高级控制网联测，将国家（或城市）控制点的坐标和高程作为小地区控制网的起算和校核数据。若测区内或在测区附近没有国家（或城市）控制点，或不便于联测时，可建立测区内的独立控制网。

小地区平面控制网的建立应根据测区范围的大小按精度要求分级建立。一般在测区范围内建立的精度最高的控制网称为首级控制网。而直接为测图建立的控制网称为图根控制网。图根控制网中的控制点称为图根控制点（简称图根点）。图根点的密度取决于测区内地物、地貌的复杂程度和测图比例尺的大小。平坦开阔地区图根点的密度可参考表 4.1 的规定，地形复杂地区、城市建筑密集区和山区，则应根据测图需要加大密度。

表4.1　平坦开阔地区图根点的密度

测图比例尺	1 ： 500	1 ： 1000	1 ： 2000	1 ： 5000
图根点密度（点 /km^2）	150	50	15	5

小地区高程控制网也应视测区面积大小和工程要求采用分级布设的方法建立，也是以国家等级水准点为基础，在全测区范围内建立三、四等精度的水准路线和水准网，再以三、四等精度的水准点为基础，测定图根点的高程。

以下将结合土木工程的实际需要，着重介绍用导线测量的方法建立小地区平面控制网的方法，以及用三、四等水准测量及图根水准测量的方法建立小地区高程控制网的方法。

4.1.2 导线测量

1. 导线测量概述

将相邻控制点用直线连接构成的折线称为导线。构成导线的控制点称为导线点。导线测量则是依次测定各导线边的边长和各转折角，再根据起算数据，推算各导线边的坐标方位角和各导线点的坐标。

用经纬仪测定转折角，用钢尺丈量导线边长的测量方法称为经纬仪量距导线；若用光电测距仪测定导线边长，则称为光电测距导线。随着测距仪和全站仪的普遍使用，工程中通常采用光电测距导线。

导线测量是建立小地区平面控制网常用的方法，特别是在地物分布较复杂的建筑区、视线障碍较多的隐蔽区和带状地区，更适用导线测量。我国在西藏地区天文大地网布设中主要采用导线测量法。

根据测区的不同情况和已知条件的不同，导线可布设成以下三种形式。

（1）附合导线

布设在两个已知点间的导线称为附合导线。如图 4.1 所示，导线从已知控制点 *B* 和已知方向 *AB* 出发，经过转折点 1、2、3 三个点，最后附合到另一已知点 *C* 和已知方向 *CD*。依此种方法布设的导线，具有坐标和方向两个检核观测成果的条件。

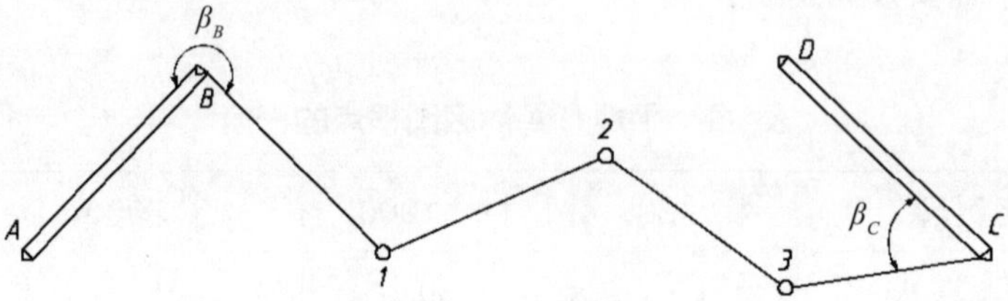

图 4.1　附合导线

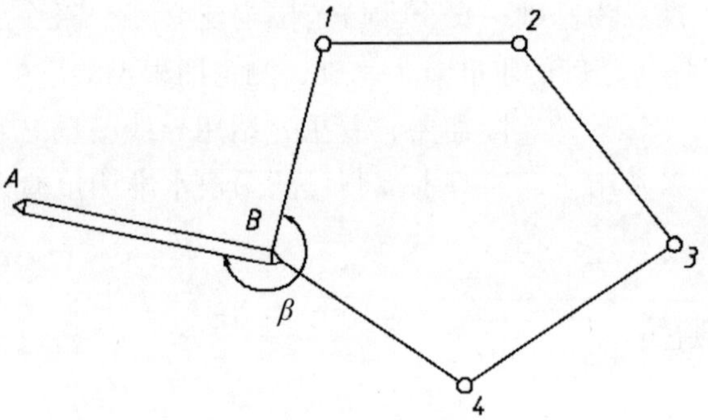

图 4.2　闭合导线

（2）闭合导线

起讫于同一已知点的导线称为闭合导线。如图 4.2 所示，导线从已知控制点 *B* 和已知方向 *AB* 出发，经过转折点 1、2、3、4 点，最后仍回到起点 *B*，形成一个闭合多边形。依此种方法布设的导线，图形本身存在严密的几何条件，也具有坐标和方向两个检核观测成果的条件。

（3）支导线

由一已知点和一已知边的方向出发，既不附合到另一已知点，也不回到原起始点的导线称为支导线。如图 4.3 所示，*B* 为已知控制点，*AB* 为已知方向，1、2 为支导线点。由于支导线缺乏坐标和方向的检核条件，不易发现错误，顾一般不宜采用，如因条件限制，必须采用，则其布设边数不宜超过 3 条。

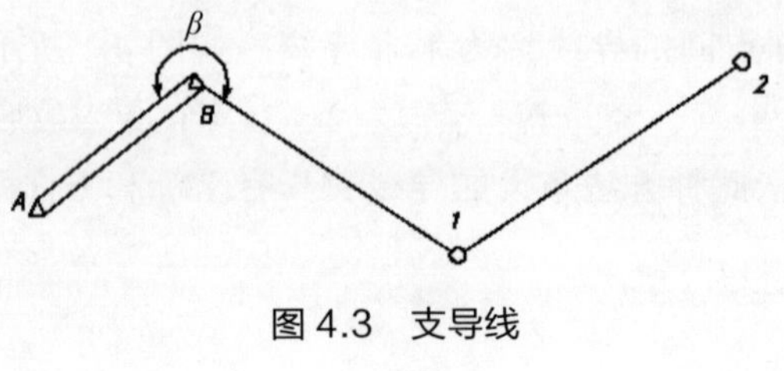

图 4.3　支导线

2. 导线测量技术要求

用导线测量方法建立小地区平面控制网，通常分为一级导线、二级导线、三级导线和图根导线四个等级，附表 4.3 至 4.5 中详细列出了城市导线及图跟导线、各级钢尺量距等主要技术要求。

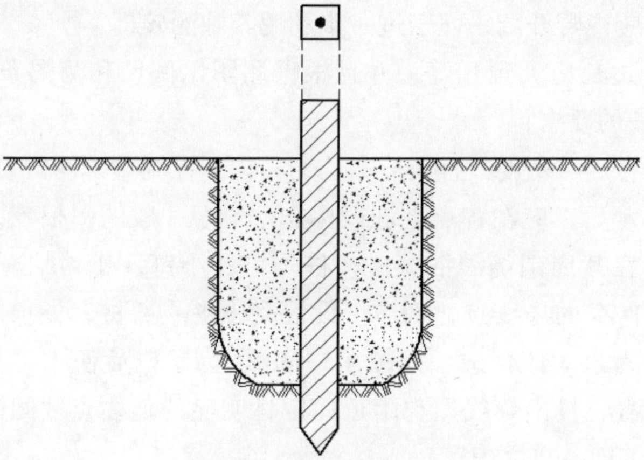

图 4.4　临时导线点标志

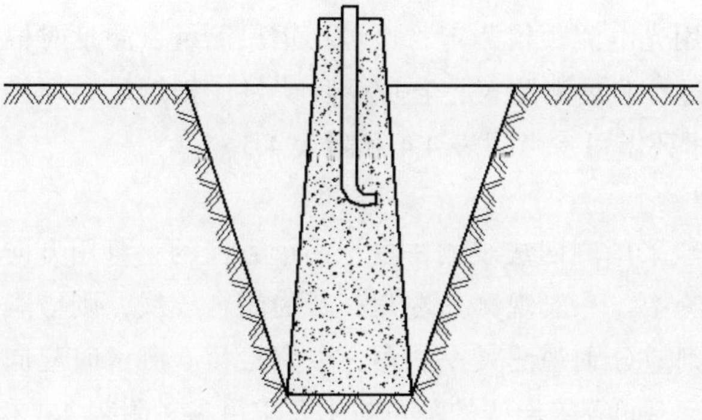

图 4.5　永久性导线点标志

3. 导线测量的外业

导线测量的外业工作包括踏勘选点及建立标志、测距、测角等工作，分述如下：

（1）踏勘选点及建立标志

在踏勘选点之前，应调查收集测区内已有测绘成果和高一级的控制点成果资料，然后到实地现场踏勘，了解测区现状和寻找核对已知点。根据已知控制点的分布和测区地形条件及测图、工程要求等具体情况，首先在已有图纸上进行选点，拟定导线的布设方案，然后再到实地去踏勘、核对，具体落实点位和建立标志。实地选点时应注意以下几点：

①相邻点间应通视良好、地势平坦，便于测角和测距；

②点位应选在土质坚实处，以便标志长期保存和安置仪器；

③点位周围应视野开阔，便于进一步利用其施测碎部；

④相邻导线边长应大致相等，并且根据测图比例尺和测图条件满足附表 4.4 和 4.5 对平均边长的要求；

⑤导线点应有足够密度，且应分布均匀，便于控制整个测区。

导线点位选定后，应在各点上埋设标志。对于一般的图根点，常在选定的点位上打一木桩，在其周围浇灌混凝土，桩顶钉一小钉，作为临时标志，如图 4.4 所示。若需长期保存的导线点，则应埋设混凝土桩或石桩，桩顶嵌入带“十”字的金属标志，作为永久性标志，如图 4.5 所示。为了以后便于寻找，所有导线点应按顺序统一编号，量出导线点与附近固定且明显的地物点之间的距离，并绘制草图，注明尺寸，即“点之记”。

（2）测距

导线边长可用光电测距仪测定，也可用钢尺测量，测量时根据导线等级和技术要求，选用经过检验的测距仪；若用钢尺丈量，则钢尺必须经过鉴定。不同等级导线的测距技术要求可参考附表 4.4 和附表 4.5。

（3）测角

导线转角一般采用测回法观测，多于两个方向的，可用方向法观测。其中在附合导线角度观测中，一般观测其左角；若为闭合导线，则应观测其内角；而对于图根支导线，则应分别观测其左右角，以资检核。测量时应同时观测竖角，以便进行倾斜改正。不同等级导线的测角技术要求可参考附表 4.4 和附表 4.5。

测角时，为了便于瞄准，可在已埋设的标志上用三根竹竿吊一个大垂球，也可用测钎或觇牌作为照准标志。

当选定的导线点离高等级控制点较远时，则必须观测连接角和连接边，以便于传递坐标方位角和坐标。如果附近没有高等级控制点，则可用罗盘仪施测导线起始边的磁方位角，并假定起始点的坐标为起算数据，即建立独立平面直角坐标系。

4. 导线测量的内业计算

导线测量的内业计算就是根据起始点的坐标和起始边的坐标方位角，以及测量所得的导线边长和转折角，计算各导线点的坐标。

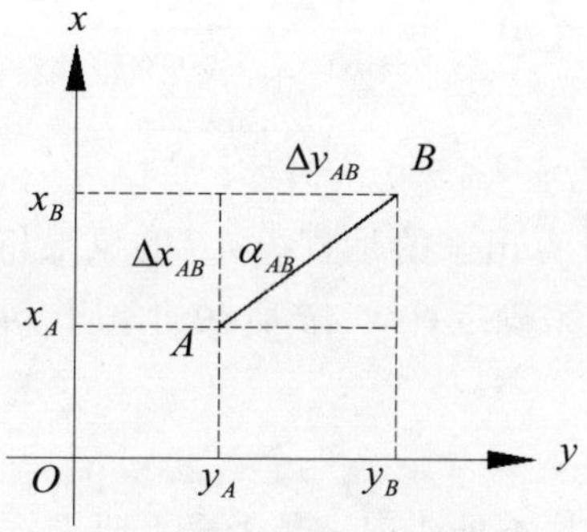

图 4.6 坐标正反算

（1）坐标正算

根据已知点的坐标、已知边长和该边的坐标方位角，计算未知点的坐标的过程称为坐标正算。如图 4.6 所示，设 A 点的坐标为 x_A 、 y_A 和 AB 边的边长 D_{AB} 及其坐标方位角 α_{AB} 为已知，则未知点 B 的坐标为：

$$\begin{aligned} x_B &= x_A + \Delta x_{AB} \\ y_B &= y_A + \Delta y_{AB} \end{aligned} \tag{4.1}$$

上式中，Δx_{AB} 、 Δy_{AB} 是 AB 坐标增量值，也就是 A、B 的坐标值之差。根据图 4.6 所示，依据三角函数计算，可得出 Δx_{AB} 、 Δy_{AB} 的计算公式为：

$$\begin{aligned} \Delta x_{AB} &= x_B - x_A = D_{AB}\cos\alpha_{AB} \\ \Delta y_{AB} &= y_B - y_A = D_{AB}\sin\alpha_{AB} \end{aligned} \tag{4.2}$$

（2）坐标反算

和坐标正算相反，坐标反算是根据两个已知点的坐标求算两点间的边长及其坐标方位角。当导线与已知高级控制点连测时，一般应先利用高级控制点的坐标，反算出高级控制点间的边长和坐标方位角，作为导线的起算数据并检核。此外，在施工放样前，也需要利用已知坐标点反算出放样数据。

如图 4.6 所示，若 A、B 两点已知，其坐标分别为 A(x_A 、 y_A)、B(x_B 、 y_B)。依据三角函数计算，可得出如下公式：

$$\tan\alpha_{AB} = \frac{\Delta y_{AB}}{\Delta x_{AB}} = \frac{y_B - y_A}{x_B - x_A} \tag{4.3}$$

则：

$$\alpha_{AB} = \arctan\frac{\Delta y_{AB}}{\Delta x_{AB}} = \arctan\frac{y_B - y_A}{x_B - x_A} \tag{4.4}$$

$$D_{AB}=\frac{\Delta y_{AB}}{\sin\alpha_{AB}}=\frac{\Delta x_{AB}}{\cos\alpha_{AB}} \tag{4.5}$$

$$D_{AB}=\sqrt{(\Delta y_{AB})^2+(\Delta x_{AB})^2} \tag{4.6}$$

注：由公式（4.4）计算出来的是直线 AB 的象限角，还需要根据 A、B 坐标增量 Δx_{AB}、Δy_{AB} 的正负号来确定直线 AB 所在的象限，再将象限角换算为直线 AB 的坐标方位角。

（3）内业计算的要求

在计算之前，应全面检查外业记录是否合乎要求，检查数据是否齐全，有无错记、漏记、算错等，各项成果是否合乎精度要求，起算数据是否准确等；然后再绘制计算略图，并把各导线边的边长、转折角、起始坐标方位角及已知点坐标等数据标注在导线图上相应的位置。

内业计算中数据的取位应针对四等以下的导线，角值取至秒，边长及坐标取至毫米；对于图根控制，角值取至秒，边长及坐标取至厘米即可。

（4）附合导线坐标的计算

现以图 4.7 中的实测数据为例，说明附合导线的内业计算步骤。

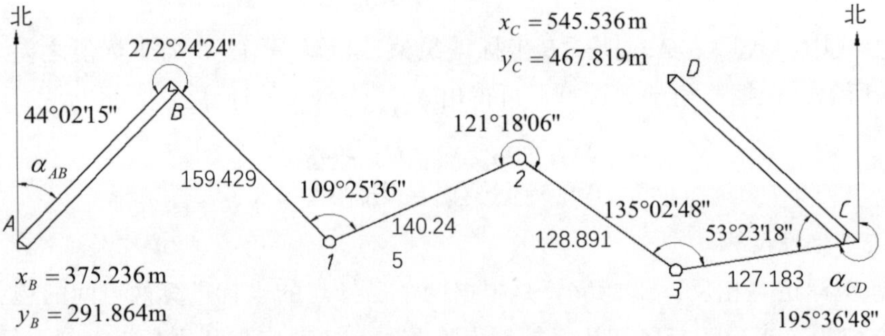

图 4.7　附合导线

将检查过的外业观测数据及起算数据填入表 4.2 中相应位置。

表4.2 附合导线坐标计算表

点号	观测角（左角）（° ′ ″）	改正数 ″	改正后角（° ′ ″）	方位角（° ′ ″）	距离(m)	坐标增量（m）△X	坐标增量（m）△Y	改正后坐标增量(m)△X	改正后坐标增量(m)△Y	坐标（m）X	坐标（m）Y	点号
A				44 02 15								B
B	272 24 24	4	272 24 28	136 26 43	159.429	0.030 −115.541	−0.024 109.854	−115.511	109.830	375.236	291.864	A
1	109 25 36	4	109 25 40							259.725	401.694	1
2	121 18 06	4	121 18 10	65 52 23	140.245	0.027 57.327	−0.021 127.993	57.354	127.972	317.079	529.666	2
3	135 02 48	5	135 02 53	7 10 33	128.891	0.025 127.881	−0.019 16.100	127.906	16.081	444.985	545.747	3
C	53 23 18	4	53 23 22	322 13 26	127.183	0.024 100.527	−0.019 −77.909	100.551	−77.928	545.536	467.819	C
D				195 36 48								D
Σ	691 34 12	21	691 34 33		555.748	170.194	176.038	170.300	175.955			

辅助计算

$$\sum\beta_{测}=691°34'12''\qquad \sum\Delta x_{测}=170.194\qquad \sum\Delta y_{测}=176.038$$

$$-)\ \sum\beta_{理}=691°34'33''\qquad -)\ x_C-x_B=170.300\qquad -)\ y_C-y_B=175.955$$

$$f_\beta=-21''\qquad f_x=-0.106\qquad f_y=0.083$$

$$f_{\beta_{容}}=\pm40\sqrt{5}=\pm89'',\ f_\beta<f_{\beta_{容}},\ f_D=\pm\sqrt{f_x^2+f_y^2}=\pm0.135\text{m}$$

相对闭合差$K=\dfrac{0.135}{555.748}=\dfrac{1}{4116}$，$K_{容}=\dfrac{1}{4000}$，$K<K_{容}$，成果合格。

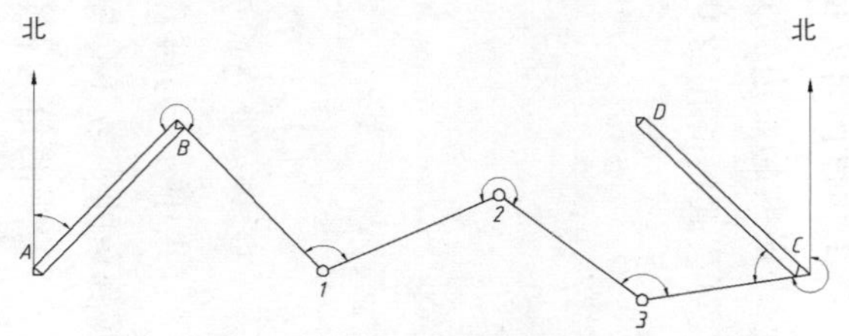

①角度闭合差的计算与调整。第一，利用坐标方位角计算角度闭合差。

根据起始边已知的坐标方位角 α_{AB} 及观测的转折角（左角）β，按坐标方位角推算公式推算出终边 CD 的坐标方位角 α_{CD}'。

$$\begin{aligned}
\alpha_{B1} &= \alpha_{AB} - 180° + \beta_B \\
\alpha_{12} &= \alpha_{B1} - 180° + \beta_1 \\
\alpha_{23} &= \alpha_{12} - 180° + \beta_2 \\
\alpha_{3C} &= \alpha_{23} - 180° + \beta_3 \\
+)\quad \alpha_{CD}' &= \alpha_{3C} - 180° + \beta_C \\
\hline
\alpha_{CD}' &= \alpha_{AB} - 5\times180° + \sum\beta_{测}
\end{aligned}$$

写成一般公式为：

$$\alpha_{终}' = \alpha_{始} - n\times180° + \sum\beta_{测} \tag{4.7}$$

式中 $\alpha_{终}'$ 为推算出的终边坐标方位角，$\alpha_{始}$ 为已知起始边的坐标方位角，n 为观测角的个数（包括转折角和连接角）。

若观测角为右角，则按下式计算 $\alpha_{终}'$：

$$\alpha_{终}' = \alpha_{始} + n\times180° - \sum\beta_{测} \tag{4.8}$$

角度闭合差 f_β 的计算公式为：

$$f_\beta = \alpha_{终}' - \alpha_{终} \tag{4.9}$$

各级导线角度闭合差的容许值详见附表 4.3 和附表 4.4 的技术指标要求。若 f_β 超过 $f_{\beta_{容}}$，则说明角度测量成果不合格，应查找原因，重新测量。若 f_β 小于 $f_{\beta_{容}}$，则分左右角两种情况分配角度闭合差。当 β 为左角时，将角度闭合差反符号平均分配到各观测角中，各角改正数均为 $v_\beta = -f_\beta/n$；当 β 为右角时，将角度闭合差同符号平均分配到各观测角中，各角改正数均为 $v_\beta = f_\beta/n$。若 f_β 不能被 n 整除，则需要将余数分配到边长较短的边所夹转折角的改正数中。对于左角，所有角度改正数之和应满足 $\sum v_\beta = -f_\beta$；对于右角，则应满足 $\sum v_\beta = f_\beta$，该条件主要用于计算检核。

改正后的角值 $\bar{\beta} = \beta + v_\beta$。

改正角之和应满足

$$\left.\begin{aligned}
\sum\bar{\beta}_{左} &= \alpha_{终} - \alpha_{始} + n\times180° \\
\sum\bar{\beta}_{右} &= \alpha_{始} - \alpha_{终} + n\times180°
\end{aligned}\right\} \tag{4.10}$$

第二，利用观测角计算角度闭合差。根据起始边已知的坐标方位角 α_{AB} 及观测的转折角（左角）β，按坐标方位角推算公式推算出所有观测角的理论值之和。

$$
\begin{aligned}
\alpha_{B1} &= \alpha_{AB} - 180° + \beta_{B_{理}} \\
\alpha_{12} &= \alpha_{B1} - 180° + \beta_{1_{理}} \\
\alpha_{23} &= \alpha_{12} - 180° + \beta_{2_{理}} \\
\alpha_{3C} &= \alpha_{23} - 180° + \beta_{3_{理}} \\
+)\quad \alpha_{CD} &= \alpha_{3C} - 180° + \beta_{C_{理}} \\
\hline
\alpha_{CD} &= \alpha_{AB} - 5\times180° + \sum\beta_{理}
\end{aligned}
$$

依据上式有：$$\sum\beta_{理} = \alpha_{终} - \alpha_{始} + n\times180° \tag{4.11}$$

式中，$\alpha_{终}$ 为导线已知的终边坐标方位角，$\alpha_{始}$ 为已知起始边的坐标方位角，n 为观测角的个数（包括转折角和连接角）。

若观测角为右角，则按式（4.12）计算 $\sum\beta_{理}$：

$$\sum\beta_{理} = \alpha_{始} - \alpha_{终} + n\times180° \tag{4.12}$$

角度闭合差 f_β 的计算公式为：

$$f_\beta = \sum\beta_{测} - \sum\beta_{理} \tag{4.13}$$

式中，$\sum\beta_{测}$ 即所有观测角度之和。

各级导线角度闭合差的容许值 $f_{\beta_{容}}$ 详见表 4.3 和表 4.4 的技术指标要求。若 f_β 超过 $f_{\beta_{容}}$，则说明角度测量成果不合格，应查找原因，重新测量。若 f_β 小于 $f_{\beta_{容}}$，则不论 β 为左角还是右角，都应将闭合差反符号平均分配到各观测角中，即各角改正数均为 $v_\beta = -f_\beta/n$。若 f_β 不能被 n 整除，则需要将余数分配到边长较短的边所夹角的改正数中。不论左右角，所有角度改正数之和都应满足 $\sum v_\beta = -f_\beta$，该条件主要用于计算检核。

改正后的角值为 $\beta + v_\beta$。

改正角之和应满足式（4.10）。

②各边坐标方位角的计算。根据起始边坐标方位角和改正后各观测角值，利用坐标方位角推算公式计算各边的坐标方位角，并填入表格中的对应位置。最后推算出的终边坐标方位角应与已知的终边坐标方位角相等，否则应重新检查计算。

③坐标增量的计算与调整。根据已推算出的各边坐标方位角和测量的边长值，按式（4.2）计算各边的纵、横坐标增量值。根据绘制的草图分析得知，对于附合导线，依据式（4.2）计算的各边纵、横坐标增量值之和的理论值应等于终点和起始点的纵、横坐标值之差，即

$$\left.\begin{aligned}\sum\Delta x_{理} &= x_C - x_B \\ \sum\Delta y_{理} &= y_C - y_B\end{aligned}\right\} \tag{4.14}$$

利用角度闭合差调整后的各观测角和实测的各导线边长均含有误差，导致利用它们计算的各边纵、横坐标增量值的代数和不等于附合导线终点和起点的纵、横坐标值之差，其差值即为纵、横坐标增量闭合差 f_x 和 f_y，即

$$\left.\begin{aligned} f_x = \sum \Delta x_{测} - \sum \Delta x_{理} = \sum \Delta x_{测} - (x_C - x_B) \\ f_y = \sum \Delta y_{测} - \sum \Delta y_{理} = \sum \Delta y_{测} - (y_C - y_B) \end{aligned}\right\} \tag{4.15}$$

综上所述，坐标增量闭合差的一般公式为：

$$\left.\begin{aligned} f_x = \sum \Delta x_{测} - (x_{终} - x_{始}) \\ f_y = \sum \Delta y_{测} - (y_{终} - y_{始}) \end{aligned}\right\} \tag{4.16}$$

f_x 和 f_y 的存在，使得导线的终点不能附合到已知终点 C 上，称 CC' 的长度 f_D 为导线全长闭合差，计算方法如下：

$$f_D = \sqrt{f_x^2 + f_y^2} \tag{4.17}$$

仅依据 f_D 值的大小，不能判断导线测量精度的高低，所以应用相对误差即导线全长相对闭合差来评定其结果精度，即

$$K = \frac{f_D}{\sum D} = \frac{1}{\dfrac{\sum D}{f_D}} \tag{4.18}$$

以相对误差 K 来衡量导线测量的精度，K 值的分母越大，则导线测量的精度越高。不同等级的导线，其相对闭合差的容许值 $K_{容}$ 都有相应的规定，详见表 4.3 和表 4.4 的技术指标要求。

若 K 大于 $K_{容}$，说明成果不合格，则应在检查内业计算的基础上对外业观测成果进行分析重测；相反，说明导线测量成果合格，可以对纵、横坐标差 f_x 和 f_y 进行调整。调整原则：将 f_x 和 f_y 反符号与边长成正比例分配到对应的纵、横坐标增量中去，即

$$\left.\begin{aligned} v_{x_i} = -\frac{f_x}{\sum D} D_i \\ v_{y_i} = -\frac{f_y}{\sum D} D_i \end{aligned}\right\} \tag{4.19}$$

改正后，应满足改正数之和等于纵、横坐标增量差 f_x 和 f_y 的相反数，即

$$\left.\begin{aligned} \sum v_x = -f_x \\ \sum v_y = -f_y \end{aligned}\right\} \tag{4.20}$$

如果不等，则应在保证计算过程正确的基础上将差值分配在较长的导线边上。

之后再检查是否满足式（4.20）的要求，满足后则可计算各边改正后的纵、横坐标增量值，即

$$\left.\begin{aligned}\Delta\overline{x}_i=\Delta x_i+v_{x_i}\\ \Delta\overline{y}_i=\Delta y_i+v_{y_i}\end{aligned}\right\}\qquad(4.21)$$

改正后的纵、横坐标增量的代数和应与终、始点的纵、横坐标差相等，以资检核。

④导线点的坐标计算。根据导线起始点的坐标和改正后的坐标增量差，依次按式（4.1）推算各导线点坐标。最后推算出的终点坐标应与已知终点的坐标相等，以资检核。

（5）闭合导线坐标的计算

闭合导线是附合导线的一个特例，闭合导线的坐标计算与附合导线的坐标计算基本相同，只是在角度闭合差和坐标增量闭合差的计算上稍有差别。现结合图 4.8 说明两种导线计算方法的不同点。表 4.3 为闭合导线坐标计算表。

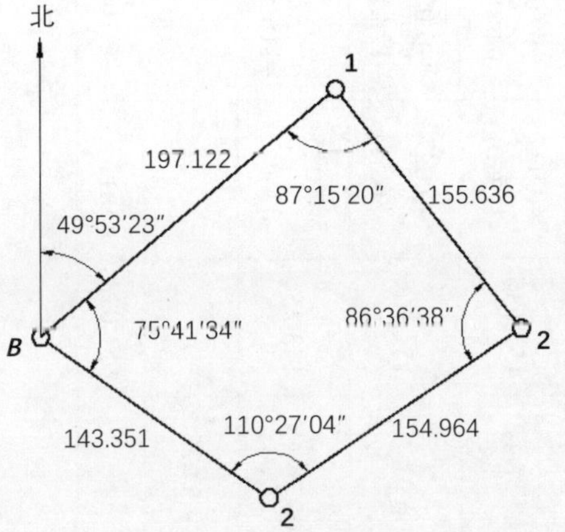

图 4.8　闭合导线

①角度闭合差的计算。闭合导线中导线内角（即观测角）的理论值计算公式如下：

$$\sum\beta_{理}=(n-2)\times180°\qquad(4.22)$$

因此，角度闭合差为：

$$f_\beta=\sum\beta_{测}-\sum\beta_{理}\qquad(4.23)$$

其中，角度闭合差的调整和附合导线相同，即将角度闭合差反符号平均分配到各观测角中。

②坐标增量闭合差的计算。

表4.3　闭合导线坐标计算表

点号	观测角 (° ′ ″)	改正数 (″)	改正后角 (° ′ ″)	方位角 (° ′ ″)	距离 (m)	坐标增量（m）		改正后坐标增量（m）		坐标（m）		点号
						△X	△Y	△X	△Y	X	Y	
B										500.000	500.000	B
				49 53 23	197.122	−0.035 126.998	−0.032 150.760	126.963	150.728			
1	87 15 20	−9	87 15 11							626.963	650.728	1
				142 38 12	155.636	−0.027 −123.700	−0.026 94.450	−123.727	94.424			
2	86 36 38	−9	86 36 29							503.236	745.152	2
				236 01 43	154.964	−0.027 −86.591	−0.026 −128.514	−86.618	−128.540			
3	110 27 04	−9	110 26 55							416.618	616.612	3
				305 34 48	143.351	−0.025 83.407	−0.024 −116.588	83.382	−116.612			
B	75 41 34	−9	75 41 25							500.000	500.000	B
				49 53 23								
1												1
Σ	360 0 36	−36	360 00 00		651.073	0.114	0.108	0.000	0.000			

辅助计算

$$\sum\beta_{测}=360°00'36''$$
$$-)\ \sum\beta_{理}=(n-2)\times180°=360°00'00''$$
$$f_\beta=36''$$
$$f_{\beta_{容}}=\pm40\sqrt{4}=\pm80'',\ f_\beta<f_{\beta_{容}}$$
$$相对闭合差K=\frac{0.157}{651.073}=\frac{1}{4146},$$

$$f_x=\sum\Delta x_{测}=0.114$$
$$f_x=\sum\Delta y_{测}=0.108$$
$$f_D=\pm\sqrt{f_x^2+f_y^2}=\pm0.157\text{m}$$
$$K_{容}=\frac{1}{4000},\ K<K_{容}，成果合格。$$

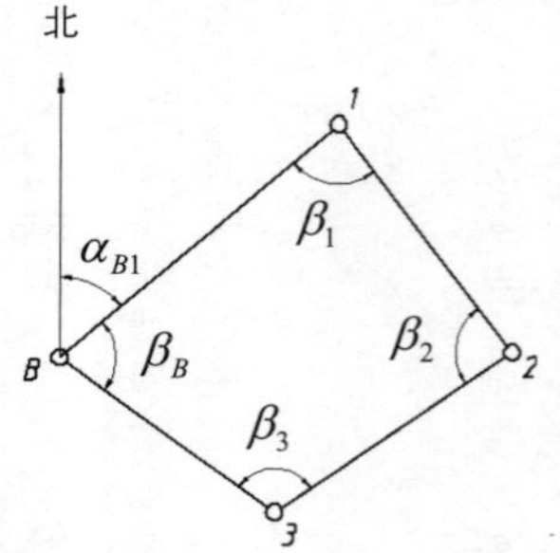

结合闭合导线自身的几何特点，其各边纵、横坐标的增量值和的理论值都应该等于 0，即

$$\left.\begin{aligned}\sum \Delta x_{理} = 0 \\ \sum \Delta y_{理} = 0\end{aligned}\right\} \tag{4.24}$$

实际测量中，边长的测量误差和角度闭合差调整后的残余误差，使得 $\sum x_{测}$ 和 $\sum y_{测}$ 不等于 0，因此产生坐标增量闭合差 f_x 和 f_y，即有

$$\left.\begin{aligned}f_x = \sum \Delta x_{测} \\ f_y = \sum \Delta y_{测}\end{aligned}\right\} \tag{4.25}$$

其中坐标增量闭合差的调整和附合导线相同，此处不再赘述。

4.1.3 交会法测量

三角测量将地面上的控制点相互连接成三角形，从而构成三角网。三角网中的控制点称为三角点。三角测量的优点：检核条件多，图形结构强度高；采取网状布设，控制面积较大，精度较高；主要工作是测角，受地形条件限制小，扩展迅速。缺点：在隐蔽地区布网困难，网中推算的边长精度不均匀，距起始边越远精度越低。三角测量法是我国建立天文大地网的主要方法。因其可以避免繁重的测距工作，因此，在 20 世纪 90 年代以前应用较为广泛。随着光电测距仪的迅速发展，测距精度越来越高，测距工作十分简单快捷，三角网的应用就越来越少。其布设的基本形式有大地四边形、中点多边形和三角锁。如图 4.9、图 4.10 和图 4.11 所示。以下着重介绍各种交会定点的方法。交会定点是指利用已知控制点及其坐标，通过观测水平角或者测边来确定未知点坐标的方法。根据测角和测边的不同，测角交会法主要分为前方交会法、侧方交会法、距离交会法和后方交会法。

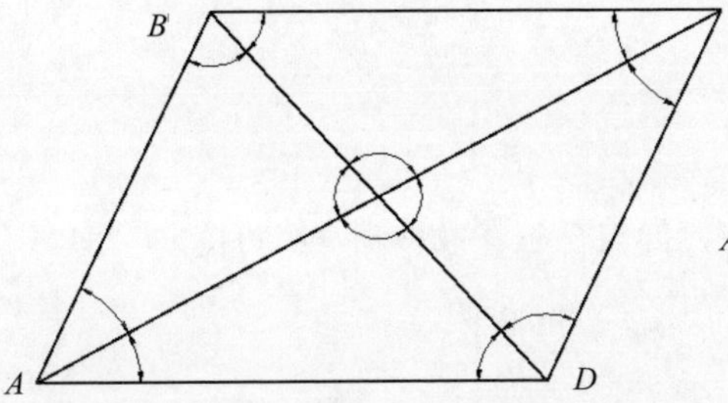

图 4.9　大地四边形

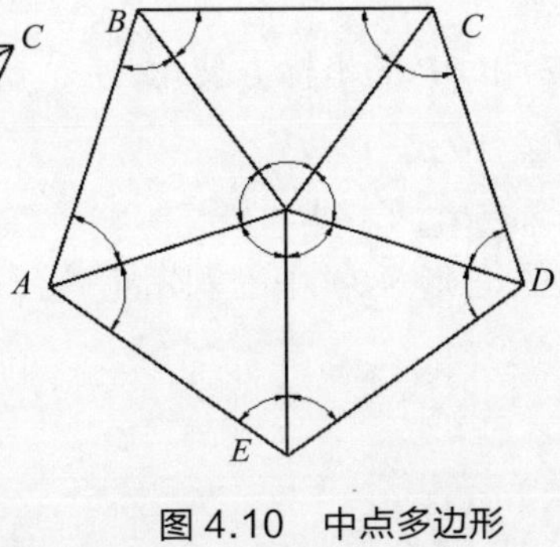

图 4.10　中点多边形

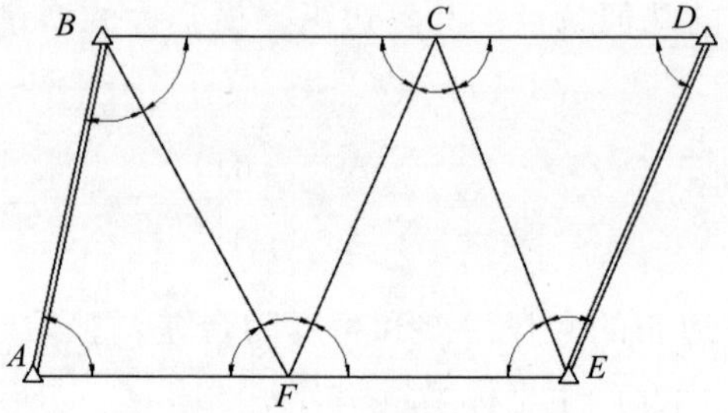

图 4.11　三角锁

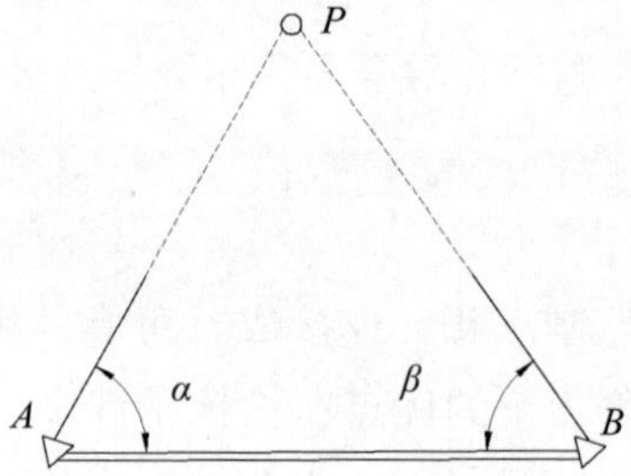

图 4.12　前方交会

1. 前方交会法

前方交会法是指在已知控制点上进行角度测量，通过计算求得待定点的坐标值的一种方法。如图4.12所示，A、B为已知控制点，P为待定点。为了测定P点的坐标，在A、B两点分别安置经纬仪，测得α角和β角，则P点坐标的计算方法如下。

根据坐标反算，求出AB的坐标方位角和边长，即：

$$\left.\begin{aligned}\alpha_{AB} &= \arctan\frac{y_B - y_A}{x_B - x_A} \\ D_{AB} &= \sqrt{(x_A - x_B)^2 + (y_A - y_B)^2}\end{aligned}\right\}$$

AP和BP的坐标方位角为：

$$\alpha_{AP} = \alpha_{AB} - \alpha$$

$$\alpha_{BP} = \alpha_{AB} + 180^\circ + \beta$$

在三角形ABP中，利用正弦公式即可计算出AP和BP的长度，即：

$$\left.\begin{aligned}D_{AP} &= \frac{D_{AB}\sin\beta}{\sin(\alpha+\beta)} \\ D_{BP} &= \frac{D_{AB}\sin\alpha}{\sin(\alpha+\beta)}\end{aligned}\right\} \quad (4.26)$$

则待定点 P 的坐标为：

$$\left.\begin{aligned} x'_p &= x_A + D_{AP}\cos\alpha_{AP} \\ y'_p &= y_A + D_{AP}\sin\alpha_{AP} \end{aligned}\right\} \tag{4.27}$$

同理可得：

$$\left.\begin{aligned} x_p'' &= x_B + D_{BP}\cos\alpha_{BP} \\ y_p'' &= y_B + D_{BP}\sin\alpha_{BP} \end{aligned}\right\}$$

如果计算无误差，则有 $x_p''=x_p'$， $y_p''=y_p'$。

由式（4.26）得：

$$\frac{D_{AP}\sin\alpha}{D_{AB}} = \frac{\sin\alpha\sin\beta}{\sin(\alpha+\beta)} = \frac{1}{\cot\alpha+\cot\beta}$$

又因：

$$\left.\begin{aligned} \cos(\alpha_{AB}-\alpha) &= \cos\alpha_{AB}\times\cos\alpha+\sin\alpha_{AB}\times\sin\alpha \\ \sin(\alpha_{AB}-\alpha) &= \sin\alpha_{AB}\times\cos\alpha-\cos\alpha_{AB}\times\sin\alpha \end{aligned}\right\}$$

结合坐标方位角的计算将其带入式（4.27），化简即得余切公式，计算 P 点的坐标：

$$\left.\begin{aligned} x_P &= \frac{x_A\cot\beta+x_B\cot\alpha-y_A+y_B}{\cot\alpha+\cot\beta} \\ y_P &= \frac{y_A\cot\beta+y_B\cot\alpha-x_A+x_B}{\cot\alpha+\cot\beta} \end{aligned}\right\} \tag{4.28}$$

为检查角度测量错误，提高交会精度，前方交会一般应在三个已知控制点上安置仪器，如图 4.13 所示，在两个三角形中分别测得 α_1、β_1、α_2 和 β_2，通过两个三角形分别计算出待定点 P 的坐标，若两组坐标计算的差值在允许范围内，则取其平均值作为待定点 P 的最终坐标。

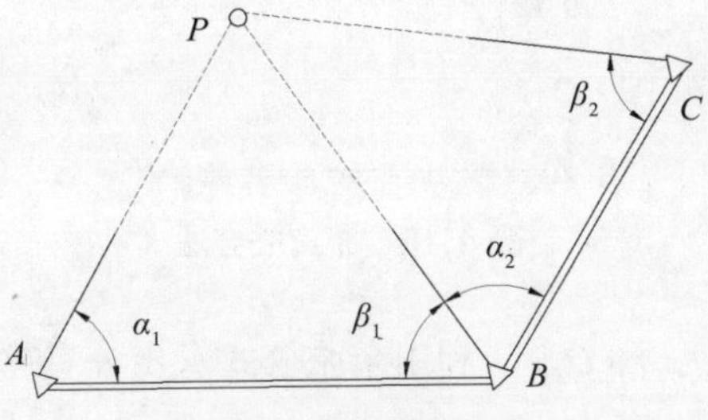

图 4.13　三点前方交会

2. 侧方交会法

侧方交会法是在一个已知点和待定点上安置仪器并测定其角度来求得待定点坐标的一种方法。如图 4.14 所示，A、B 为已知点，P 为待定点，α（或 β）和 γ 为实测角。由图分析可知，其实质和前方交会法相同，所以，也可以用前方交会的方法求得 P 点的坐标。

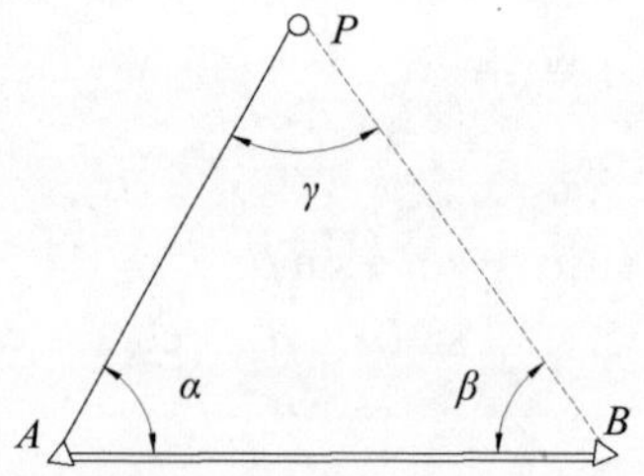

图 4.14　侧方交会法

3. 距离交会法

距离交会法是在两个已知点上分别测定其至待定点的距离，从而求得待定点的坐标的一种方法。如图 4.15 所示，A、B 为已知点，P 为待定点，D_{AP} 和 D_{BP} 为实测距离。首先根据已知点 A、B 的坐标值，计算 AB 的边长及坐标方位角，即：

$$D_{AP}=\sqrt{(x_B-x_A)^2+(y_B-y_A)^2}$$

$$\alpha_{AB}=\arctan\frac{y_B-y_A}{x_B-x_A}$$

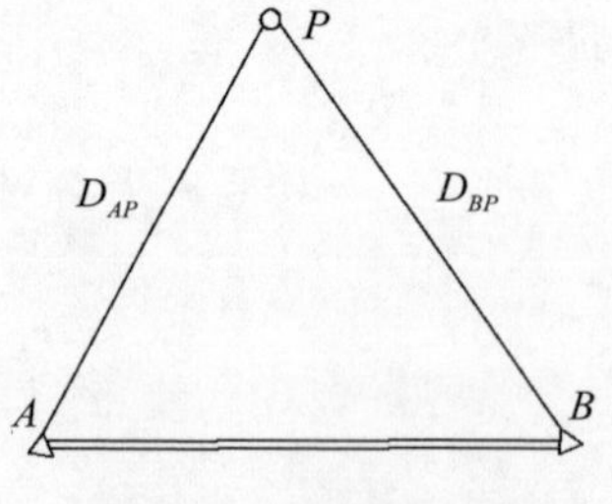

图 4.15　距离交会法

然后结合测得的 D_{AP} 和 D_{BP}，利用余弦公式求出 α、β 分别为：

$$\alpha = \arccos\frac{D_{AB}{}^2 + D_{AP}{}^2 - D_{BP}{}^2}{2D_{AP} \times D_{AB}}$$

$$\beta = \arccos\frac{D_{AB}{}^2 + D_{BP}{}^2 - D_{AP}{}^2}{2D_{BP} \times D_{AB}}$$

最后再利用余切公式（4.28）求出待定点 P 的坐标值。同于前方交会法，为了检核，一般采取多余边的测量交会。

4. 后方交会法

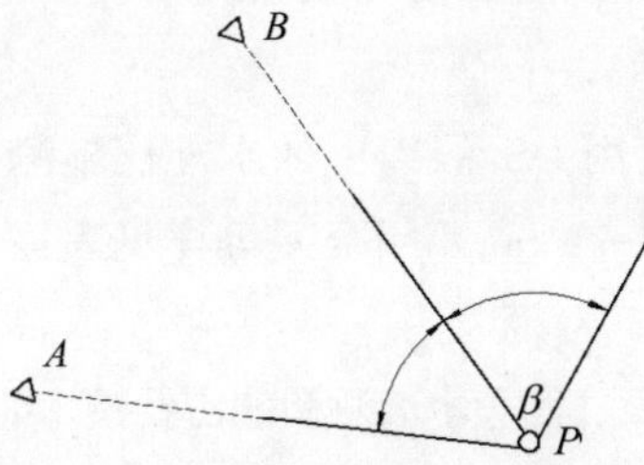

图 4.16　后方交会法

在用全站仪进行测图时，常采用任意设站的方法直接计算测站点的坐标。后方交会法仅需架设一次仪器，在外业测量中优点突出，其计算方法也有所不同。如图 4.16 所示，将仪器安置于待定点 P，观测 P 点至 A、B、C 三个已知点的交角 α 和 β，可直接利用式（4.29）计算 P 点坐标。

$$\begin{aligned} x_P &= x_C + \Delta x_{CP} = x_C + \frac{a - bk}{1 + k^2} \\ y_P &= y_C + \Delta y_{CP} = y_C + k\Delta x_{CP} \end{aligned} \quad (4.29)$$

式中：

$$a = (y_A - y_C)\cot\alpha + (x_A - x_C)$$

$$b = (x_A - x_C)\cot\alpha - (y_A - y_C)$$

另因 $c = (x_B - x_C)\cot\beta + (y_B - y_C)$，$d = (y_B - y_C)\cot\beta + (x_B - x_C)$，$a - bk = ck - d$，以此来检核 k、a、b、c、d 的计算正确性。

在使用式（4.29）时，起点 C 的选择应避免 α_{CP} 接近 90° 或 270° ，因为当 α_{CP} 接近 90° 或 270° 时式（4.29）无解。

4.1.4 高程控制测量

高程控制测量主要采用的方法是几何水准测量。小地区高程控制测量的方法主要有三、四等水准测量，图根水准测量和三角高程测量。

1. 三、四等水准测量

三、四等水准测量除了用于国家高程控制网加密外，还可用于小区域首级高程控制。三、四等水准点可以单独埋设标石，也可用平面控制点的标石替代。

（1）三、四等水准测量的要求及实测方法

①三、四等水准测量通常使用双面尺，主要是方便对测站观测成果进行检核。如果没有双面尺，也可用单面尺，采用变动仪器高法进行检核。需要注意，在每一测站上变动仪器高 0.1m 以上，变动仪器高所测得的两次高差之差不得超过 5mm，其他要求同于双面尺法。

②三、四等水准测量应使用 DS_3 级以上的水准仪施测。

③关于视线长度、读数限差、高差闭合差等详见表 4.4 和表 4.5 的技术要求。

表4.4　三、四等水准测量的主要技术要求

等级	每千米高差全中误差（mm）	路线长度（km）	仪器类型	标尺类型	观测次数		往返较差、附合或环线闭合差	
					与已知点联测	附合或环线	平地（mm）	山地（mm）
三等	6	≤ 50	DS_1	因瓦	往返各一次	往一次	$\pm12\sqrt{L}$	$\pm4\sqrt{n}$
			DS_3	双面		往返各一次		
四等	10	≤ 16	DS_3	双面	往返各一次	往一次	$\pm20\sqrt{L}$	$\pm6\sqrt{n}$
五等	15	—	DS_3	单面	往返各一次	往一次	$\pm30\sqrt{L}$	—

表4.5　三、四等水准观测的主要技术要求

等级	仪器类型	视线长度（m）	前后视距差（m）	前后视距累计差（m）	视线离地面最低高度（m）	基辅分划或黑、红面读数差（mm）	基辅分划或黑、红面所测高差较差（mm）
三等	DS_1	≤ 100	3	6	0.3	1.0	1.5
	DS_3	≤ 75				2.0	3.0

续 表

等级	仪器类型	视线长度（m）	前后视距差（m）	前后视距累计差（m）	视线离地面最低高度（m）	基辅分划或黑、红面读数差（mm）	基辅分划或黑、红面所测高差较差（mm）
四等	DS_3	≤ 100	5	10	0.2	3.0	5.0
五等	DS_3	≤ 100	近似相等	—	—	—	—

（2）三、四等水准测量的观测与计算方法

第一，一个测站上的观测顺序。

按以下观测顺序将观测结果填入表 4.6 相应位置，其中括号里面的数字代表观测和记录顺序。

照准后视尺黑面，读取下丝读数（1）、上丝读数（2）和中丝读数（3）；

照准前视尺黑面，读取下丝读数（4）、上丝读数（5）和中丝读数（6）；照准前视尺红面，读取中丝读数（7）；

照准后视尺红面，读取中丝读数（8）。

采用"后—前—前—后"这样的观测顺序主要是为了抵消水准仪和水准尺下沉产生的误差。其中四等水准测量每个测站的观测顺序也可以为"后—后—前—前"即"黑—红—黑—红"。

第二，测站计算与检核。

首先，视距计算。

后视距离：$(9)=\left[(1)-(2)\right]\times 100$。

前视距离：$(10)=\left[(4)-(5)\right]\times 100$。

前后视距差：$(11)=(9)-(10)$。如表 4.5 中的规定，在三等水准测量中，该值不得超过 ±3m；在四等水准测量中，该值不得超过 ±5m。

前后视距累计差：（12）= 上站的（12）+ 本站的（11）。如表 4.5 中的规定，在三等水准测量中，该值不得超过 ±6m；在四等水准测量中，该值不得超过 ±10m。

其次，同一水准尺黑、红面中丝读数的检核。

同一水准尺红、黑面中丝读数的差，应等于该尺红、黑面的常数 K（4.687m 或 4.787m），计算如下：

前视尺：$(13)=(6)+K-(7)$。

后视尺：$(14)=(3)+K-(8)$。

如表 4.5 中的规定：三等水准测量中，使用 DS_1 水准仪，该值不得超过 1mm；若使用 DS_3 水准仪，该值不得超过 2mm；四等水准测量中，该值不得超过 3mm。

最后，高差计算与检核。

黑面所测高差：$(15)=(3)-(6)$。

红面所测高差：$(16)=(8)-(7)$。

黑、红面所测高差之差：$(17)=(15)-\left[(16)\pm 0.100\right]=(14)-(13)$。如表 4.5 中的规定，在三等水准测量中，该值不得超过 ±3mm；在四等水准测量中，该值不得超过 ±5mm。式中 0.100 为前、后尺的红面分划常数，单位为 m。

高差中数：$(18)=\frac{1}{2}\left\{(15)+\left[(16)\pm 0.100\right]\right\}$。

观测中，如发现某测站上述各项观测或计算超限，应立即重新观测本测站。只有保证各项检查无误后，方可迁站。

第三，每页计算的检核。

首先，视距计算检核。

后视距离总和减去前视距离总和应等于末站的视距累计差，即

$$\sum(9)-\sum(10)=\text{末站}\ (12)$$

检核无误后，计算总视距：

总视距 $=\sum(9)+\sum(10)$

其次，高差计算检核。

黑、红面后视中丝读数总和减去黑、红面前视中丝读数总和应等于黑、红面高差总和，也应等于平均高差总和的两倍。即

$\sum[(3)+(8)]-\sum[(6)+(7)]=\sum[(15)+(16)]=2\sum(18)$，该式适用于测站总数为偶数的情况；

$\sum[(3)+(8)]-\sum[(6)+(7)]=\sum[(15)+(16)]=2\sum(18)\pm 0.100$，该式适用于测站总数为奇数的情况。

第四，水准点的高程计算。

外业成果检查无误后，方可按照水准测量成果计算的方法，计算各水准点的高程。

用双面尺法进行三、四等水准测量的记录、计算与检核，详细实例参见表 4.6。

表4.6　三、四等水准测量记录、计算表（双面尺法）

测站编号	点号	后尺 下丝 / 上丝 后视距 视距差 D（m）	前尺 下丝 / 上丝 前视距 $\sum d$（m）	方向及尺号	水准尺读数（m）		K+黑－红（mm）	平均高差（m）
					黑面	红面		
		（1）	（4）	后	（3）	（8）	（14）	
		（2）	（5）	前	（6）	（7）	（13）	
		（9）	（10）	后－前	（15）	（16）	（17）	（18）
		（11）	（12）					
1	BM1.TP1	1.745	1.305	后 6	1.568	6.255	0	
		1.391	0.991	前 7	1.148	5.935	0	
		35.4	31.4	后－前	0.420	0.320	0	0.420
		4.0	4.0					
2	TP1.TP2	1.669	1.490	后 7	1.564	6.350	1	
		1.459	1.287	前 6	1.388	6.074	1	
		21.0	20.3	后－前	0.176	0.276	0	0.176
		0.7	4.7					
3	TP2.TP3	1.548	1.510	后 6	1.497	6.187	−3	
		1.445	1.390	前 7	1.450	6.237	0	
		10.3	6.0	后－前	0.047	−0.050	−3	0.0485
		−1.7	3.0					
4	TP2.TP4	1.055	2.270	后 7	0.848	5.633	+2	
		0.641	1.859	前 6	2.065	6.752	0	
		41.4	41.1	后－前	−1.217	−1.119	+2	−1.218
		0.3	3.3					−0.5735

续 表

<table>
<tr><td rowspan="4">测站编号</td><td rowspan="4">点号</td><td rowspan="2">后尺</td><td>下丝</td><td rowspan="2">前尺</td><td>下丝</td><td rowspan="4">方向及尺号</td><td colspan="2" rowspan="2">水准尺读数(m)</td><td rowspan="4">K+黑−红(mm)</td><td rowspan="4">平均高差(m)</td></tr>
<tr><td>上丝</td><td>上丝</td></tr>
<tr><td colspan="2">后视距</td><td colspan="2">前视距</td><td rowspan="2">黑面</td><td rowspan="2">红面</td></tr>
<tr><td colspan="2">视距差 D (m)</td><td colspan="2">$\sum d$ (m)</td></tr>
<tr><td colspan="2">每页校核</td><td colspan="9">$\sum(9)=108.1$
$-)\ \sum(10)=104.8$
$=-3.3$
$\sum(3)+(8)=29.902$
$-)\ \sum(6)+(7)=31.049$
$=-1.147$
$\sum(18)=-0.5735$
$2\sum(18)=-1.147$
$\sum(9)+\sum(10)=212.9$　$\sum[(15)+(16)]=-1.147$
备注：K 为尺常数，　K_6=4.687m，K_7=4.787m。</td></tr>
</table>

2. 图根水准测量

图根水准测量用来测定测区内首级平面控制点和图根控制点，其精度低于四等水准测量，因此称为等外水准测量。其布设形式可根据平面控制点和图根点在测区的分布情况来确定；其观测方法和记录计算方法参照等外水准测量进行；其观测过程中的技术要求参见表 4.4 和表 4.5。

3. 三角高程测量

三角高程测量因其不受地形起伏的限制，并且施测速度快等优点，在山区或者较高建筑物上的控制点测量中较为常见。

（1）三角高程测量的原理

三角高程测量根据两点间的水平距离和竖直角来计算两点间的高差，再根据高差求得待测点的高程。

如图 4.17 所示，已知 A 点的高程为 H_A，设待测点 B 的高程为 H_B。可将仪器安置在 A 点，照准目标点 B 的顶端，测得其竖直角为 α，量得桩顶至仪器横轴的距离即仪器高为 i，测尺中丝读数即目标高为 v，再结合 AB 两点间平距 D，则 AB 两点间的高差为：

$$h_{AB}=D\tan\alpha+i-v \tag{4.30}$$

B 点的高程为：

$$H_B = H_A + h_{AB} = H_A + D\tan\alpha + i - v \tag{4.31}$$

三角高程测量一般都采用对向观测（往返观测），即由 A 点观测 B 点，再由 B 点观测 A 点，最后取对向观测所得高差绝对值的平均数作为最终高差，这样可以消除地球曲率和大气折射的影响。

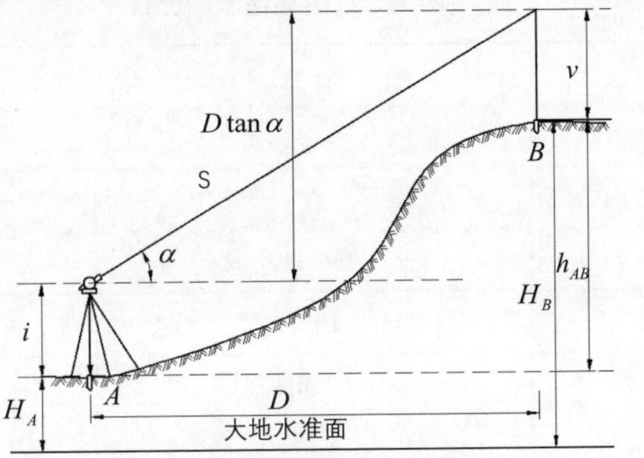

图 4.17　三角高程测量原理

（2）三角高程测量的实施与计算

以电磁波测距三角高程测量为例说明其技术要求，详见表 4.7 所示，其对向观测之差不应大于 $40\sqrt{D}$ mm 和 $60\sqrt{D}$ mm（D 为平距，以 km 为单位）。若符合要求，则取两次高差的平均值，详细测量过程如下。

表4.7　电磁波测距三角高程测量的主要技术要求

等级	每千米高差全中误差(mm)	边长（km）	观测方式	对向观测高差较差（mm）	附合或环形闭合差（mm）
四等	10	≤ 1	对向观测	$40\sqrt{D}$	$20\sqrt{\sum D}$
五等	15	≤ 1	对向观测	$60\sqrt{D}$	$30\sqrt{\sum D}$

①在测站点 A 安置仪器，量取仪器高 i 和觇标高 v，读数至 0.5cm，量取两次结果之差不超过 1cm，取其平均值填入表 4.8。

②用经纬仪瞄准 B 点觇标顶端，观测竖直角 1 ~ 2 个测回，在上、下半测回较差和各测回较差均满足规范规定的前提下，取其平均值作为最终结果，并填入表 4.8。

③将经纬仪搬至 B 点，同样的操作过程对 A 点进行观测，并做好相关记录填入表 4.8。

④高差及高程计算的详细过程参见式（4.30）和式（4.31），计算结果见表 4.8。

表4.8　三角高程测量计算

待求点	B	
起算点	A	
觇法（观测方向）	直	反
平距 D（m）	236.512	236.512
竖直角 α	11°　18′　36″	−10°　48′　26″
$D\tan\alpha$（m）	47.303	−45.148
仪器高 i（m）	1.51	1.52
觇标高 v（m）	2.35	2.84
高差改正数 f（m）	—	—
高差 h（m）	46.463	−46.468
平均高差（m）	46.466	
起算点高程（m）	705.123	
待求点高程（m）	751.589	

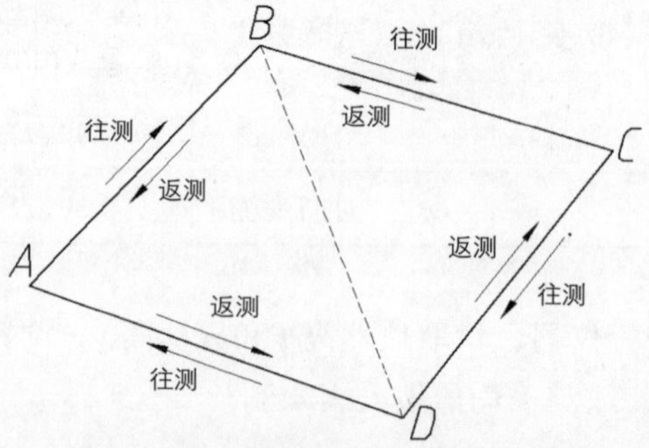

图 4.18　三角高程计算方法

三角高程测量路线应组合成闭合环线或附合路线。如图 4.18 所示，每条边都要进行对向观测。观测过程详见图 4.18。其中，用对向观测所求得的高差平均值，计算闭合环线或附合路线的高差闭合差的限差值为：

$$f_{h_{容}} = \pm 0.05\sqrt{[D^2]}\ \text{m} \tag{4.32}$$

上式中：D 为各边的水平距离，以 km 为单位。

当 $f_h \leqslant f_{h_{容}}$ 时，则按照与边长成正比例的关系将闭合差 f_h 反符号分配于各测段高差，再按调整后的高差计算各点高程。

按 1985 年《城市测量规范》和 2011 年《城市测量规范》，城市平面控制网的主要技术要求如附表 4.1 至附表 4.5 所示。

附表4.1　GPS测量主要技术要求

等级	平均边长（km）	固定误差（mm）	比例误差系数（mm/km）	约束点间的边长相对中误差	约束平差后最弱边相对中误差
二等	9	≤ 10	≤ 2	≤ 1/250000	≤ 1/120000
三等	4.5	≤ 10	≤ 5	≤ 1/150000	≤ 1/70000
四等	2	≤ 10	≤ 10	≤ 1/100000	≤ 1/40000
一级	1	≤ 10	≤ 20	≤ 1/40000	≤ 1/20000
二级	0.5	≤ 10	≤ 40	≤ 1/20000	≤ 1/10000

附表4.2　三角形网测量主要技术要求

等级	平均边长（km）	测角中误差（″）	测边相对中误差	最弱边边长相对中误差	三角形最大闭合差 /（″）
二等	9	1	≤ 1/250000	≤ 1/120000	3.5
三等	4.5	1.8	≤ 1/150000	≤ 1/70000	7
四等	2	2.5	≤ 1/100000	≤ 1/40000	9
一级	1	5	≤ 1/40000	≤ 1/20000	15
二级	0.5	10	≤ 1/20000	≤ 1/10000	30

附表4.3　城市导线及图根导线的主要技术要求

等级	测角中误差（″）	方位角闭合差（″）	附合导线长度（km）	平均边长（m）	测距中误差（mm）	全长相对中误差
一级	±5	$\pm 10\sqrt{n}$	3.6	300	±15	1/14000
二级	±8	$\pm 16\sqrt{n}$	2.4	200	±15	1/10000
三级	±12	$\pm 24\sqrt{n}$	1.5	120	±15	1/6000
图根	±30	$\pm 60\sqrt{n}$	—	—	—	1/2000

附表4.4　钢尺量距导线主要技术要求

等级	测图比例尺	附合导线长度（m）	平均边长（m）	往返丈量较差相对误差	测角中误差（″）	导线全长相对闭合差	测回数		方位角闭合差（″）
							DJ_2	DJ_6	
一级	—	2500	250	≤1/20000	±5	≤1/10000	2	4	$\pm 10\sqrt{n}$
二级	—	1800	180	≤1/15000	±8	≤1/7000	1	3	$\pm 16\sqrt{n}$
三级	—	1200	120	≤1/10000	±12	≤1/5000	1	2	$\pm 24\sqrt{n}$
图根	1：500	500	75	≤1/3000	±20	≤1/2000	—	1	$\pm 60\sqrt{n}$
	1：1000	1000	110						
	1：2000	2000	180						

附表4.5　电磁波测距导线主要技术要求

等级	闭合环或附合导线长度（km）	平均边长（m）	测距中误差（mm）	测角中误差（″）	导线全长相对闭合差
三等	≤15	3000	≤18	≤1.5	≤1/60000
四等	≤10	1600	≤18	≤2.5	≤1/40000
一级	≤3.6	300	≤15	≤5	≤1/14000
二级	≤2.4	200	≤15	≤8	≤1/10000
三级	≤1.5	120	≤15	≤12	≤1/6000

4.2 地形图的基本知识

4.2.1 地形图与比例尺

1. 地形图简介

地面上天然形成或人工构筑的各种物体称为地物，如河流、湖泊、房屋、道路、桥梁、农田和森林等。地面高低起伏的自然形态称为地貌，如高山、丘陵、平原、洼地等。地物和地貌总称为地形。控制网建立后，根据控制网内控制点数据采集测区内地物和地貌特征点的相关定位数据，而后按测图比例尺和规定的符号绘制成地形图，这项测量工作称为地形测量。遵循“先控制后碎部”的原则，地形图的测绘应先根据测图的目的及测区的具体情况建立平面及高程控制，然后根据控制点进行地物和地貌的测绘。通过实地施测，将地面上各种地物的平面位置按一定比例尺，用规定的符号缩绘在图纸上，并标注具有代表性的点的高程值，这种图称为平面图；如果既表示出各种地物，又用等高线表示出地貌的图形称为地形图。

2. 地形图的比例尺

图上任一直线段长度 L 与地面上相应线段的实地水平长度 D 之比，称为地形图的比例尺。地形图比例尺常用的有数字比例尺和图示比例尺两种。

数字比例尺用分子为 1，分母为整数的分数表示，即

$$\frac{L}{D}=\frac{1}{D/L}=\frac{1}{M} \text{ 或 } L:D=1:M$$

式中 M 为比例尺分母，如 1 ∶ 500、1 ∶ 1000 等，M 值愈小比例尺愈大。

图示比例尺常见的是直线比例尺，它表示图上每个基本单位线段长度所代表的实地长度。

如图 4.19 所示为 1 ∶ 500 的图示比例尺，基本单位长度为 2cm，所代表的实地长度为 10m。图示比例尺标注在图纸的下方，便于用分规在图上直接量取直线段的水平距离，且可消除图纸伸缩的影响。

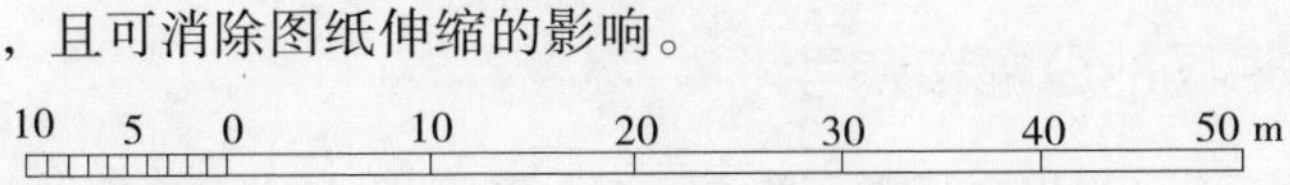

图 4.19　图示比例尺

地形图的比例尺按其值的大小可分为大、中、小三种。比例尺为 1 ∶ 500、1 ∶ 1000、1 ∶ 2000、1 ∶ 5000、1 ∶ 10000 的地形图称为大比例尺地形图，工程建设的规划、设计、施工等通常采用此类地形图。比例尺为 1 ∶ 500、1 ∶ 1000 的地形图一般用全站仪测绘，比例尺 1 ∶ 2000、1 ∶ 5000 和 1 ∶ 10000 的地形图一般用更大比例尺的地形图缩制。比例尺为 1 ∶ 2000 的地形图常用于城市详细规划及工程项目初步设计中，比例尺为 1 ∶ 5000 和 1 ∶ 10000 的地形图则用于城市总体规划、厂址选择、区域布置、方案比较等。大面积的大比例尺测图也可采用航空摄影测量或三维激光扫描的方法成图。比例尺为 1 ∶ 25000、1 ∶ 50000、1 ∶ 100000 的地形图称为中比例尺地形图，它是国家的基本比例尺地形图，由测绘部门采用航空摄影测量方法成图。比例尺为 1 ∶ 200000、1 ∶ 500000、1 ∶ 1000000 的地形图称为小比例尺地形图，一般根据大比例尺地形图和其他测量资料编绘而成。

通常，人眼在图上可分辨出的最小长度为 0.1mm，一般在实地测图描绘或图上量测时，也只能达到图上 0.1mm 的精确度，因此把地形图上 0.1mm 所代表的实地水平距离称为比例尺精度。几种工程中常用地形图的比例尺精度参见表 4.9。

表4.9　比例尺精度表

比例尺	1 ∶ 500	1 ∶ 1 000	1 ∶ 2 000	1 ∶ 5 000	1 ∶ 10000
比例尺精度（m）	0. 05	0. 10	0. 20	0. 50	1. 00

由表 4.9 可知，测绘比例尺为 1 ∶ 2 000 时，测图距离小于 0.2m 就无法在图上表示出来。由此可见，比例尺愈大，其比例尺精度也愈高，图上表示的地物及地貌愈详尽、准确。比例尺精度的概念，对测图和设计用图都有重要的指导意义。首先，根据比例尺可以确定测图精度；其次，根据比例尺精度可以确定在测图时距离测量应准确到什么程度。例如某项工程，要求在图上能反映地面上 10 cm 的精度，则所选用的测图比例尺就不能小于 0. 1 mm/0. 1 m=1 ∶ 1 000。图的比例尺愈大，测绘工作量和成本会成级数倍地增加，所以当设计规定需在图上能量出实地最短长度时，根据比例尺精度可以确定合理的测图比例尺。应根据工程规划、设计等的实际需要合理选择比例尺，不要盲目追求更大的比例尺。

4.2.2 地形图的分幅和编号

为了便于测绘、使用和管理，需将各种比例尺地形图进行统一的分幅和编号。地形图的分幅方法有两类：一类是按经纬线分幅的梯形分幅法，用于国家基本比例尺地形图和大面积 1 ： 2000、1 ： 5000 的地形图；另一类是按坐标格网分幅的矩形分幅法，用于工程建设的大比例尺地形图。

1. 梯形分幅与编号

梯形分幅法是按国际统一规定的经差和纬差划分而成的梯形图幅，又称国际分幅法。我国 1 ： 5000 ~ 1 ： 500000 比例尺的地形图都是以 1 ： 1000000 地形图为基础进行分幅和编号的。

（1）1 ： 1000000 地形图的分幅与编号

按国际 1 ： 1000000 地形图会议（1913 年，巴黎）规定，1 ： 1000000 的世界地形图实行统一的分幅与编号。即自经度 180° 开始起算，自西向东按经差 6° 分成 60 纵行，各行依次用 1、2...60 表示纵行号；赤道向北或向南分别按纬差 4° 分成22横列，各列依次用A、B...V表示。每一梯形格为一幅1 : 1000000的地形图，其编号由其所在的“横列纵行”的编号组成。为了区分南北半球，在列号前冠以 N 和 S（我国地处北半球，图号前的 N 全部省略）。由于随纬度的增高地形图面积迅速减小，因此规定在 60° ~ 76° 之间双幅并和，即按经差 12° 、纬差 4° 分幅；在 76° ~ 88° 之间四幅合并，经差为 24° 、纬度为 4° ；88° 以上单独为一幅。我国处于 60° 以下，不存在合幅问题。1 ： 1000000 比例尺地形图的分幅与编号即按此方法进行。例如，北京某地区的经度为东经 116° 24′29″ ，纬度为北纬 39° 56′30″ ，则其所在的 1 ： 1000000 地形图的图号为 J–50，如图 4.20 所示。

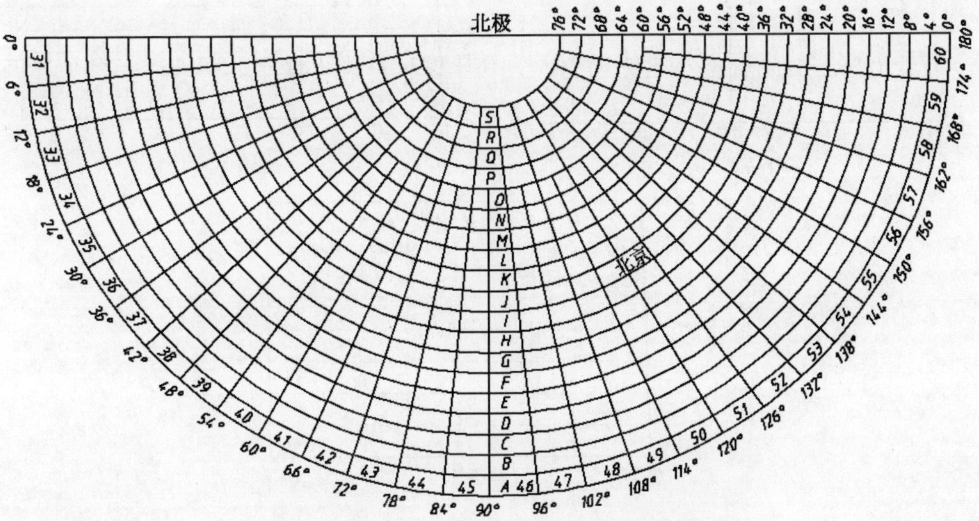

图 4.20　1:1000000 比例尺地形图的梯形分幅与编号

（2）1：500000、1 ： 250000、1 ： 100000 地形图的分幅与编号

这三种比例尺的地形图都是在 1 ： 1000000 地形图基础上进行分幅与编号的。如图 4.21(a) 所示，将一幅 1 ： 1000000 地形图按经差 3° 、纬差 2° 分为 4 幅 1 ： 500000 地形图，从左到右、自上而下以 A、B、C、D 为代号，每幅的编号是在 1 ： 1000000 地形图的编号后缀以相应的代号组成的，如 J–50–A。

如图 4.21(b)，一幅 1：1000000 地形图按经差 30′、纬差 20′ 分为 144 幅 1 ： 100000 地形图，以 1、2、3……144 为代号，其编号是在 1 ： 1000000 地形图的编号后缀以相应代号组成的，如 J–50–4。

（3）1 ： 50000、1 ： 25000、1 ： 10000 地形图的分幅与编号

如图 4.21(a) 所示，将一幅 1 ： 100000 地形图分为 2 行 2 列共 4 幅 1 ： 50000 地形图，从左到右、自上而下以 A、B、C、D 为代号，其编号是在 1 ： 100000 地形图的编号后缀以相应代号组成的。

如图 4.21(c) 所示，将一幅 1 ： 100000 地形图分为 8 行 8 列共 64 幅 1 ： 10000 地形图，（1）、（2）、（3）...（64）为代号，其编号是在 1 ： 100000 地形图的编号后缀以相应代号组成的。

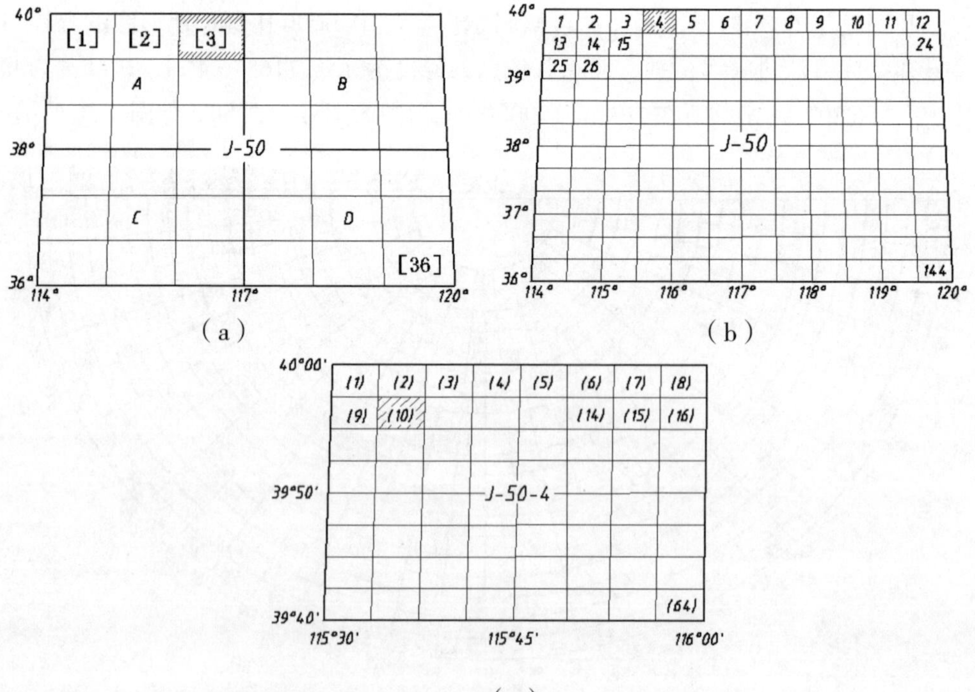

图 4.21　各种中、小比例尺地形图的梯形分幅与编号

表4.10　各种比例尺地形图的梯形分幅与编号

比例尺	图幅大小		图幅数量关系		编号方法		对应的新编号
	经差	纬差	分幅基础	图幅数	分幅代号	编号示例	
1：1000000	6°	4°	1：1000000	1	行：1、2、3...60 列：A、B、C...V	J-50	J50
1：500000	3°	2°	1：1000000	4	A、B、C、D	J-50-A	J50B001001
1：250000	1° 30'	1°	1：1000000	16	[1]、[2]、[3]...[16]	J-50-[3]	J50C001003
1：100000	30'	20'	1：1000000	144	1、2、3...144	J-50-5	J50D001005
1：50000	15'	10'	1：100000	4	A、B、C、D	J-50-5-B	J50E001010
1：25000	7'30"	5'	1：50000	4	1、2、3、4	J-50-5-B-2	J50F001020
1：10000	3'45"	2'30"	1：100000	64	（1）、（2）、（3）...（64）	J-50-5-（15）	J50G002039
1：5000	1'52.5"	1'15"	1：10000	4	a、b、c、d	J-50-5-（15）-c	J50H004077

（4）1 ： 5000 地形图的分幅与编号

1 ： 5000 地形图是将 1 ： 10000 地形图分为 2 行 2 列共 4 幅，分别以 a、b、c、d 为代号，其编号是在 1 ： 10000 地形图的编号后缀以相应代号组成的。

各种比例尺的地形图的梯形分幅与编号见表 4.10。

2. 矩形分幅与编号

工程规划设计、施工及资源和工程管理所用 1 ： 5000、1 ： 2000 和小区域 1 ： 1000、1 ： 500 大比例尺地形图，采用矩形分幅法，它依比例尺由大到小逐级按统一的直角坐标网格分成了 4 幅。图幅大小见表 4.11。

采用矩形分幅时，图幅编号一般采用该幅图西南角坐标 x、y 的千米数编号。如图 4.22 所示，其西南的坐标 x=32km，y=56km，所以其编号为“32.56”。编号时，比例尺为 1 ： 500 地形图，坐标值取至 0.01km，比例尺为 1 ： 1000、1 ： 2000 的地形图，坐标值取至 0.1km。

表4.11　矩形分幅的图幅大小

比例尺	50×40 分幅		50×50 分幅		
	图幅大小（cmxcm）	实地面积（km^2）	图幅大小（cmxcm）	实地面积（km^2）	一幅 1：5000 图内图幅数
1 ： 5000	50×40	5	50×50	4	1
1 ：2000	50×40	0.8	50×50	1	1
1 ： 1000	50×40	0.2	50×50	0.25	16
1 ： 500	50×40	0.05	50×50	0.0625	64

对于面积较大的测区，应用户要求测绘有几种不同的比例尺的地形图，为了便于地形图测绘、拼接、编绘、存档、管理与应用，地形图的编号通常以最小比例尺图为基础来进行。例如，某测区 1 ： 5000 图幅编号为“32.56”，此图号将作为该图幅中的其他较大比例尺图幅的基本图号。如图 4.22 所示，在 1 ： 5000 图号后缀加罗马字Ⅰ、Ⅱ、Ⅲ、Ⅳ，就是 1 ：2000 比例尺图幅的编号。同样，在 1 ： 2000 的图幅编号后缀加Ⅰ、Ⅱ、Ⅲ、Ⅳ，就是 1 ： 1000 图幅的编号。在 1 ： 1000 比例尺的图号后缀加Ⅰ、Ⅱ、Ⅲ、Ⅳ，就是 1 ： 500 图幅的编号。

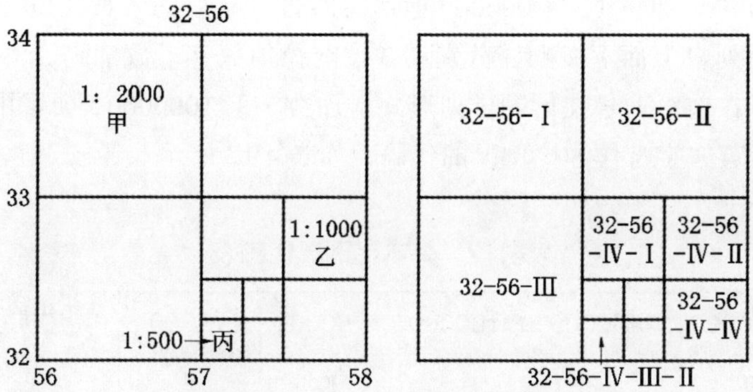

图 4.22 地形图矩形分幅与编号

3. 国家基本比例尺地形图现行分幅与编号

我国 1992 年颁布的《国家基本比例尺地形图分幅和编号》（GB/T13989—92）国家标准，自 1993 年 3 月起实施。新测和更新的基本比例尺地形图，均按照此标准进行分幅与编号。

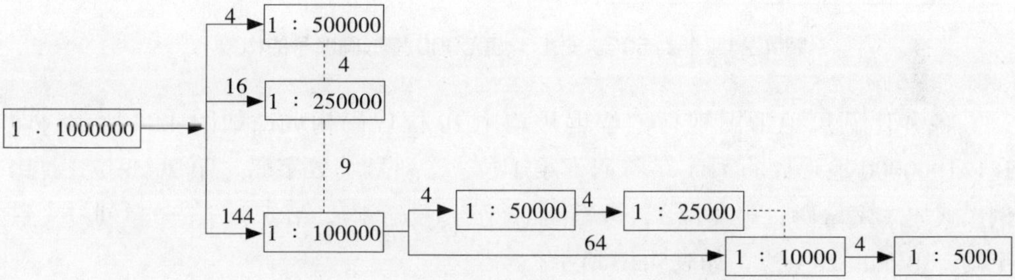

图 4.23 我国基本比例尺地形图分幅与编号

（1）分幅

以 1 ∶ 1000000 地形图为基础，一幅 1 ∶ 1000000 地形图按表 4.10 所列经差与纬差，分成 1 ∶ 5000~1 ∶ 500000 等 7 种比例尺地形图，图幅数分别为 4、16、144、576、2304、9216、36864，不同比例尺地形图的经纬差、行列数和图幅成简单的倍数关系，如图 4.23 所示。

（2）编号

1 ∶ 5000 ~ 1 ∶ 500000 地形图编号均以 1 ∶ 1000000 地形图为基础，采用

行列式编号方法。即将 1 ∶ 1000000 地形图所含分幅后的各种比例尺地形图，以行从左到右、列自上而下按顺序分别用 3 位阿拉伯数字（数字码，不足 3 位补 0）编号，取行号在前、列号在后的排列形式，加在 1 ∶ 1000000 地形图的编号之后。并采用不同的英文字符作为比例尺的代码，如表 4.12 所示。

表4.12　基本比例尺代码表

比例尺	1:500000	1:250000	1:100000	1:50000	1:25000	1:10000	1:5000
代码	B	C	D	E	F	G	H

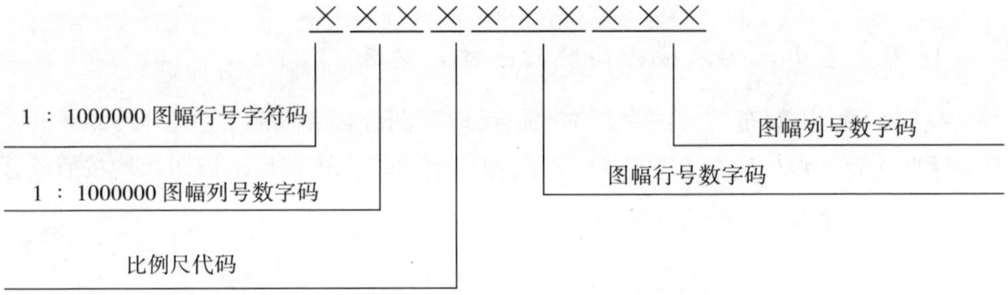

图 4.24　1 ∶ 5000 ~ 1 ∶ 500000 地形图图号的构成

各种比例尺地形图现行图幅编号均由 10 位代码构成，如图 4.24 所示，即 1 ∶ 1000000 地形图行号（字符码，第 1 位）、列号（数字码，第 2、3 位）、比例尺代码（字符码，第 4 位），该幅图的行号（数字码，第 5 ~ 7 位）、列号（数字码，第 8 ~ 10 位），如表 4.10 所示。

4.2.3 地形图的图外注记

为了图纸管理、查找和使用的方便，在地形图的图框（称为图廓）周边标注如图名、图号、接图表、比例尺图廓与坐标格网等图廓元素，如图 4.25 所示。

1. 图名和图号

图名即本幅图的名称，是以所在图幅内最著名的地名、厂矿企业和村庄的名称来命名的。为了区别各幅地形图所在的位置关系，每幅地形图上都编有图号。图号是根据地形图分幅和编号方法编定的，通常标注在北图廓上方的中央，如图 4.25 所示。

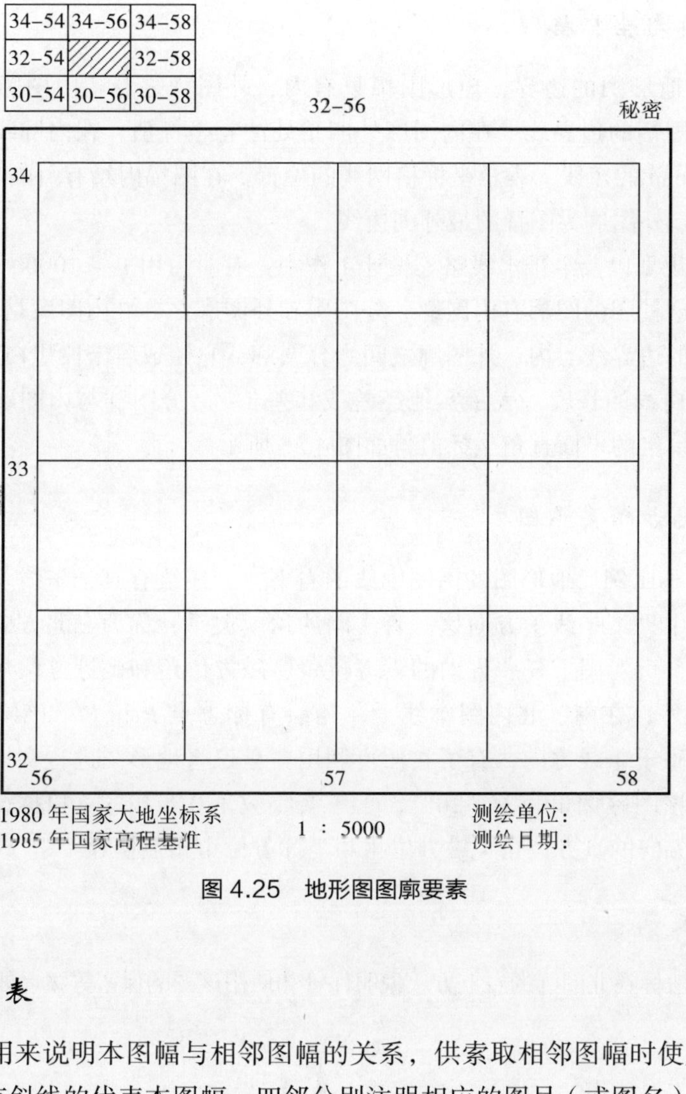

图 4.25　地形图图廓要素

2. 接图表

接图表用来说明本图幅与相邻图幅的关系，供索取相邻图幅时使用。通常是中间一格画有斜线的代表本图幅，四邻分别注明相应的图号（或图名），并绘注在图廓的左上方。在各种中比例尺地形图上，除了接图表以外，还把相邻图幅的图号分别注在东、西、南、北图廓线中间，进一步表明与四邻图幅的相互关系，如图 4.25 所示。

3. 比例尺

在每幅图的南图框外的中央均注有测图数字比例尺，在数字比例尺的下方绘出直线比例尺。

4. 图廓与坐标格网

图廓是地形图的边界，矩形图幅只有内、外图廓之分。内图廓就是坐标格网线，也是图幅的边界线。在内图廓外四角处注有坐标值，在内廓线内侧，每隔 10cm 绘有 5mm 的短线，表示坐标格网线的位置。在图幅内绘有每隔 10cm 的坐标格网交叉点。外图廓为图幅的最外围边线。

在城市规划以及给排水线路等设计工作中，有时需用 1 ∶ 10000 或 1 ∶ 25000 的地形图。这种图的图廓有内图廓、分图廓和外图廓之分。内图廓是经线和纬线，也是该图幅的边界线。内、外图廓之间为分图廓，它绘成若干段黑白相间的线条，每段黑线或白线的长度，表示实地经差或纬差 1′ 。分图廓与内图廓之间，注记了以千米为单位的平面直角坐标值，如图 4.25 所示。

5. 三北方向关系图

在中、小比例尺地形图的南图廓线的右下方，还绘有真子午线、磁子午线和坐标纵轴（中央子午线）方向这三者之间的角度关系，称为三北方向关系图。利用该关系图，可对图上任一方向的真方位角、磁方位角和坐标方位角三者间做相互换算。此外，在南、北内图廓线上，还绘有标志点 P 和 P'，该两点的连线即为该图幅的磁子午线方向，有了它便可利用罗盘仪将地形图进行实地定向。如图 4.26 所示，该图磁偏角为 1° 36′ ，子午线收敛角 0° 22′ 。根据该关系图，可对图上任一方向的真方位角、磁方位角和坐标方位角相互换算。

6. 密级

密级一般标在北图廓的右上方，说明保管和使用该图的保密等级，如图 4.26 所示。

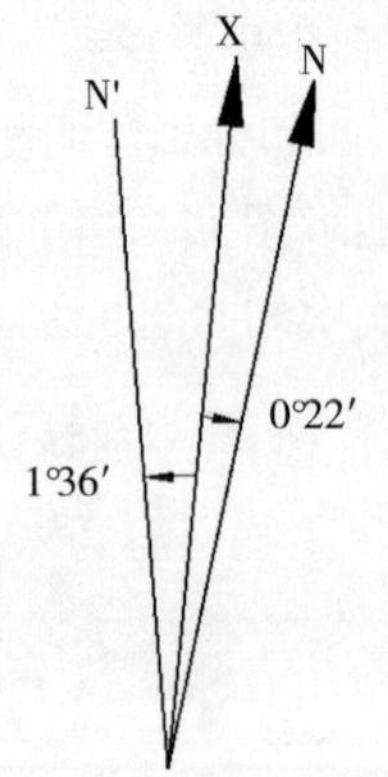

图 4.26　三北方向关系图

7. 图例

图例一般置于图形的右下侧，包括本幅地形图内所有的地物符号及其文字说明，便于用图者更好地识别地物、利用地形图。

8. 投影方式、坐标系统、工程系统

地形图测绘完成后，在外图图廓左下脚注明本图的投影方式（正射投影）、坐标系统、高程系统。

9. 成图方法、图式版本

在地形图外图廓左下方注明测图方法（如航测成图、野外数字成图等）、测图所采用的地形图图式版本。

此外，还应在地形图外图廓右下方标注测绘单位、成图日期，供日后用图参考。

4.2.4 地物符号

地物是用地物符号和注记来表示的。地物种类繁多，对比例尺为 1 ∶ 500、1 ∶ 1000、1 : 2000 地形图的地物符号可以归纳为以下几种。

1. 比例符号

地物的形状、大小和位置能按比例尺缩绘在图上，可表示地物的轮廓特征，这类符号统称为比例符号或轮廓符号。这种符号一般用实线或点线描绘。

2. 非比例符号

有的地物（如控制点、消火栓、阀门、钻孔等）轮廓较小，无法按比例尺缩绘在地形图上，而又必须在图上表示出来，则采用规定的符号在该地物的中心位置上表示，这类符号统称为非比例尺符号。这类符号由于与相应地物符号比较类似，所以又称为形象符号。无专门说明的符号，均以顶端向北、垂直于南图廓线绘制；具有走向性的符号，如井口、窑洞等按其真实方向绘制。

非比例尺符号只能表示地物在图上的中心位置，不能表示其形状和大小。符号的中心与该地物实地中心的位置关系，随各种不同的地物而异，测图和用图时应注意以下几个方面。

①规则的几何图形符号，如圆形、正方形、三角形等，图形几何中心点即为地物中心在图上的位置。

②底部为直角的符号，如独立树、加油站、路标等，符号的直角顶点即为地物中心在图上的位置。

③底宽符号，如烟囱、水塔、岗亭等，符号底部中心即为地物中心在图上的位置。

④下方无底线符号，如山洞、窑洞、平洞口等，符号下方两端点连线的中心即为地物中心在图上的位置。

3. 半比例符号

实地上有些线状和狭长的带状地物，按地形图比例尺缩小后，其长度能按比例缩绘，而宽度不能按比例表示，只能夸大表示，用于表示这类地物的符号称为半比例符号。如铁路、管道、单线河等。半比例符号能表示地物的长度、方向，不能反映地物的宽度。

对于地物的表示，应该采用比例、非比例还是半比例符号，这不是绝对的，而是随地物本身大小的差异和地形图比例尺大小的变化而变化的。同类地物由于大小相差悬殊，因此在同一幅图上就有可能存在着比例符号、非比例符号和半比例符号。例如：同一条河流，上游河床较窄，只能用半比例符号（单线河）表示；而下游河床较宽则可采用比例符号（双线河）表示。同时，随着地形图比例尺的缩小，对同一地物的表示，也会出现比例符号向半比例符号或非比例符号的转化，如道路、居民地、桥梁等。

4. 地物注记

对地物加以说明的文字、数字或特殊符号，称为地物注记。地物注记用于进一步表明地物的特征和种类，诸如城镇、学校、河流、道路的名称，桥梁的长度、宽度及载重量，江河的流向、流速及深度，道路的去向、路面材料，森林、果树的类别等。

4.2.5 地貌符号

地貌是指地面高低起伏的自然形态。在图上表示地貌的方法有很多，而在地形图中通常用等高线表示；用等高线表示地貌不仅能表示地面的高低起伏形态，还能科学地表示出地面的坡度和地面点的高程。一些不能用等高线表示的地方，如滑坡、陡崖、冲等沟等，则用相应的地貌符号表示。因此，地貌符号包括等高线和各种特殊地貌符号。

1. 等高线

（1）等高线的定义

假想用若干间距相等的水平面切割地面，将各平面与地面的交线垂直投影在一个水平面上，就得到一圈套一圈的能反映该区地貌状况的闭合曲线，因为每条曲线上各点的高程都相等，故称为等高线。因此，等高线就是地面上高程相同的相邻各点连成的闭合曲线，如图 4.27 所示。等高线的高程一般从大地水准面起算。

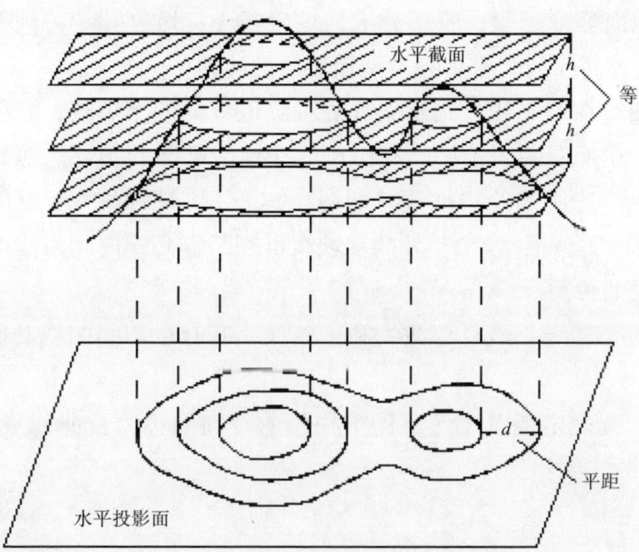

图 4.27　等高线原理

（2）等高距、平距及示坡线

在地形图上，相邻两条等高线的高程之差称为等高距，常用 h 表示。在同一幅地形图中不能有两种不同的等高距。等高距的大小决定着所表示地貌形态的精度，同时也影响着地形图的载负量。因此，等高距的大小应根据测区内大部分地面坡度的大小以及地形图的比例尺和用途来确定。表 4.13 是各种大比例尺地形图的等高距参考值。

表4.13　大比例尺地形图的基本等高距

比例尺	地 形 类 别			
	平原（m）	丘陵（m）	山地（m）	高山地（m）
1 ： 500	0.5	0.5	0.5、1	1
1 ： 1000	0.5	0.5、1	1	1、2
1 ： 2000	0.5、1	1	2	2

图上两条相邻等高线之间的水平距离称为等高线的平距，常用 d 表示。由于同一幅地形图中的等高距相同，所以等高线平距 d 的大小与地面坡度有关。等高线平距越小，地面坡度越大；平距越大，坡度越小；坡度相等，则平距相等。因此，由地形图上等高线的疏密可判定地面坡度的陡缓。

示坡线是加绘在等高线上指示斜坡高程降低方向的小短线，它能帮助读者判读地势的走向。在地形图表示中，在山头、洼地、鞍部和图幅边缘地势走向不易辨别的等高线上，均应加绘示坡线，如图 4.28 所示，根据“1”处的示坡线可判断等高线外侧为山头，根据“2”处的示坡线可判断等高线内侧为洼地。

（3）等高线的种类

地形图中的等高线一般有首曲线和计曲线，有时也用间曲线和助曲线，如图 4.29 所示。

①首曲线。按规定的基本等高距 h 描绘的等高线称为首曲线或基本等高线，用线粗 0.15mm 的实线描绘。

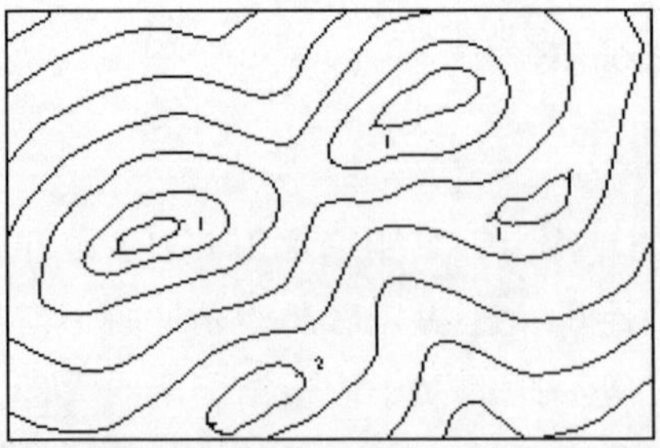

图 4.28 示坡线

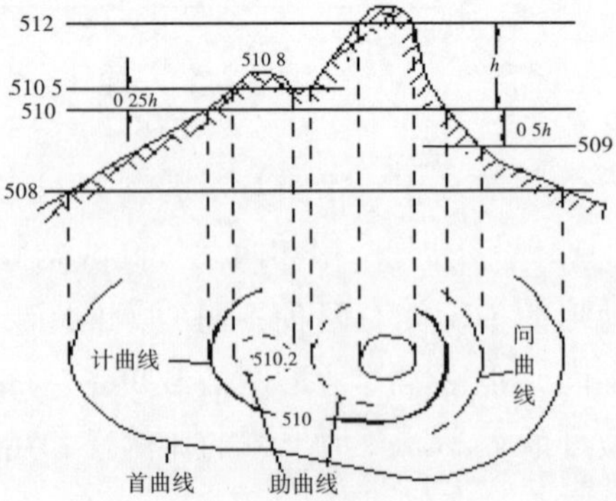

图 4.29 等高线的种类

②计曲线。为了读图方便，规定从高程起算面开始，当等高距为整米时，每隔 4 条首曲线加粗一条等高线；当等高距含有半米时（如 0.5m、2.5m），则每隔 3 条首曲线加粗一条等高线，这些加粗的等高线称为计曲线或加粗等高线。在图中计曲线的适当位置处需加注高程，计曲线用线粗 0.3mm 的实线描绘。

③间曲线。按 1/2 基本等高距加绘的等高线称为间曲线或半距等高线，用来表示首曲线显示不出的局部地貌形态。用线粗 0.15mm 的长虚线描绘。

④助曲线。按 1/4 基本等高距加绘的等高线称为助曲线或辅助等高线，用来表示首曲线和间曲线显示不出的局部地貌形态。用线粗 0.15mm 的短虚线描绘。

（4）典型地貌的等高线形状

地貌的形态虽然多种多样，但它们都是由山头、洼地、山脊、山谷、鞍部、斜坡等几种典型地貌构成的。

山头是指山体的最高部位。山头的等高线图形是一组闭合曲线，示坡线向外，如图 4.30 所示。

洼地是指中间低、四周高的地形。其等高线图形也是一组闭合曲线，示坡线在等高线的内侧，如图 4.31 所示。

山脊是山体延伸的最高棱线，它的最高部分的连线称为山体的分水岭。山脊的等高线图形是一组凸向下坡方向的曲线，两侧对称，如图 4.32 所示。

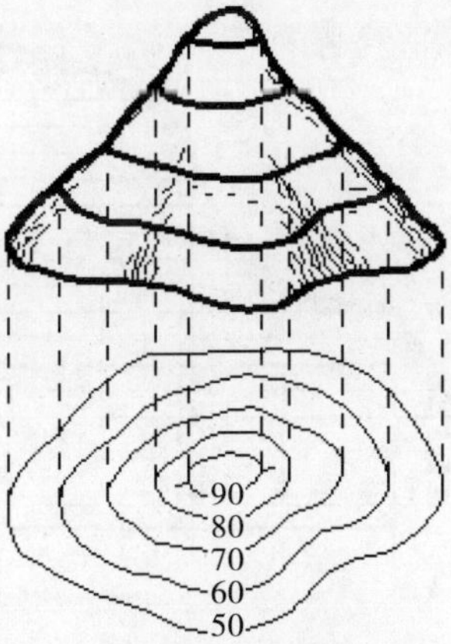

图 4.30　山头等高线

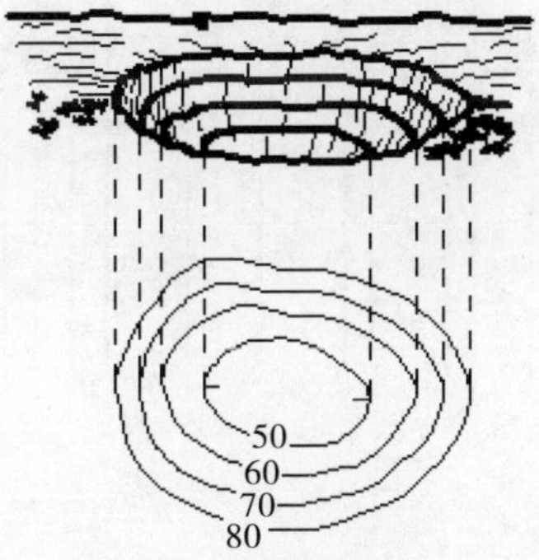

图 4.31　洼地等高线

山谷是两山脊间的向一定方向倾斜延伸的低凹部分，它的最低部分的连线叫合水线。山谷的等高线图形是一组凸向上坡方向的曲线，两侧对称，如图 4.33 所示。

鞍部是连接两个山顶之间的低凹部分，形如马鞍。鞍部的等高线图形由两组凸向鞍部中心的对称曲线组成，如图 4.34 所示。

斜坡是山体的坡面。其坡形可分为四种：等齐坡，等高线的间隔大致相等；凹形坡，等高线间隔自低向高由疏变密；凸形坡，等高线的间隔自低向高由密变疏；阶状坡，等高线疏密交替，陡坡密，缓坡疏。如图 4.35 所示。

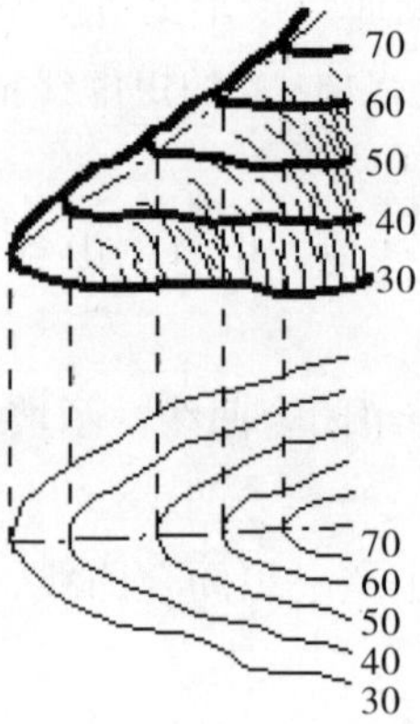

图 4.32 山脊等高线

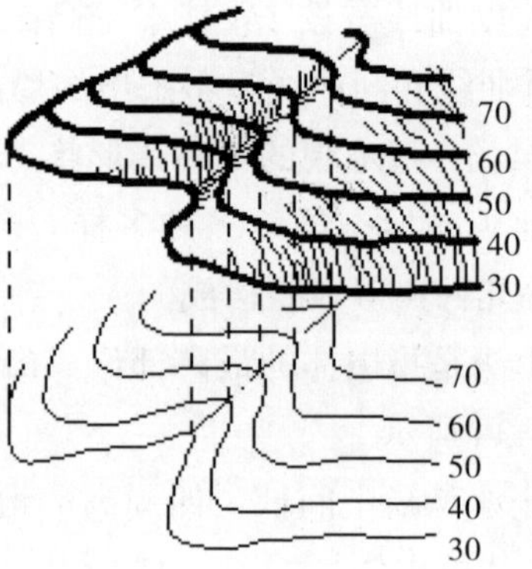

图 4.33 山谷等高线

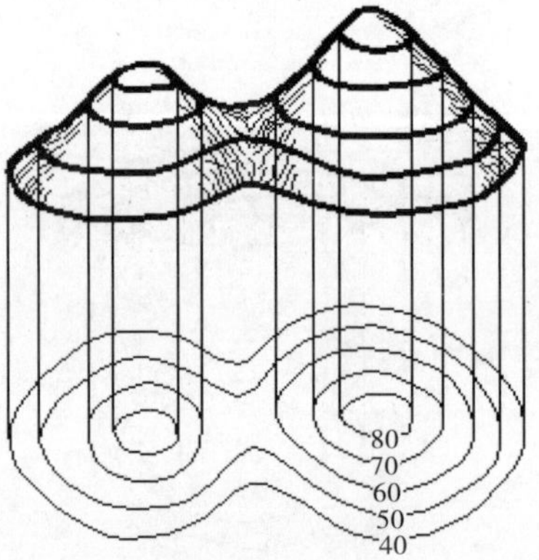

图 4.34　鞍部等高线

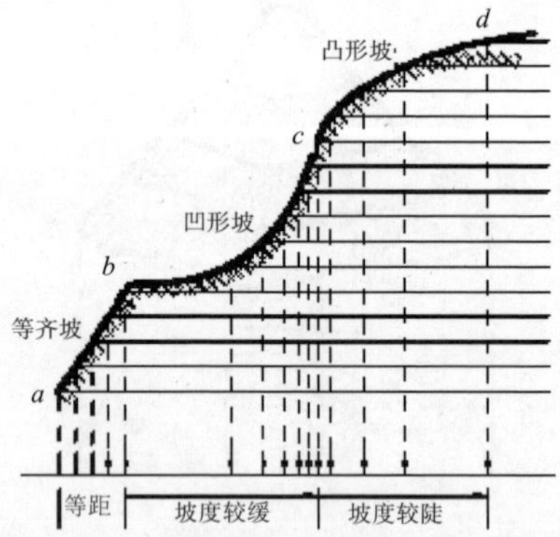

图 4.35　斜坡等高线疏密与坡度的关系

（5）等高线的特性

认识等高线的特性有助于正确勾绘等高线和使用地形图。等高线主要有以下特性：

①同一条等高线上各点高程相等。

②等高线是闭合曲线，除遇其他符号或注记外，不能中断（间曲线和助曲线除外）。

③当等高距相同时，等高线越稀，地面坡度越缓；等高线越密，地面坡度越陡。

④等高线经过山脊和山谷时，转弯处的顶点必在山脊和山谷线上。

⑤等高线与等高线不能相交。

2. 各种特殊地貌符号

由于特殊的地质和气候条件或因地壳变动、人工改造而形成的局部地区特殊的地表形态如陡崖、冲沟等，在地形图上不能用等高线表示时，可用专门的地貌符号表示，如图 4.36 所示。

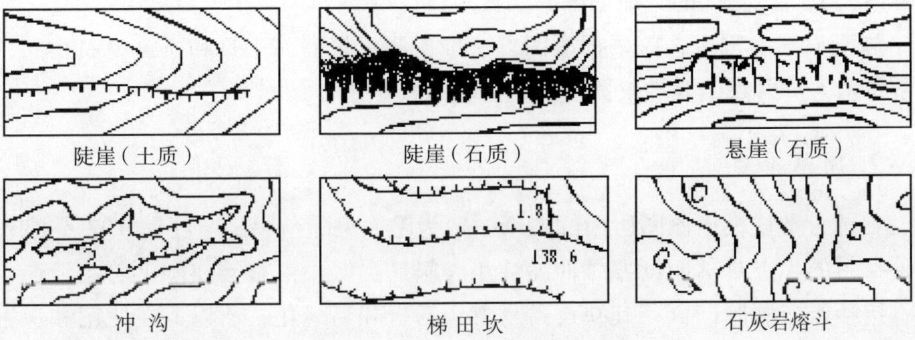

图 4.36　特殊地貌的表示

陡崖是指坡度在 70° 以上的陡壁，有土质和石质两种，分别用相应符号表示。陡崖符号的基线应定位在陡壁的上缘，短线指向坡降方向。

冲沟是由暂时性流水侵蚀而成的壁陡底窄的沟壑，我国黄土地区最为常见。当图上宽度小于 0.5mm 时，用中间粗、两头尖的单线符号表示；宽度为 0.5 ~ 2mm 的用双线依比例表示；宽度为 2 ~ 5mm 的，沟壁用陡坎符号表示；宽度大于 5mm 时，应在沟壁内加绘沟底等高线。

梯田坎是依山坡由人工修成的阶梯状农田陡坎。坎高 0.5m 以上的在大比例尺地形图上应用陡坎符号表示，并注出坎高。

陡石山是指岩石裸露的陡峻山岭，即表面很少有土壤覆盖，坡度大于 70° 的石山，在图上用相应符号表示，并适当标注高程。当石山坡度小于 70° 时，用等高线配合陡石山符号表示。

石灰岩溶斗是石灰岩地区受水的溶蚀或岩层崩塌作用形成的洞穴，面积小的用相应符号表示，面积大的按实际情况用陡崖符号和等高线配合表示。

4.3 大比例尺地形图的测绘

4.3.1 测图前的准备工作

1. 资料和仪器准备

在测图前要明确测图作业的任务和要求，收集测区内已有的控制点成果资料，并进行初步踏勘，熟悉测量规范和相应比例尺地形图图式，在此基础上拟定出施测方案，编写该测区的“地形图测绘技术设计书”。

施测方案确定后，应根据测图方法准备测量仪器、工具和所需材料物品，并配备技术人员，对主要的仪器应进行检验和校正。

2. 图纸准备

目前，常规模拟测图所用的图纸一般为毛面聚酯薄膜，厚度在 0.07 ~ 0.1mm，这种材料的优点是透明度好、伸缩性小、坚韧耐湿，可直接在图上着墨清绘，然后直接晒蓝或制版印刷；其缺点是易燃、易折和易老化，所以，在使用和保管中应注意防火和防折。

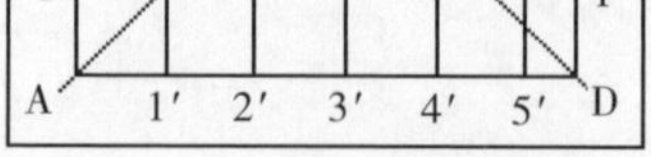

图 4.37　方格网的绘制

为了测绘、保管和使用方便，大比例尺地形图的图幅尺寸一般规定为 50cm × 50cm 或 40cm × 50cm、40cm × 40cm 几种，可根据测区情况选择所需的图幅尺寸。

3. 绘制坐标格网

为了将控制点准确地展绘在图纸上，也为了便于在地形图上进行距离量算，大比例尺地形图需要预先在图纸上绘制出直角坐标格网，又称方格网，每个方格为 10cm × 10cm。目前，在市面上可以买到印制好坐标格网的聚酯薄膜图纸，也可用下述方法自己绘制。

绘制坐标格网的方法因所使用的工具不同而有很多种，这里主要介绍用直尺和分规绘制坐标格网的对角线法。

如图 4.37 所示，在图纸上沿图纸对角线方向用直尺和铅笔轻轻地画出两条对角线并交于 *O* 点，以 *O* 为起点，以大约等于所绘图廓对角线 1/2 的长度在对角线上截取线段 *OA*、*OB*、*OC*、*OD*，用直线连接 *ABCD* 四点得到矩形框；分别从 *A*、*D* 两点起沿 *AB* 和 *DC* 边向上每隔 10cm 截取线段得到分点 1、2、3、4、5；再从 *A*、*B* 两点起沿 *AD* 和 *BC* 边分别向右每隔 10cm 截取线段得到分点 1、2、3、4、5；将上下和左右相应的同名分点连接起来，便构成了如图 4.37 的方格网。

方格网绘好之后，必须严格地检查其绘制精度，检查的内容和限差规定见表 4.14。当 1、2、3 项检查均合格之后，将对角线和多余的图形部分擦去，根据测图比例尺在纵横坐标线旁注记坐标值，即得到该图幅的内图廓和直角坐标格网。在市面上购买的现成坐标格网聚酯薄膜图纸也应做 1、2、3 项的检查。

表4.14　方格网展绘的检查内容与限差

序号	图廓和坐标格网的检查内容	限差值（图上 mm）
1	内图廓边、图廓对角线的图上长度与理论长度之差	≤ 0.3
2	坐标格网边长与理论长度之差	≤ 0.2
3	坐标格网交点位于同一直线上的偏差	≤ 0.2
4	控制点间图上长度与其坐标反算长度之差	≤ 0.3
5	控制点的刺点孔径和坐标格网线粗	≤ 0.1

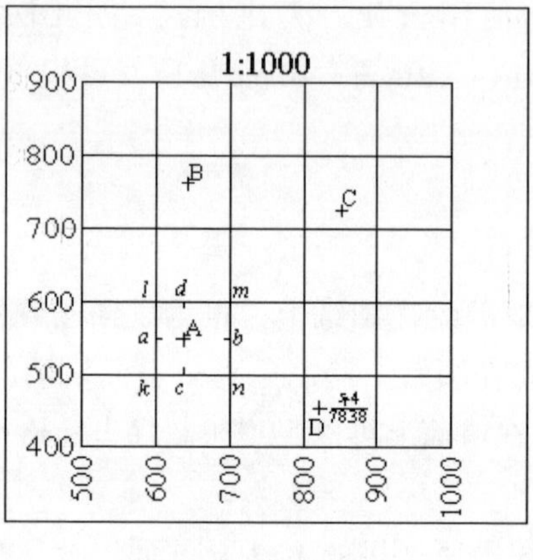

图 4.38　控制点展绘

坐标线旁的坐标值注记方法有两种情况，如果是在具有若干图幅的大测区，由于控制点是统一布置的，图幅又是统一划分的，则应先从测区的分幅中找出该图的图廓点坐标，并根据它进行坐标网格注记。如果只是单一图幅的小测区，坐标线的坐标值应根据控制点中最大和最小的 x、y 值及测区范围考虑，使所有的控制点及整个测区范围都能展绘到图廓内，详见图 4.38。

4. 控制点展绘

控制点展绘就是根据控制点的坐标值，确定并标注出该点在图纸上的位置。

例如，现要将控制点 A（548.06，636.78）展绘到测图比例尺为 1 ∶ 1000 的图纸上，其方法如下：

首先根据 A 点的坐标值找出它所在的方格 $klmn$（ $x=500\backslash 600$ ， $y=600\backslash 700$ ），并用 A 点的坐标减去该方格的西南角 k 点的坐标，求出坐标差值 Δx 和 Δy：

$$\Delta x = x_A - 500 = 548.06 - 500 = 48.06\ \text{m}$$

$$\Delta y = y_A - 600 = 636.78 - 600 = 36.78\ \text{m}$$

根据测图比例尺求出 Δx 和 Δy 的图上长度为 48.1mm 和 36.8mm；分别从 k 点和 n 点向上量取 48.1mm 得到 a、b 两点，再从 k 点和 l 点向右量取 36.8mm 得到 c、d 两点；连接 ab 和 cd，两线交点即为 A 点在图纸上的位置。

控制点展绘好后，应检查相邻控制点之间的长度是否与该两点的实测距离按比例换算后的图上长度相等，如果误差超过表 4.14 中第 4 项的规定，则应重新展绘。展绘合格后，应在控制点位绘出相应的控制点符号，并在旁边用分式注记点号和高程，分式的分子为点号，分母为高程。

4.3.2 碎部点测量

地形图测绘的目的就是将地面上的地物和地貌经测量后按一定的比例表示在图纸上。这个工作过程包括两个环节：第一，碎部测量即测定地物、地貌特征点（又称碎部点）的平面位置和高程；第二，根据这些碎部点，对照实地情况，用相应的符号在图上描绘出各种地物和地貌。在实际操作过程中，这两个环节是相互配合交叉进行的。下面以经纬仪测图法为例，对碎部测量做一简述。

1. 碎部点的选择与立尺

利用经纬仪测图的一个测量小组可由 5 人组成，其中观测员 1 人，记录和计算 1 人，绘图员 1 人，跑尺 2 人，组长一般担任绘图员。

测站点是在碎部测量过程中安置仪器的点位，应尽量将各级控制点作为测站点，并注意与周围待测地物地貌的通视情况。如果测区地物密集或地形复杂，原有的控制点不能满足碎部测量的需要时，可用支导线法、交会法等加密控制点。

测站点选好后，全组人员应先观察测站周围地物、地貌的分布情况，决定立尺路线和联络方式等，做到心中有数，工作有序。

碎部点测量，需要跑尺员在地物、地貌特征点上竖立标尺以便进行观测，所以碎部点也被称为立尺点。跑尺员应按预定路线去碎部点立尺。测定地物时，其立尺点应选在地物轮廓线的转折、弯曲等变化处及地物的交叉、交汇点处，如房角、农田边界转折点，河流、道路、管线等的交汇点及转折点。地貌的测绘，其立尺点应选在地性线上以及能反映地貌基本形态的特征点上，如山脊线、山谷线、山脚线、山顶、谷口、鞍部、坡度变换点和方向变换点等。

为了能正确而客观地表示实地情况，测量规范中规定了各大比例尺地形图测绘的碎部点密度、碎部点到测站点的最大视距以及对点精度等，详见表 4.15。

表4.15　碎部测量的部分技术指标

测图比例尺	碎部点图上密度（点 /dm^2）	最大视距（m）		对点精度（cm）	高程注记（m）
		重要地物	次要地物地貌点		
1 : 500	5~10	50	70	2	0.01 或 0.1
1 : 1000	5~15	80	120	5	0.1
1 : 2000	5~15	150	200	10	0.1

在碎部测量中，跑尺是一项很重要的工作。立尺点和跑尺路线的选择对地形图的质量和测图的速度都有直接的影响。一般地物点的跑尺最好沿地物轮廓逐点立尺，测完一个地物后再转向另一个地物，以方便绘图。地貌的测绘，在地性线明显的地区，可沿地性线跑尺，如沿山脊线从山顶到山脚，再沿山谷线从谷口到鞍部；在平坦地区，一般常用环形法和迂回路线法来跑尺。

2. 测定碎部点的方法

观测员在测站点上安置经纬仪，进行对中、整平、定向并量出仪器高；记录员在计算器中输入计算平距和高程的计算程序；绘图员在记录员旁边安放好绘图小平板。一切就绪后，即可开始碎部测量。碎部测量常用的方法有极坐标法和方向交会法。

（1）极坐标法

该法是测定碎部点最基本的方法，它是将架设仪器的测站点到另一已知控制点（称为后视点）的方向线作为定向线，测定测站点至碎部点方向与定向线之间的水平夹角和测站点至碎部点之间的水平距离，从而确定碎部点位置的一种方法。

如图 4.39 所示，*A*、*B* 为实地两个已知控制点，在图上的相应点为 *a*、*b*，房子为待测地物。将仪器安置在 *A* 点，经对中、整平并以 *AB* 方向为定向线进行仪器定向（以盘左位置瞄准 *B* 点，将水平度盘读数调至 0° 00′ 00″ ）后，用望远镜瞄准房角 1，测量并计算出水平角 β_1 和水平距离 D_1；在图纸上绘出 *a*1′ 的方向线并根据测图比例尺在此方向线上截取图上长度 *a*1′ ，则图上 1′ 点就是实地房角 1 的位置。用同样方法可测得房角 2、3，根据房子的形状，在图上连接 1′ 、2′ 、3′ 各点便可得到房子在图上的位置。

（2）方向交会法

方向交会法又称角度交会法，是分别在两个已知点上对同一个碎部点进行方向交会以确定碎部点位置的一种方法。

如图 4.40 所示，*A*、*B* 为地面上两个已知测站点，在图上的相应点为 *a*、*b*，河岸为待测地物。先将仪器安置在 *A* 点，经对中、整平并以 *AB* 线定向后，用望远镜瞄准河岸点 1 测得角度 β_1，依此在图上绘出 *a*1′ 方向线，然后测量 2、3 点，在图上依次绘出 *a*2′ 、*a*3′ 方向线。再将仪器迁移至 *B* 点，对中、整平以 *BA* 线定向后，用同样的方法测量 1、2、3 点，在图上绘出 *b*1″ 、*b*2″ 、*b*3″ 各方向线。由 *a*1′ 和 *b*1″ 两方向线交得 1 点，同样方法交得 2、3 点，根据河岸的形状，在图上连接 1、2、3 点即得到河岸线在图上的位置。此法适合于在无法接近碎部点而且不能测距或当测站点离碎部点较远而测距不便时使用。

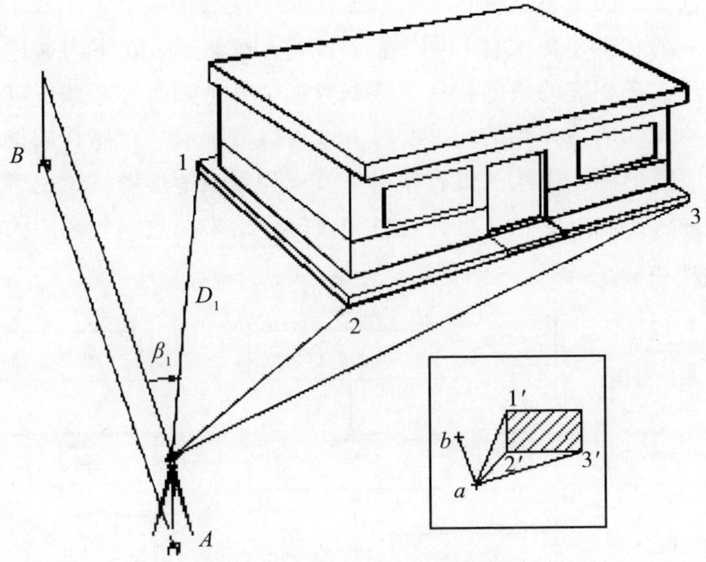

图 4.39　极坐标法测绘地物点

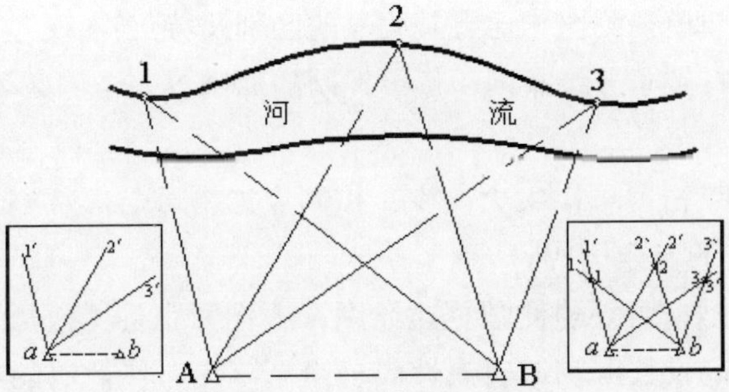

图 4.40　方向交会法

测定碎部点的方法还有距离交会法、直角坐标法等，在此不再赘述。

模拟测图方法按使用仪器的不同，除常用的经纬仪测图外，还有平板仪测图、经纬仪配合平板仪测图等。

4.3.3 数字化测图

近年来，随着各种新型数据采集设备和各种数据处理方法的出现和完善，数字化测图的生产模式正在迅速地取代常规的模拟测图生产方法，而成为测绘技术变革的重要内容之一。

数字化测图一般是指用全站仪在野外采集碎部点数据，并进行数据编码以描述测点的属性及点间关系，再自动将数据存储于仪器中或电子记录手簿中而成为数据文件（一般包括坐标文件和图形信息文件）；然后，在室内通过串口线将数据输入计算机；在相应的成图软件下依据数据文件（和野外草图）进行人机交互编辑处理，绘成地形图并存为图形文件。这种以数字形式存储在数据载体上的地形图就是数字地形图，用绘图仪打印出来就成为纸质地形图，绘图所用的碎部点坐标数据文件、控制点成果等可通过打印机打印出来。数字化测图的基本作业流程如图 4.41 所示。

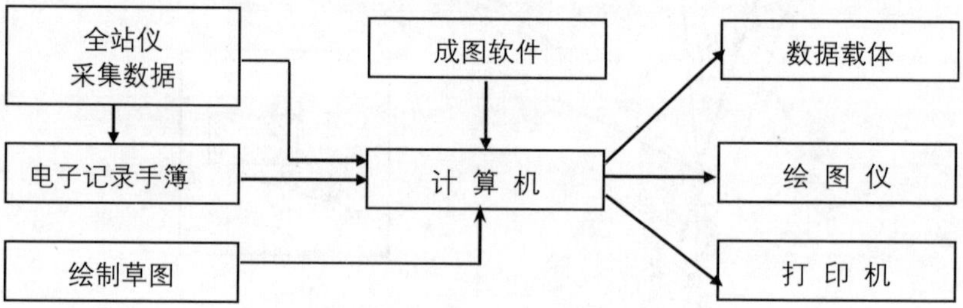

图 4.41　数字化测图的基本作业流程

数字化测图与模拟测图相比有其明显的区别及特点：

①控制测量打破了分级布网、逐级控制的原则，一个测区可一次性整体布网、整体平差。

②测区控制点密度可以大大减少，控制点加密可与碎部测量同时进行，实现“边控制边碎部”的作业模式。

③模拟测图是在野外边测数据边绘图，工作紧张且工效低。数字化测图的野外工作只是观测记录数据和编辑属性码、绘制草图。属性码的编辑可在野外观测时输入记录器，也可回到室内根据草图编辑输入。

④碎部测量不受图幅边界的限制，外业不再分幅作业，待内业绘成图形后由软件根据图幅分幅表及坐标范围自动进行分幅和接边处理。

⑤数字化测图的工作效率高，绘成的数字化地图可直接作为地理信息系统和各种专题信息系统的资料。

进行数字化测图前主要需做好控制点资料的准备、硬件设备的配备和选定成图软件等工作。硬件设备包括全站仪、电子记录手簿、计算机、绘图仪、打印机等。目前全站仪的型号很多，按存储数据方式的不同分为机内存储式和外插存储卡式，两者都不是的全站仪就必须配备电子记录手簿。目前流行的专业测图软件都具有很强的数据通信、数据处理、图形编辑和图纸管理功能，适用于各种大比例尺数字地形图、地籍图、平面图等的外业数据采集和内业绘图编辑。下面仅就数字化测图的过程做一简述。

1. 外业工作

外业工作主要有图根控制测量、碎部点测量、碎部点信息编码及绘制草图。

（1）图根控制测量

数字化测图中，一般用 GPS 做首级控制测量，再用 GPS-RTK 流动站布设图根控制测量，图根控制测量方法以极坐标法为主，在通视良好的地区也可以布设少量的图根点。当原有的控制点不能满足碎部测量时，可以增补图根点，增补图根点的方法与常规方法相同，可以用全站仪极坐标法或 GPS-RTK 法等。图根控制的观测，可用仪器或电子手簿记录数据，也可手工记录，然后将数据输入计算机，用控制测量平差程序对图根点观测数据进行平差计算，最后得到各点的坐标及高程。

（2）碎部点测量

碎部点测量的主要观测方法是极坐标法，即在待测的碎部点上放置反射棱镜，在测站点安置全站仪，经对中、整平、定向并输入测站参数后，将望远镜瞄准碎部点上的反射棱镜，测得其定向方向至碎部点方向的水平角、测站至碎部点的斜距和竖直角，将三元素自动记录在仪器或电子手簿中，也可即时换算为碎部点的坐标而存为坐标文件。

（3）碎部点信息编码

野外采集的数据要生成数字地形图，不仅要有地形要素的坐标，还要有地形要素的属性和碎部点之间的连接关系。为便于记录和计算机处理，地形要素的属性及碎部点之间的连接关系用数字代码或英文字母代码来表示，这些代码称为图形信息码。在外业工作中，用一定的数据记录格式将测量数据和图形信息码记录下来，输入计算机，即可以在相应软件的支持下进行数据处理和图形编辑。

（4）绘制草图

数字化测图的作业模式分为有码作业和无码作业两种。有码作业就是在测得地形点数据的同时，对测点编辑赋予图形信息码，成图软件可根据测量数据和图形信息码在计算机中自动生成地形图，此法的人机交互作业量较少，当地物比较规整时较适用。无码作业是只测量地形点数据而不编辑图形信息码，图形信息用工作草图来表达，地形图是利用地形点数据借助工作草图通过人机交互编辑而成的，当地物比较凌乱、数据编码困难时适用此法。因为在有码作业中漏编错编图形信息码是难免的，所以，无论是有码作业还是无码作业都需要在野外绘制工作草图，只是绘制的详尽程度不同而已。

工作草图的内容包括地物的相关位置、地貌的地性线、点号标记、丈量距离记录、地理名称和说明注记等。草图可根据地物的相互关系分块绘制，也可按测站绘制，草图上的点号标记应清楚、准确，并和电子手簿记录的点号一一对应。工作草图必须随电子手簿记录的数据一起转交内业，以便内业数据处理和图形编辑。

2. 内业工作

外业记录的原始数据经计算机数据处理，生成图块文件，再通过人机交互式地图编辑，生成数字地图的图形文件。

（1）数据处理

数据处理分数据预处理、地物点的图形处理和地貌点的等高线处理。

数据预处理。数据预处理是对原始记录数据做检查，删除与图形生成无关的记录和作废的记录，补充碎部点的坐标计算和修改有错误的信息码。数据预处理后生成点文件，点文件以点为记录单元，每条记录内容包括点号、符号码、点之间的连接关系码和点的三维坐标。

地物点的图形处理，即将与地物有关的点文件整理、排序而形成地物图块文件。地物图块文件的每一条记录以绘制地物符号为单元，其内容包括地物符号代码、按连接顺序排列的地物点点号或者点的平面坐标值以及点之间的连接线线型码。

地貌点的等高线处理。通过绘图软件将表示地貌的离散点自动连接成三角形网，在各三角形边上通过点的平面位置用线性内插法计算等高线，然后搜索同一条等高线上的点，依序排列起来并用曲线连接，形成各条等高线的图块记录。

（2）地图编辑

地物和等高线的图块文件生成后，即可进行人机交互地图编辑。地图编辑就是参考外业绘制的工作草图对图块文件进行修改，主要内容包括删除多余图形，改正不合理的符号，检查和修正各符号间的位置关系，增添植被、土质等填充符号，加注各要素注记，进行地图的分幅、整饰等。经地图编辑后，形成以图幅为存储单元的图形文件。对于需要进入数字地图数据库的图形文件还需根据地图数据库的要求做进一步处理，例如，地物分层、图形属性以及数字地面模型的处理等。

经过编辑的地形图图形文件，可以用磁盘存储起来或者通过绘图仪绘出纸质图，测量成果可用打印机输出。

4.3.4 地形图绘制

当对某一片区测量了足够数量的地物、地貌点，并将其按比例展绘到图纸上后，就可对照实地地形描绘地物和勾绘等高线了。

1. 地物描绘

图 4.42（a）为某一测站 *A* 所视范围内的实地地形，在将测得的碎部点展绘到图上后，如图 4.42（b）所示，将有关的点连接起来，用规定的符号表示并加注名称即得到地物在图纸上的图形，如图 4.42（c）所示。在地形图上，凡是能依比例表示的地物，应将它们的边界位置准确地描绘出来，在边界内填绘出相应的地物符号或注记，如居民地、菜地、池塘等。对于不能依比例尺表示的地物，如烟囱、水塔、单线道路、单线河流等，应以相应的地物符号表示在其中心位置上。

测绘地物时要注意根据地物的重要程度等因素对地物点进行综合与取舍。地物的测绘应随测随绘，以便将描绘的地物与地面的实体进行对照，发现错误和遗漏能及时予以修正和补测。

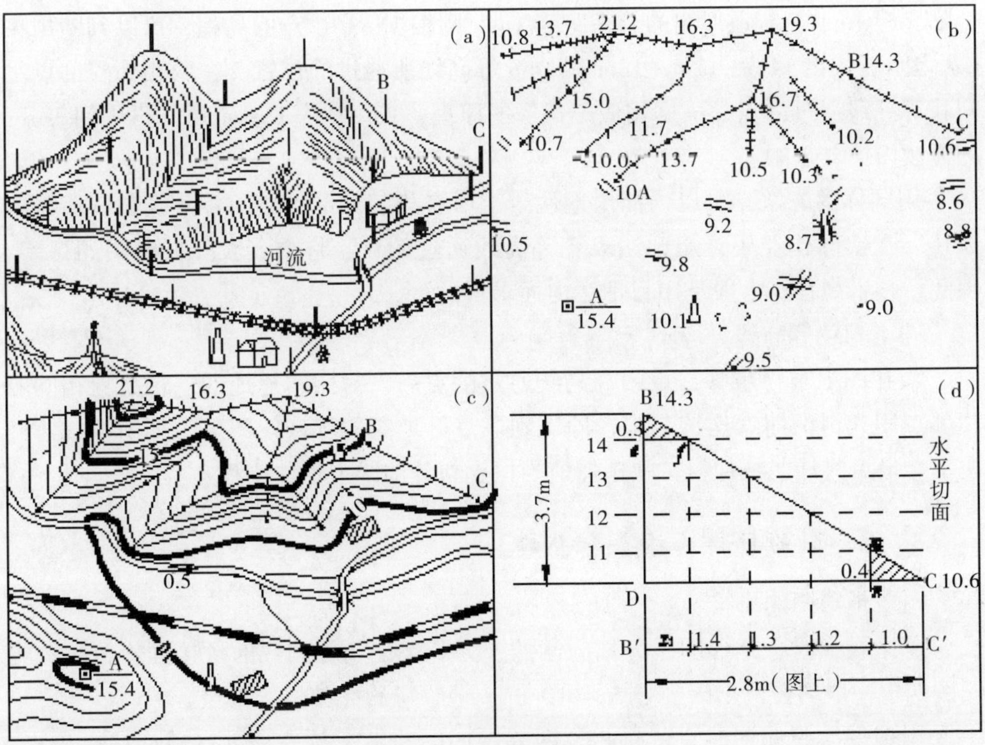

图 4.42　地形图测绘的方法

2. 等高线勾绘

地貌主要用等高线来表示，勾绘等高线在绘图过程中是最难、工作量最大的工作。勾绘等高线的原理及步骤如下：

（1）连接地性线

地性线是指山脊线、山谷线、坡缘线（不同倾角的坡面交界线）和山脚线。

根据图上展绘出的地貌点，对照实地将同一山体的地性线分别用实线或虚线连接起来，即构成了地貌形态的骨架，如图 4.42（b）所示。

（2）求等高线通过的点

等高线通过的地面点的高程一定是整米数或半米数，而测得的地貌点不一定恰好在等高线上，因此，必须在图上相邻地貌点之间内插出高程为整米或半米的等高线点，再将高程相同的相邻点用光滑的曲线连接起来，即绘成等高线。

连接地性线后，即可在同一条地性线上的两相邻点之间内插出其他等高线所通过的点位。例如在图 4.42（c）中，地性线上有相邻的 B、C 两点，高程分别是 14.3m 和 10.6m，两点间的高差为 3.7m，两点间的平距在图上量得为 2.8cm，以平距为横轴，以高差为纵轴，绘成断面图，即恢复出 BC 两点间的实地坡形，如图 4.42（d）所示。若地形图的等高距为 1m，则根据 B、C 点的高程，可以判断出在 CB 之间能找出 11m、12m、13m 和 14m 等高线所通过的位置。在两相邻碎部点之间找等高线通过的点是根据相似三角形的原理，采用“先取头定尾，再中间等分”的方法内插分点的。

用同样的方法，可以内插出地性线上所有相邻碎部点之间各条等高线通过的点位。在实际作业中，用此法求算等高线通过的点，将会大大降低测图的效率，因此，整米高程点一般是用目估法内插求得的。

（3）勾绘等高线

当在图上求得足够数量的等高线通过的点后，对照实地地形，将高程相同的相邻点用光滑的曲线连接起来，即得到该片区地貌的等高线图形，如图 4.42（c）所示。最后将计曲线加粗，并选择适当位置在计曲线上加注高程。

3. 地形图的拼接、检查和整饰

（1）地形图的拼接

测区较大时，地形图是分幅施测的，为了保证相邻图幅的拼接准确，每一幅图的四边一般均需测出图廓外 5 ~ 10mm，地物应测完其主要角点。

用聚酯薄膜测图时，可将相邻两幅图的图边上下重叠，进行透视接拼检查。

当同一要素的拼接位移不超过规定的地物、地貌点位中误差的 $2\sqrt{2}$ 倍时，可在两幅图上各改正一半。地物点的点位中误差和等高线高程中误差限差规定见表 4.16。

表4.16 地物、地貌测图中误差限差

地物点对于附近控制点的平面位置中误差（图上精度）		由高程点插求的等高线对于附近图根点的高程中误差			
主要地物	次要地物	平坦地	丘陵地	山地	高山地
0.6 mm	0.8 mm	1/3 等高距	1/2 等高距	2/3 等高距	1 个等高距

（2）地形图检查

测完一幅地形图后，必须进行图的质量检查，检查方法有室内检查、野外巡视检查和野外仪器检查几种。

室内检查内容包括应提交的资料是否齐全；控制点的数量是否符合规定，记录、计算是否正确；控制点、图廓、坐标格网展绘是否合格；图内地物、地貌表示是否合理，符号是否正确；各种注记是否正确、完整；图边拼接有无问题等。如果发现疑点或错误可作为野外检查的重点。

野外巡视检查是带着实测原图到实地对照，检查地物是否有遗漏，地貌表示是否合理。

野外仪器检查是根据以上发现的问题到实地设站检查，同时要对已有的图根点及主要的碎部点的平面位置和高程进行抽样实测检查。如果误差超过限差规定，则应重测。

（3）地形图的整饰

实测原图经过拼接和检查后，即可进行整饰，整饰的目的是使图面更加清晰、规范、合理。整饰的一般程序是先图内后图外、先地物后地貌、先符号后注记。地物符号和注记符号应按相应比例尺的地形图图式描绘。最后绘制外图廓线、接合图表、直线比例尺，写出图名、图号、数字比例尺、坐标系统和高程系统、施测单位、测绘者及测量日期等。

4.3.5 地籍测量简介

地籍测量是服务于地籍管理的一种专业测量，它是为了满足地籍管理中确定宗地的权属线、位置、形状、数量等地籍要素的需要而进行的测量和面积计算工作。地籍测量的重要成果之一是地籍图，因此地籍图测绘在地籍测量乃至地籍管理中都起着至关重要的作用。地籍测量的主要内容包括地籍调查、地籍平面控制测量、土地界址点测定、地籍图绘制和土地面积计算等。

4.4 地形图的应用

地形图是经济建设、国防建设和科学研究中不可缺少的工具；也是编制各种小比例尺普通地图、专题地图和地图集的基础资料；不同比例尺的地形图，其用途也不同。它是详细表示地表上居民地、道路、水系、境界、土质、植被等基本地理要素且用等高线表示地面起伏的一种按统一规范生产的普通地图。

4.4.1 地形图的识图

地形图是包含丰富的自然地理、人文地理和社会经济信息的载体。它是进行国家工程建设规划、设计和施工的重要依据。正确应用地形图，是所有工程专业技术人员必备的基本技能。

1. 地形图图外注记识读

根据地形图图廓外的注记，可全面了解地形的基本情况。例如，由地形图的比例尺可以知道该地形图反映地物、地貌的详略；根据测图日期的注记可以知道地形图的新旧，从而判断地物、地貌的变化程度；从图廓坐标可以掌握图幅的范围；通过接合图表可以了解与相邻图幅的关系。了解地形图所使用的地形图图式版别，对地物、地貌的识读非常重要。了解地形图的坐标系统、高程系统、等高距、测图方法等，对正确用图有很重要的作用。

2. 地形图地物识读

地物识读前，要熟悉一些常用地物符号，了解地物符号和注记的确切含义。根据地物符号，了解图内主要地物的分布情况，如村庄名称、公路走向、河流分布、地面植被、农田等。

如图 4.43 所示，图幅上有国家电网双河供电公司、大量的村庄等。

3. 地形图地物识读

地貌识读前，要正确理解等高线的特性，根据等高线，了解图内的地貌情况。首先要知道等高距是多少，然后根据等高线的疏密判断地面坡度及地势走向。如

图 4.44 所示，图幅中部从东向西延伸着高差约 15m 的山脊，图幅西部有一约 15m 高的小山丘，山丘往北有一不明显的鞍部。根据等高距和等高线平距可知，地面倾角在 6° ~ 20° 之间，属于山地。

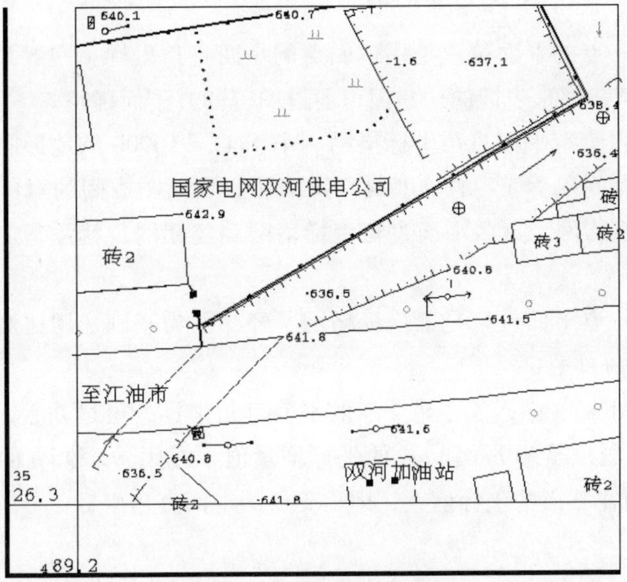

图 4.43　地形图地物示意图

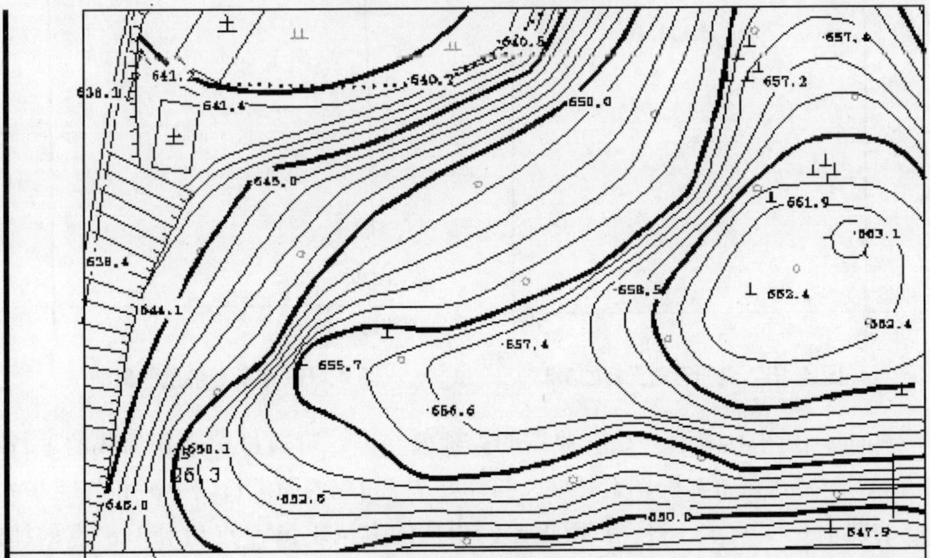

图 4.44　地形图地貌示意图

4.4.2 地形图量测的基本内容

1. 确定图上一点的平面位置

地形图上一点的平面位置是用地面点的平面直角坐标（一般为高斯平面直角坐标）或大地经纬度来表征的，它们可通过图解的方法而确定。

地形图上均绘有平面直角坐标格网。小于 1 ∶ 10000 的地形图的外图廓和分图廓之间还绘有间隔为 1′ 的分度线，将南北和东西图廓间的对应分度线连接起来，即可构成经纬网。这些平面直角坐标格网和经纬网，就是确定图上点的平面位置的基础。

确定图上一点平面位置是以坐标格网、经纬网为基础，用比例尺量取或用正比例内插法来进行的。

例如，在图 4.45 中，为了求 k 点的平面直角坐标，可过 k 点作横坐标线的平行线 mn，用比例尺量测 bm 和 mk 的坐标增量值（并用 ma 和 kn 的坐标增量值做检核），然后加在 b 点的坐标值上，即得 k 点的平面直角坐标。

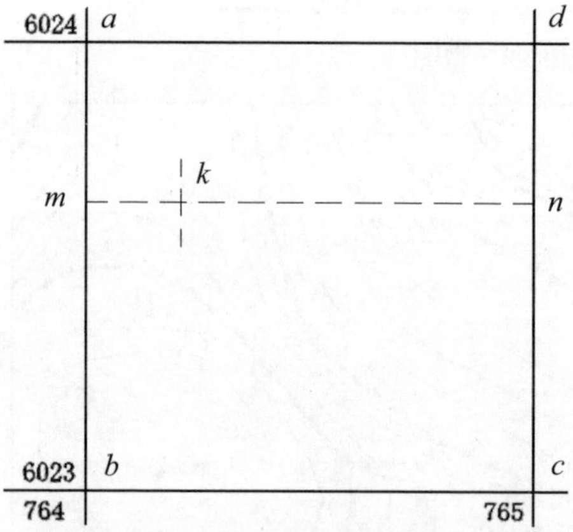

图 4.45　点的直角坐标的量测

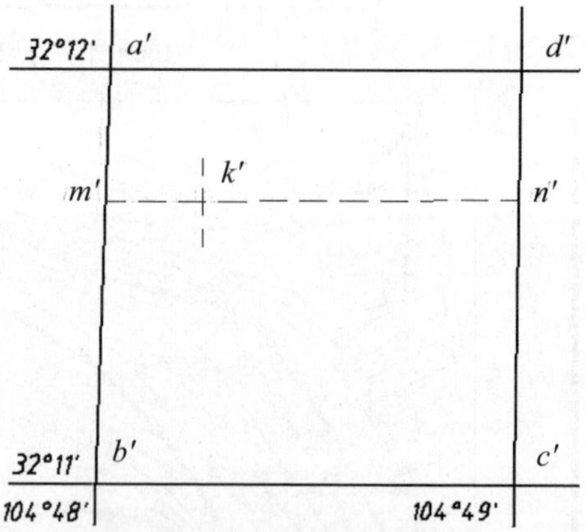

图 4.46　点的经纬度的量测

再如，在图 4.46 中，欲求 k' 点的大地经纬度，可通过 k' 点作纬线的平行线 $m'n'$，量取 $b'm'$ 和 $m'k'$ 的图上长度、与纬差 1′ 相应的图上长度 $b'a'$ 和与经差 1′ 相应的图上长度 $m'n'$。然后，用正比例内插的方法求出 k' 点相对于 b' 点的纬差 Δb 和经差 ΔL，即：

$$\Delta B'' = \frac{b'm'}{b'a'} \times 60'';\quad \Delta L'' = \frac{m'k'}{m'n'} \times 60''$$

式中 $\Delta B''$ 和 $\Delta L''$ 为以秒计的纬差和经差。

将求得的纬差 ΔB 和经差 ΔL 加到 b' 点的经纬度上，即得 k 点的大地经纬度。

用这种图解方法求得的坐标值，显然要受到图解误差的影响。图解作业误差一般为 ±0.2~0.3mm。

2. 确定图上一点的高程

确定图上一点的高程即利用地形图求出地表任意一点的高程。

当待定高程点恰位于某条等高线上时，显然，此等高线的高程即为待求点的高程；当待求高程点位于两等高线之间时，则可用正比例内插的方法，求得该点的高程。如果待求高程点的数量较大，可预先制作一个模片，用图解法求取待求点的高程。

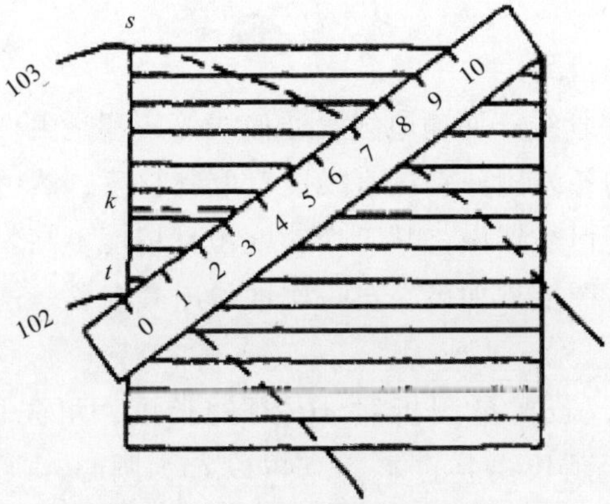

图 4.47　高程内插图解法图

图解法模片的制作过程如图4.47所示，预先裁一张长方形的透明纸或透明片，其宽度可按待求高程区域中的等高线最大平距而确定，以便全区内均能使用此模片。在此模片上绘出长边的一组平行线，其间距一般为2mm。另裁一长条胶片，其长度不短于等高线的最大平距，并将其长度分为十等份，依次注上1、2、3…10，称为斜尺，与模片配合使用。如果要插求如图中102m与103m间 k 点之高程，可将模片短边通过 k 点且与两等高线垂直进行安置，并设短边与等高线的交点为 s 和 t，再将斜尺的“0”分划线与 t 重合，转动斜尺使“10”分划线落在过 s 的平行线上，然后过 k 点引平行线交于斜尺上的 k_1 点。读出 k_1 点的读数 r，即 k 点与过“0”分划线的等高线的高差为等高距的 $r / 10$。则 k 点高程为：

$$102+3.3\times0.1 = 102.33\text{m}。$$

3. 确定图上两点间的距离

地形图上两点间的距离有水平距离、倾斜距离、折线距离和曲线距离等类型。

（1）水平距离的量算

地形图上两点间的水平距离，通常是用两脚规按图示比例尺量取的。在必要时，可根据地形图上的直角坐标格网求得两点平面直角坐标值，按两点间的距离公式来计算。一般说来，以两点坐标计算距离的精度，要比用直尺直接量距的精度高一倍左右。

（2）倾斜距离的量算

在工程设计中，有时候还需要两点间的倾斜距离。在地形图上量算两点间倾斜距离时，应先量算出该两点间的水平距离 D，再按等高线插求出两点的高程，计算出两点间的高差 h，再按下式计算出两点间的倾斜距离 d，即：

$$d=\sqrt{D^2+h^2} \tag{4.33}$$

（3）折线距离的量测

地形图上的一些管线，如输电线、通信线等，都是由许多短线段所组成的折线。可将构成折线的各线段分别按直线段量取其长度，然后将其全部累加起来获得整个折线的长度。但这样做，其工作速度慢且精度不高。一般情况下，可将构成折线的各直线段在图上累加后，再一次性量出其全长。这样做可使量测精度大大地提高。

如图 4.48 所示，若要量测折线 $ABCD$ 的长度，可先用两脚规以 B 点为圆心，画弧将 A 点移至延长线上的 A_1 点，再以 C 为圆心，画弧将 A_1 点移到 DC 延长线上的 A_2 点。则 A_2D 的长度即为折线 $ABCD$ 的长度。用两脚规进行图上累加、其跨距超过 15~18cm 时，就会影响其量测精度。此时，可将线段分成几个折线段分别量测后再将其长度相加。采用图上累加长度时，每次图解的中误差约为 ±0.10mm，最后用直尺量取总长的中误差约为 ±0.24mm。因此，折线量测的中误差约为：

$$m_2=\pm\sqrt{(0.1\sqrt{n})^2+0.24^2} \tag{4.34}$$

式中 n 为量测折线时线段的累加次数。显然，该中误差要比直接量测各直线段长度再相加得到的中误差要小得多。

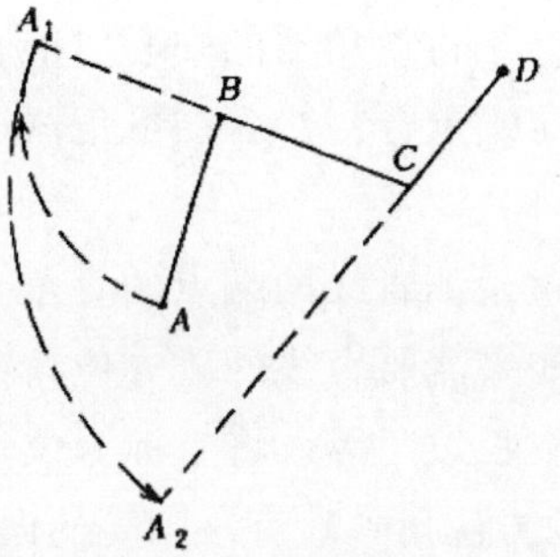

图 4.48　折线长度的量测

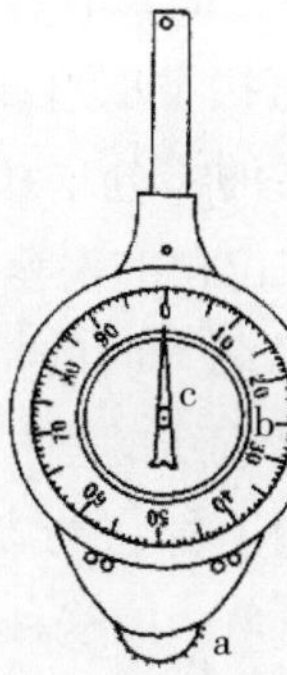

图 4.49　曲线计

（4）曲线的量测

在地形图上有许多曲线形地物，如小路、河流、道路等。在工程设计时，经常需要量测这些曲线段的长度。

曲线的量测方法有很多，可以将曲线分成若干近似的直线段，再按折线来量测其长度；也可以在曲线上铅垂地扎上一系列的测针，用不伸长的细线以测针为准，摆在曲线上，拉直后用直尺量测其长度。但这些方法均有操作麻烦、精度低的缺点。在工程设计上，经常用曲线计来量测曲线段的长度。

曲线计是一种比较精致的量测曲线长度的工具，如图 4.49 所示。

曲线计的主要部分是小齿轮 a、刻度盘 b、指针 c 等。小齿轮沿曲线滚动的距离将借助于传动机构，转换成指针在刻度盘上的读数变化，而由指针来读取。刻度盘上每一分划值，相当于图上 1cm。

使用曲线计量距时，应将小齿轮放在曲线的起点上，读取指针读数后，沿曲线滚动小齿轮，直至曲线的终点，再次读取指针的读数。两次读数的差数，即为曲线的图上长度。

在量测时要注意：①量测前应对曲线计进行检验。检验时可量测一段长度已知的直线段，看其读数差是否与已知长度相等；②曲线计必须保持竖直状态，且小齿轮始终不离开曲线；③为了提高量测精度，应重复量测数次取其平均值。

使用曲线计量测曲线长度的精度平均可达 1/50，在量测短线段时，其精度还会降低一倍或一倍以上。

4. 确定图上直线的方向

确定图上直线的方向就是确定直线的方位角。在地形图上均有坐标纵线，故可以此为标准方向线确定直线的坐标方位角。在梯形分幅的地形图上，均有真子午线和磁子午线方向，故可以此为标准方向线确定直线的真方位角或磁方位角。

用量角器直接量取直线的方位角，是将量角器的中心对准直线与标准方向线的交点、量角器的零分划线与标准方向线重合，然后在量角器上直接读取方位角值。这种图解方位角的误差为 $\pm 8' \sim 10'$ 。

为了提高量测方向的精度，可通过量测直线两端点的直角坐标，然后利用坐标反算公式求出直线的坐标方位角。如果需要直线的磁方位角或真方位角，则可根据三北方向图上标注的磁偏角、子午收敛角等，将坐标方位角换算为相应的真方位角和磁方位角。按这种方法测算的方位角一般有 $\pm 4'$ 的误差。

5. 确定地面的坡度

在工程设计中，经常需要了解地面的坡度的大小，而且需要较精确的坡度值。这可以通过地形图进行量测而得到。

地面上两点间的高差 h 与其相应的平距 d 的比值，称为该两点间的坡度，即：

$$i = h/d \tag{4.35}$$

由上式可知，坡度 i 的正负取决于高差的正负。当高差为正（即上坡）时，坡度为正；相反，当高差为负（即下披）时，坡度为负。坡度以比值表示时，通常用几分之几（铁路设计中）或百分之几（公路设计中）来表示。坡度还可用地面的倾斜角 α 来表示，其计算公式为：

$$\tan\alpha = h/d \tag{4.36}$$

在同一个斜坡上，从一点出发沿不同的方向线的坡度不同，其中必有一个方向上其坡度为最大，这个方向称为最大坡度方向。

斜坡上的最大坡度方向，是坡面上垂直于坡面水平线的方向，在地形图上，它与等高线相正交。确定地面坡度的问题，可归纳为两个问题：其一是确定斜坡上两点间的坡度，或沿某方向的坡度；其二是确定斜坡的最大坡度。

当确定斜坡上两地面点的坡度时，只要量取其间的平距、插求其间的高差，即可按式（4.35）或（4.36）计算出其坡度。沿某方向确定斜坡的坡度的实质是确定方向线与相邻等高线的两个交点间的坡度，基本等高距与该两点间平距之比即为该方向的坡度。

当确定斜坡的最大坡度时，应首先按最大坡度的定义来确定其坡度。

在地形图上按等高线来确定地面坡度，可以借助于地形图上的坡度尺。

4.4.3 地形图面积的量算

面积量算问题是地形图应用的基本问题之一。

在国民经济建设和工程设计中，不但经常需要量算诸如汇水面积、土地面积、厂区面积、林区面积、水域面积等各类型图斑的面积，而且面积量算还是体积量算的基础。因此面积量算在地形图应用上占有重要地位。

1. 面积量算的方法

面积量算的方法有很多，不同的方法适用于不同的条件和精度要求。通常要根据底图的精度、图斑的形状和大小、量算精度要求以及可能配备的量算工具等，来确定使用何种方法进行面积量算。

常用的面积量算方法有坐标法、图解几何图解法、网格法、求积仪法、沙维奇法。

（1）坐标法

对于折线多边形的图斑，可用坐标格网内插出多边形各顶点之平面直角坐标，然后再按这些坐标值来计算图斑的面积，这称为坐标法。如图 4.50 所示的 n 边形，其角点按顺时针编号为 1、2…n，设各角点的坐标值均为正值（这个假设并不会使其在应用上失去一般性，但却使公式的推导变得简单），其坐标值依次为 x_1、y_1、x_2、y_2……x_n、y_n。

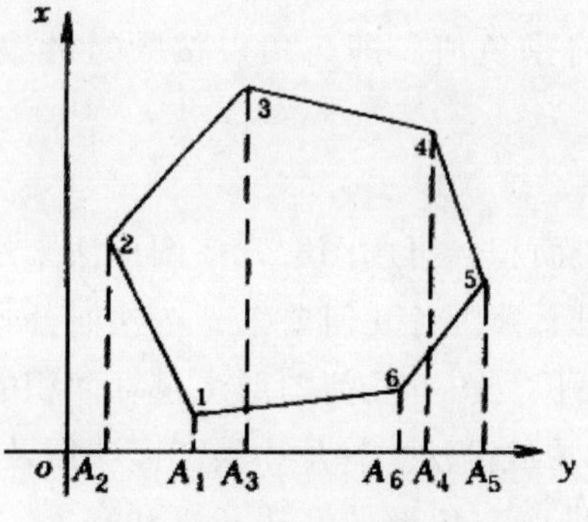

图 4.50　面积量算的坐标法

由图可以看出，若从各角点向 y 轴作垂线，则将构成一系列的梯形（如 A_1、A_2、A_3……）其上底和下底分别为过相邻两角点的两条垂线（其长度为 x_i 和 x_{i+1}，其高为后一点（i 号点）与前一点（i+1 号点）的 y 坐标之差，即 $y_{i+1}-y_i$，于是可知，第 i 个梯形的面积 P_i 为：

$$P_i=\frac{1}{2}(x_{i+1}+x_i)(y_{i+1}-y_i)$$

若再顾及在按上式计算各梯形面积时，当 i 号点位于 $i+1$ 号点之左方时，其面积值为正；相反时，则为负，故 n 边形的面积 P 可按下式计算，即：

$$\begin{aligned}2P&=(x_2+x_1)(y_2-y_1)+(x_3+x_2)(y_3-y_2)+(x_4+x_3)(y_4-y_3)+\cdots(x_n+x_{n-1})(y_n-y_{n-1})\\&\quad+(x_1+x_n)(y_1-y_n)\\&=x_1y_2-x_2y_1+x_2y_3-x_3y_2+\cdots+x_{n-1}y_n-x_ny_{n-1}+x_ny_1-x_1y_n\\&=x_1(y_2-y_n)+x_2(y_3-y_1)+\cdots+x_{n-1}(y_n-y_{n-2})+x_n(y_1-y_{n-1})\end{aligned}$$

若顾及 $y_{n+1}=y_1$，并令 $y_n=y_0$，则上式可写成：

$$2P=x_1(y_2-y_0)+x_1(y_3-y_1)+\cdots x_n(y_{n+1}-y_{n-1})$$

即：

$$P=\frac{1}{2}\sum_{i=1}^{n}x_i(y_{i-1}-y_{i-1}) \tag{4.37}$$

如果从 n 边形各角点向 x 轴作垂线，按与上面类似的方法进行推导，可得另一个按坐标计算多边形面积的公式，即：

$$P=\frac{1}{2}\sum_{i=1}^{n}y_i(x_{i+1}-x_{i-1}) \tag{4.38}$$

对于同一个多边形，按式（4.37）和式（4.38）计算之面积，应该相等。另外，上述两式是在角点按顺时针编号的约定下推导出来的。若角点按逆时针编号，按上述两式计算的面积将是负值，即与角点按顺时针编号时计算的面积值等值反号。

（2）图解几何图形法

具有几何图形的图斑面积，可用图解几何图形法来量算，即将其划分成若干个简单的几何图形，从图上分析各几何要素，按几何公式来计算各简单图形的面积，并求其和即得图斑面积。图解几何图形法量算面积的常用方法有：三角形底高法、三角形三边法、梯形底高法、梯形中线与高法以及等面积三角形法。

三角形底高法就是量取三角形的底边长 a 和高 h，按 $P=\frac{1}{2}(a\cdot h)$ 来计算其面积。

三角形三边法就是量取三角形的三边之长 a、b、c，然后，按海伦公式

$$p=\sqrt{s(s-a)(s-b)(s-c)}$$

其中 $s=\dfrac{a+b+c}{2}$，计算其面积；

梯形底高法就是量取梯形上底边长 a 和下底边长 b 及高 h，按 $P=\dfrac{(a+b)}{2}\cdot h$ 计算其面积。

梯形中线与高法就是量取梯形的中线长 c 及高 h，按 $P=c\cdot h$ 来计算其面积。

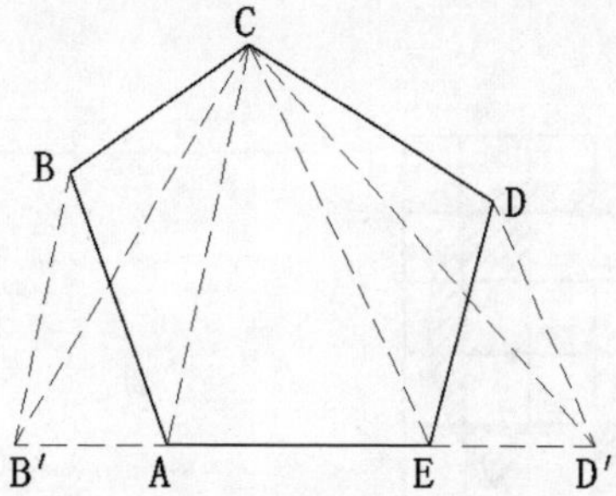

图 4.51　等面积三角形法

等积三角形法是按几何上“推平行线可将任意多边形化成一个等面积三角形”的原理，将多边形化为一个等面积的三角形后再来计算其面积的。例如：如图 4.51 所示的多边形 $ABCDE$，则可以任意一边（如 AE）为基线，并将其向两侧延长。用虚线连结 AC、EC。过 B 作 BB' //CA 交 EA 延长线于 B′；过 D 作 DD' //CE 交 AE 延长线于 D' 。由于 ΔABC 与 $\Delta AB'C$ 同底等高，其面积相等；ΔCDE 与 ΔCDE 同底等高，其面积也相等，故 $\Delta B'CD'$ 与多边形 $ABCDE$ 之面积相等。量取该三角形面积，即得多边形之面积。当用图解几何图形法量取面积元素时，最好使用复比例尺。若使用一般的刻度尺，应对其刻度进行检验，不符合精度要求的尺子，不能用。

（3）网格法

网格法是量测不规则图斑面积常用的手工方法。它是利用绘有边长为 1mm 的正方形网格，或其他类型的网格的透明纸（或透明膜片）来量其图斑面积的。其方法有方格法、平行线法等。

第一，方格法。

方格法量算面积时，可将绘有正方形网格（边长为 1mm）的透明纸（或透明膜片）蒙在欲量算的图斑上，将图斑分割为一定数量的整格或破格。计算整格的数目，并将各破格凑成若干整格后加在整格数目中，即得图斑所包含的方格数，乘以每格所代表的实地面积值，即得图班的实地面积。例如，在图 4.52 中，图斑所包含的整格为 11 格，破格凑成整格为 6.5 格，总格数为 17.5 格。由于每格的图

上面积为 $1mm^2$（为清晰起见图中方格已被放大），故图斑的图上面积为 $17.5mm^2$。如果地形图的比例尺为 1 ： 10000，则图斑的实地画积为 17.5×10000^2 / 1000^2 = $1750m^2$。

方格法量算面积具有操作简便、易于掌握，且能保证一定的精度等优点。在以前的土地调查中，此法被广泛应用。但它也具有耗费人力大、速度慢、估算边缘破格时易产生粗差等缺点。

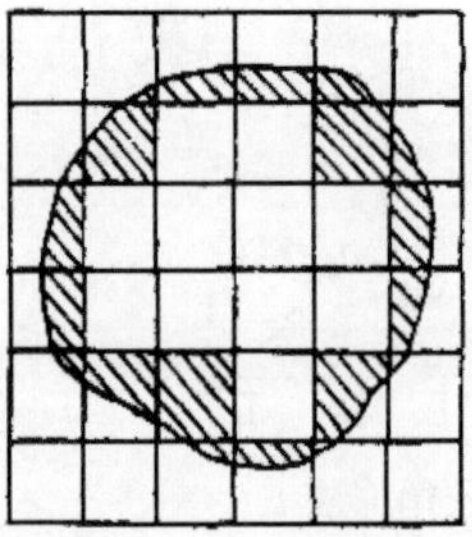

图 4.52 方格法

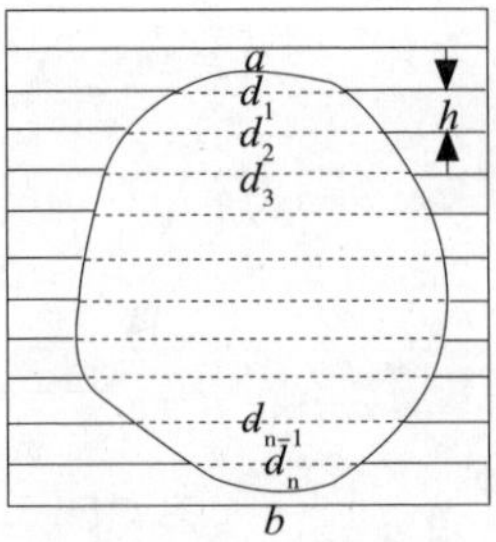

图 4.53 平行线法

第二，平行线法。

平行线法是利用绘有平行线组（间距为 1mm 或 2mm）的透明膜片，将图斑分割成若干梯形而求其面积的计算方法。

如图 4.53 所示，将透明膜片蒙在待测面积的图斑上，转动膜片使图斑的上下边界（如 a、b 两点）处于平行线间的中央位置后，固定膜片。此时，整个图斑被平行线切割成一系列的梯形，梯形的高为平行线的间距 h，梯形中线为平行线在图斑内的部分 d_1、$d_2\cdots d_n$。将各中线长相加后乘以平行线间隔 h，即得图斑的图上面积，最后再根据地形图比例尺，将其换算为实地面积。

平行线法量测面积的关键就是将各中线长求和，故又称为积距法。

为了提高累积中线长的精度，可先在一张纸上面一直线，用两脚规截取各中线长图解累加在直线上，再用直尺量取总长。

平行线法量测面积简单易行，精度比方格法高，适宜于图上面积为 2 ~ $10cm^2$ 的碎部和狭长图斑的面积量算。

（4）求积仪法

求积仪是一种专供图上量算面积的仪器，其优点是速度快、操作简便，适用于各种不同形状图斑的面积量算，且能保证一定的精度。

求积仪分为一般的机械求积仪和光电求积仪。光电求积仪具有使用方便且能贮藏量算所得的数据和进行数据处理的功能，但价格较高，其应用仍不普及。一般的机械求积仪其价格低廉，仍是面积量算中普遍使用的工具之一。

下面介绍一般机械求积仪（简称求积仪）的构造和使用。

第一，求积仪的构造。

求积仪是根据近似积分原理制成的面积量算仪器，主要由极臂、航臂（描迹臂）和计数机件三部分组成，在极臂的一端有一个重锤，重锤下面有一个短针。使用时短针借重锤的重量刺入图纸而固定不动，形成求积仪的极点。极臂的另一端有圆头的短柄，短柄可以插在按合套的圆洞内。接合套又套在航臂上，把极臂和航臂连接起来。在航臂一端有一航针，航针夯有一个支撑航针的小圆柱和一手柄。用制动螺旋和微动螺旋把接合套和航臂连接在一起。航臂长是航针尖端至短柄旋转轴间的距离。极臂长是极点至短柄旋转轴间的距离。

求积仪最重要的部件是计数机件。它包括计数小轮、游标和计数圆盘。当航臂移动时，计数小轮随着转动。当计数小轮转动一周时，计数圆盘转动一格。计数圆盘共分十格，注有数字 0 至 9。计数小轮分为 10 等份，每一等分又分成 10 个小格。在计数小轮旁附有游标，可直接读出计数小轮上一小格的十分之一。因此，根据这个计数器可读出四位数字。首先从计数圆盘上读得千位数，在计数小轮上读得百位数和十位数，最后按游标读取个位数，如图中所示的读数为 5417。

第二，求积仪的使用。

首先视具体情况而将求积仪的极点固定于欲测的图形之内或图形之外，航针尖被安置在图形轮廓线上的某处，并做一记号，读出计数机件的起始读数 n_1。然后手扶把手使航针尖端按顺时针方向平移而准确地沿图形轮廓线绕行，待回到起始点时，读取读数 n_2。根据两次读数，即可按下式计算出待测图形的实地面积 P，即：

$$P = C(n_2 - n_1 + q) \tag{4.39}$$

式中 C 为求积仪的分划值（即与一个读数单位对应的面积），q 为求积仪的加常数。每一个求积仪的盒内均附有一个小表，其上载有与不同长度的航臂和常用的比例尺相应的 c 值和 q 值。当极点位于图形之外时，$q = 0$。

使用求积仪时必须注意：

①要计数清楚读数盘零点越过指标的次数，如果越过一次或数次，则应在读数中加上一个或数个 10000；如果反时针方向转动，则在读数中减去一个或数个 10000。

②在量切面积时，最好在读数机件分别位于极点与航臂连线的右边和左边这两个位置进行量测，而取平均数。但要注意在调换极位时，极点千万不能动。

③对同一个图斑面积必须独立地量算两次，两次所得的分划数之较差，当面积小于 200 个分划时应不大于 2 个分划；当面积在 200 ~ 2000 个分划时应不大于 3 个分划；当面积大于 2000 个分划时，应不大于 4 个分划。

④对于面积小于 $5cm^2$ 的小图斑，使用求积仪量算面积时应多绕行几圈，再将每圈的平均值代入式（4.38）求取面积。但对于面积为 1 ~ $2cm^2$ 的小图斑，不宜使用求积仪进行量取。

⑤当面积过大时，应分块进行量算。

⑥使用求积仪量算面积所使用的图板应平整，图纸不能有皱纹或裂痕。

第三，求积仪分划值 C 和常数 q 的测定。

求积仪的分划值 C 是指求积仪单位读数所代表的面积，也即游标上读得的每一个分划所代表的面积；常数 q 是求积仪基本面积所对应的读数值，即基本的面积为 Cq。

为了测定分划值 C，可在图纸上画出任意正规的图形（如圆、正方形、矩形）。把航臂安置在一定的长度位置。在极点位于图形之外的情况下，沿图形轮廓线绕行一周，得到开始和结束的读数 n_1、n_2，根据此读数和图形的已知面积 P，利用式（4.40）并顾及 $q = 0$，可得相应的分划值 C，即：

$$C = \frac{P}{n_2 - n_1} \tag{4.40}$$

为提高求积仪分划值的测定速度和精度，在求积仪的仪器盒中，备有特制的金属检验尺。将求积仪的航针插入检验尺的小孔中，转动一周的面积已预先刻在尺上或载于附表中。将此面积作为已知面积，可较准确地求出求积仪的分划值。

为测定常数 q，可在图纸上画一个大小适当的正规图形，分别将极点置于图形之外和图形之内得出读数 n_1、n_2 和 n'_1、n'_2，则常数 q 为：

$$q = (n_2 - n_1) - (n_2' - n_1') \tag{4.41}$$

（5）沙维奇法

沙维奇法是将方格法和求积仪法相结合的面积量算方法。当图斑面积超过 $400cm^2$ 时，若欲获得较高的精度，宜采用沙维奇法进行量算。沙维奇法是利用公里网络，将待量测面积的图形划分为整方格和非整方格的破格两部分来量算的方法。整格部分面积可由公里网格的理论面积乘以格数而求得，为量测破格曲面积，可将几个公里网格分为一组，用求积仪分别量算其图形内的破格部分面积和图形外的破格部分面积。将公里网格的理论面积作为控制，对图形内的破格面积进行平差，平差后的破格面积与整格面积之和，即为待测图斑的面积。例如，在

图 4.54 中，图斑内有 6 个整公里网格（每个网格的理论面积为 P）和 14 个破格。将 14 个破格分为四组，用求积仪分别对每组的破格部分和图形外部分进行量测，得到四组的破格面积依次为 P_1、P_2、P_3、P_4 和对应的每组图外部分之面积 P'_1、P'_2、P'_3、P'_4，并将 $P_1+P'_1$、$P_2+P'_2$、$P_3+P'_3$、$P_4+P'_4$ 的理论面积作为控制，对 P_1、P_2、P_3、P_4 进行平差，得其平差值 P'_1、P'_2、P'_3、P'_4。于是可得此图斑的面积 P 为 $6P+P'_1+P'_2+P'_3+P'_4$。

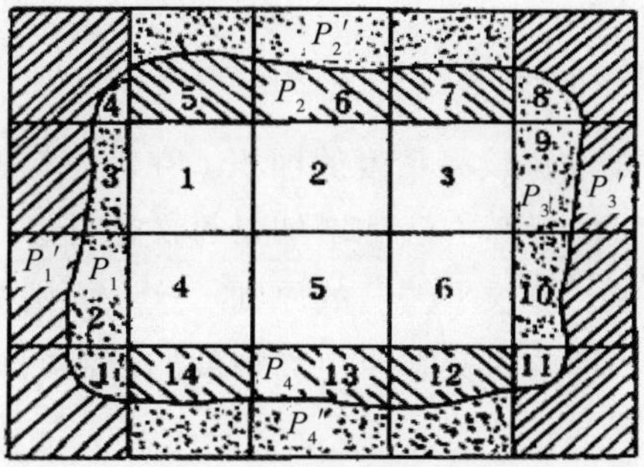

图 4.54　沙维奇法

据其量算面积的原理，可将其归纳为两大类，即数字化求积法和电子扫描求积法。

第一，数字化求积法。

数字化求积法是利用数字化仪将图形轮廓线转换为线上各点的坐标（x_i，y_i）串，并记录于存储器中，再借助电子计算机利用坐标法求面积的公式求取图斑面积的方法。

使用手扶跟踪数字化仪对图斑轮廓线数字化时，应先在轮廓线上找一点作为起始点，将跟踪器的十字丝交点对准该点，打开开关记下起点坐标。然后顺时针沿轮廓线绕行一周后再回到起点。在绕行跟踪过程中，每隔一定时间（例如，每隔 0.05 ~ 1.00s）或一定的间隔（例如，每隔 0.7 ~ 0.8mm）取一点的坐标值，记录在存储器内，然后输入计算机计算其面积。

第二，电子扫描求积法。

电子扫描求积法是根据光电原理采用扫描方式来求算图斑面积的。

在使用电子扫描求积法求算面积时，首先应对待量测的图斑进行涂色（例如，将图斑内涂成黑色，图斑外留作白色），然后对图斑内外进行分解，将其分解成许多小单元（即像点或称像元），利用光电器件对每个小单元进行逐行逐列扫描。根据像元的黑白不同、反射光的强弱也随之不同的原理，通过光电变换，获得电位高低不同的脉冲信号，利用这些脉冲信号使光电器件在扫描图斑内部（黑色）像元时驱动计数器进行计数，而在扫描图斑外部（白色）像元时关闭计数器，于是可获得整个图斑所包含的像元总数。像元总数乘以每个像元所代表的面积，即为待求的图斑面积。电子扫描求积法具有速度快、精度高、人工干预少等优点，但要对图斑进行涂色预处理，并且一次仅能对一个图斑进行面积量测。

近年来，人们将扫描仪和计算机联机，已成功地实现了在不对图斑进行涂色预处理描绘其轮廓线的情况下，即可对一幅图上的多个图斑进行面积量测。

2. 面积量算的控制和平差

面积量算的目标是要取得较高精度的面积。在一定精度的要求下，要达到较高的精度，除了选用适宜的量算方法和增加量算次数外，还应遵守“从整体到局部、层层控制、块块检核、逐级平差”的原则。这一原则的核心就是控制，即无论量算一块多大的面积，都要将其置于更高精度的控制面积之内，以保证其能达到应有的精度。

面积量算应先从总面积开始，然后将总面积作为控制，再量算总面积内的各碎部图斑之面积。在实际工作中，有时候会因量算范围过大，或碎部图斑过多而在量算总面积后，将碎部图斑划分为若干分区，量算各分区的面积，并将总面积作为一级控制对各分区面积进行平差，而碎部面积则分别在平差后的各分区面积控制下，进行量算和平差。

总面积是作为一级控制面积使用的，必须具有较高的精度。根据不同的情况，一般可将地形图图幅的理论面积或用沙维奇法量算的面积作为一级控制面积。每一幅地形图的图幅面积都有其理论值。正方形分幅的图幅面积理论值，可按其理论边长经计算而获得。梯形分幅的图幅面积理论值，可按图幅四角经纬度计算。

将图幅面积理论值作为一级控制面积，可广泛应用于大面积土地调查的面积量算中，这将有利于将统一分幅的图幅面积汇总到县、省以至全国的面积之中；当难于将图幅面积理论值作为一级控制面积时，一般是用沙维奇法量算其总面积，将其作为一级控制面积。

二级控制区域的界线，最好采用行政区域界线或土地使用单位界线。在一个分区内需独立量算的图斑，以不超过 50 个为宜。二级控制面积的量算，可应用沙维奇法或用求积仪按两个极位进行量算。控制面积量算合格并经平差后，即可在其控制下进行碎部图斑的面积量算和平差。

各图斑的面积必须全部独立量算，不得用总面积减去部分图斑面积，去求取另一些图斑的面积。每个图斑的面积必须独立地量测两次，两次量得的面积之差，必须在允许范围之内。

面积量算的平差，就是将量算的各图斑面积之和与控制面积的不符值（即闭合差）按一定的原则配赋给各图斑，使各图斑面积之和与控制面积相符。闭合差的配赋应与面积量算的中误差平方成正比，而该中误差的平方与图斑面积近似成正比。因此，面积量算平差时，一般总是按“与图斑面积成正比、与闭合差反符号”的原则配赋闭合差。

4.4.4 地形图在工程建设、规划及设计中的应用

大比例尺地形图在工程建设、规划及设计各阶段中有不同的作用，不同的工程建设及其规划设计对地形图的要求也是不同的。如对于一条河流或水系而言，要综合开发和全面规划需要有全流域的（1 ∶ 100000 ~ 1 ∶ 50000）比例尺地形图；对水系的某枢纽工程（大坝）的设计，主要是坝址的选择、建坝后库容量与上游淹没面积的计算，采用的地形图比例尺应在 1 ∶ 50000 ~ 1 ∶ 10000；在大坝初步设计时需要 1 ∶ 10000 比例尺地形图，详细设计时需要 1 ∶ 5000 ~ 1 ∶ 2000 比例尺地形图；在施工阶段需要测绘 1 ∶ 1000 比例尺地形图。

1. 城市规划、矿山开发对地形图的要求

城市规划、矿山开发等不同阶段需要不同比例尺的地形图。一项工程从总体规划、初步设计、详细设计、施工设计所需地形图比例尺由小到大。测绘资料要满足工程建设规划设计的需要，其主要质量标准：地形图的适宜精度、比例尺的合理选择、测绘内容的取舍适度等。地形图的精度与比例尺的大小有关，也就是为工程设计提供的地形图，首先要考虑测图的比例尺，再考虑费用问题。随测图比例尺的增大相应工作量也会成倍地增加，费用也相应增加。

2. 工业企业设计对地形图的要求

《工业企业总平面设计规范》要求：总平面设计应充分利用场地地形，对原有建筑物、构筑物、运输线路、树林及耕地等，应尽量保留；地形坡度应能与建（构）筑物的配置、运输、排水要求的适宜坡度相适应；建（构）筑物的布置应与场地周围的地形和已有的建筑群相适应。

工业企业设计对地形图的要求如下。

在工业企业的初步设计阶段，总平面图上要确定并绘出车间、仓库、动力设施和铁路线等主要建筑物的轮廓位置和坐标；在竖向布置图上要绘出竖向布置系统，设计地面连接方式、场平标高、排水坡向，建筑物地坪的高程以及运输道路的高程

等；土方工程图要分别表示出土方的填、挖量与土方总量；管道总平面图的设计应在建筑物之间布置和绘出上下水、动力、电力等地上和地下主要管线的位置与坐标；在施工设计阶段，设计的内容基本与上述相同，只是比较详细些。图上要正确地反映出所有建筑物的形状与平面位置、道路和管线的走向与坡度，以及各项建筑物的高程等。在布置总平面图上的建筑物时，除了考虑生产的工艺要求外，还要考虑地下管网与运输道路布置的可能性，以及防火、防震、防水侵蚀等要求。

例如，在工业企业的建筑场地上，地下管道之间的距离以及它们离其他建筑物的距离比较小（一般电力管道离建筑物应大于0.6m，下水管道离建筑物大于2m），如果原有建筑物的位置不准确，则有可能将管道布置得小于上述规定间距，也有可能将设计的建筑物布设在原有的管道上面。特别是在建筑物间布设的管道较多，甚至10cm的宽度都要考虑应用。因此，设计人员认为对于原有建筑物所施测的解析坐标，其最大点位误差不应超过10cm。在改建或扩建的工业场地上，对原有建筑物、构筑物所施测的坐标与高程，除了作为新建建（构）筑物设计的依据外，有时还作为施工放样的依据，这也是要求精确施测细部点坐标和高程的原因之一。对于地形测绘的精度要求，应根据竖向布置的正确设计去分析。工业场地的竖向布置就是将厂区的自然地形加以整平改造，以保证生产运输有良好的联系，合理地组织排水，并且使土方量最小，而且使填挖方量平衡。

工业场地地面连接的方法一般分为平坡法和台阶法。其选择是根据工业企业的性质、总平面布置、厂址的地质构造以及自然地形等因素综合考虑决定的。工业场地的竖向布置系统和地面连接方法确定以后，即可对整平面的宽度、坡度和平土高程进行设计。整平面的坡度和场平高程确定后，即进行建（构）筑物的地坪高程、铁路轨顶高程、道路中心线高程以及工程管网高程的设计。这些高程的设计原则仍然是要使其尽量与自然地形相适应，考虑排水条件，室内地坪要高出室外地面0.15～0.5m左右。地下管道埋设深度最浅为0.6m。因此平坦地区地形图的高程中误差可为±0.15m，最大误差应在±0.3m以内。

3. 大比例尺地形图在线路工程设计中的应用

线路设计即按线路的规格和技术要求，在地形图上寻找路线的最合理位置，因而又称定线设计。经定线设计初选的线路位置，还要经过实地定线加以确定。

线路设计包括地面线路设计和架空线路设计。

（1）地面线路设计

地面线路设计包括运输线路、渠道线路和管道线路的设计。

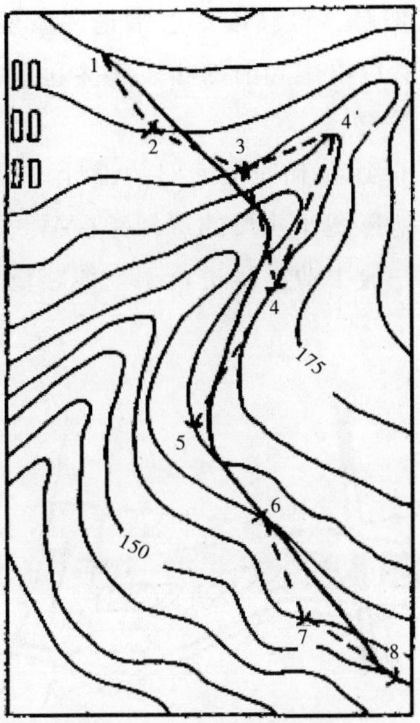

图 4.55　地面线路设计

地面线路设计的实质就是在地形图上按指定方向，求出符合设计容许坡度的线路，是以“按给定坡度在地形图上求等坡度线”为基础的。如图 4.55 所示，要求在地形图上设计一条由 1 点出发，通往东南方向的公路，其极限容许坡度 i 为 12%，地形图比例尺为 1 ∶ 5000，基本等高距 h 为 5m。

为按给定坡度在地形图上求作等坡度线，首先应计算出与容许坡度 i 相应的高差等于基本等高距的图上平距 d，即：

$$d = \frac{h}{i} \times \frac{1}{M} \tag{4.42}$$

对于本例，由于 h = 5m，i = 0.12，M = 5000，故 d = 8.3mm。然后沿着路线的基本方向，由起点 1 开始，用等于 d 的分规开度，画弧与相邻等高线交于点 2；再从求得的点 2 开始用相同的分规开度，画弧与下一条等高线相交得点 3，以此类推。在遇到河谷或冲沟时，应根据河谷和冲沟的大小、宽度和线路的技术要求，或者沿等高线向上游布置成回头线路，如图中的 3—4'—4 线段，或者跨越河谷转到河谷另一侧，与同高或相邻等高线交会。当等高线间距大于所采用的最小极限平距 d 时，表示地面坡度小于容许坡度，故线路可随意布置在最有利的方向上，如图中的 4—5 线段。连接各交会点 1—2—3—4—5—6—7—8，即得符合容许坡度的等坡度线路。如果沿此布设线路，则可保证符合限制的坡度，且不需要进行大量的挖方和填方。但是，等坡度线通常是一条很曲折的线路。实际上往往需要将线路大大地取直，然后再用光滑的曲线连接起来，如图上的粗实线所示。

（2）架空线路设计

架空线路设计包括输电线路和通信线路的设计。架空线路设计工作应在适宜比例尺的地形图上进行。地形图比例尺的选择是根据线路长短及沿线地区的地形、地物复杂情况而定的。在一般工业厂区进行架空线路设计，通常选用 1 ∶ 1000 比例尺的地形图。

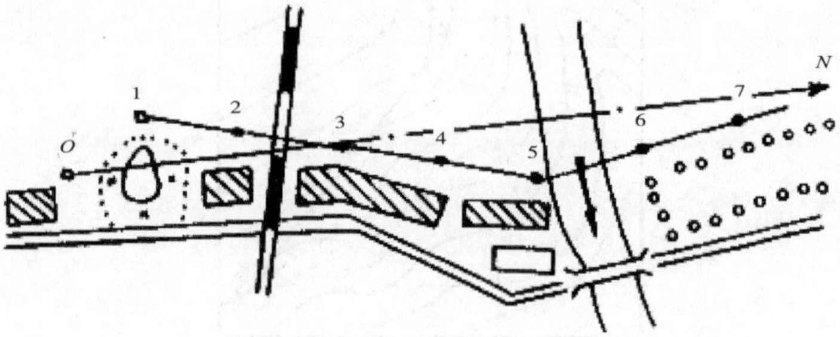

图 4.56　架空线路的设计

在地形图上进行架空线路设计时，首先要将线路范围内的地形图拼接起来，将线路的起点和终点标绘在地形图上，并用直线连接起来，以此作为线路最短的准线。图 4.56 所示是输电线路设计图的一部分，*ON* 是线路的最短准线，1、5 为根据实地的地物分布选择的线路转角点，其余 2、3、4、6、7 等为输电线杆的位置。选择时，要考虑到电力系统的长远规划、技术上的可行性和经济上的合理性，结合地形情况和地物的分布，在地形图上绘出几套可能的方案，然后加以对比研究，以选择出施工、运行方便，路线最短，转角及交叉跨越最少的方案。选线时最好采用针线法，即将地形图放置在平整的大板上，在起、终点分别插上针，用细线连成一条直线。然后将可能的路线方案的每个转角点都插上针，再用不同颜色的细线绕到相应的转角点上，形成数条路线方案。在比较选择过程中，对需要改线的路径，只要移动一下转角点即可。这种方法的主要优点是操作方便、直观明显，在架空线路设计中经常使用。

4.4.5 数字化地形图的应用

1. 数字化地形图的特点

传统的纸质地形图通常是以一定比例尺并按图式符号绘制在图纸上的，即通常所说的白纸测图。这种地形图具有直观性强、使用方便等优点，但也存在不容易保存、易损坏、难以更新等缺点。数字化地形图是数字化的地图，不仅能表示地面的空间信息（包括位置、大小、形状及相关关系等），还能够表述地形的属性信息（包括性质、特征及相关说明，例如建筑物的建造时间、建筑面积、权属和使用单位等）。

数字化地形图通常存储于数字存储介质上，表达载体可以是屏幕，也可以是绘图仪或打印机输出的图纸。计算机、信息及网络技术等为电子地图提供了软、硬件支撑，使电子地图中的信息内容更加丰富、展示多样化、更新快捷、使用方便，能够直观、形象、生动地表达地理空间信息。电子地图能够建立三维景观，将地物、地貌信息立体化，生成一个逼真的三维虚拟环境，可以使用户能够以视觉、听觉等感知形式读地形图。

数字化地形图包括三方面内容：数学要素、地形要素和地图综合。数学要素是指地形在地图平面上表示时，必须遵循的数学函数关系，包括平面系统、高程系统、地图投影及比例关系。地形要素是统一规范的地物和地貌符号。地图综合主要是指由于地图图幅的限制或数据采集能力的局限，或制作某些专用地图的具体需要等，对某些现象表示的合理取舍和综合处理。数字化的地形图不是传统地图在理论、方法上的简单翻版，而是将其与现代信息技术相结合的创新，它不仅提供了新的超越传统地图的描述地理环境和信息的能力，还更好地表达了人们对地理空间规律的认识，其主要特点：①可以实现多源信息的集成处理，包括纸质地图、数据库系统、摄影测量、遥感、GPS 等获取的空间数据和属性数据，丰富了数据的来源；②可以实现多维、多尺度的地理信息运算与表达，不仅支持一般地图的应用（如定位、导航等），还支持更深入的地理科学研究；③可以利用屏幕实时显示的特性，进行有关地理对象或要素的时空变化过程模拟与规律研究，有助于进一步预测其变化发展的趋势；④通过计算机和网络通信技术的应用，可以建立分布式电子地图的表达与应用的共享平台，以完成更加复杂的、集成的地球科学研究。

2. 数字化地形图的分类

（1）多媒体电子地图

数字化地形图与多媒体技术相结合可产生多媒体电子地图，它集文本、图形、图表、图像、声音、动画和视频等多媒体于一体，除具有一般电子地图的特点外，还增加了地图表达空间信息的媒体形式，以听觉、视觉等多种感知形式，直观、形象、生动地表达空间信息。

多媒体电子地图可以储存于数字储存介质上，以光盘、网络等形式传播，以计算机或者触屏信息查询系统的形式供大众使用。无论用户是否使用计算机和地图经验，都可以方便地从多媒体电子地图中获取所需信息，不仅可以查阅全图，还可以将其任意放大、缩小等，甚至可以进行下载打印地图等操作。

（2）导航电子地图

导航电子地图是数字化地形图和导航技术的结合，导航图可以任意放大、缩小，既可以由地图确定交通工具在城市和乡村地区的具体位置，又可以通过电子地图查询所需寻找的道路交叉路及建筑物等。随着卫星导航产业的快速发展，导航电子地图已经越来越广泛地应用于车载自动导航系统、移动目标监控、最优路径分析、目的地简况与位置查询、交通信息管理与服务，以及面向个人消费者的旅游、出行等领域。

（3）网络电子地图

网络电子地图是基于现代网络技术的数字化地形图，它被赋予了先进的可视化信息技术及网络技术，可以通过网络高速传输地图数据，实现快速、方便地查询异地相关地理信息。网络电子地图可广泛应用于土地与地籍管理、水资源管理、数字天气预报、灾害监测与评估、智能交通管理、跟踪污染和疾病的传播区域、移动位置服务、现代物流、城市设施管理、数字城市、电子政务等诸多领域。

（4）三维电子地图

三维电子地图采用DEM技术，将我国地物、地貌信息立体化，可以非常直观、真实、准确地反映地形状况，通过它可查询任意一点的平面坐标、经纬度和高程值。在地物信息方面，除提供效果良好的三维景观外，还可根据用户的要求提供丰富的属性数据。三维电子地图由于可以直观地观察到某区域的概貌和细节，快速收集各种地物的具体位置及相关属性，因此在土地利用和覆盖调查、农业估产、区域规划、居民生活等诸多方面具有重大应用价值，在三维景观中可直接进行各项工程的规划与设计工作。目前，三维电子地图开始出现在网络上，有卫星实景三维地图和人工虚拟三维地图等。

（5）虚拟现实电子地图

虚拟现实技术是利用计算机生产一种逼真的三维虚拟环境，并通过利用专门的传感设备与之相互作用的新技术。虚拟现实电子地图就是基于虚拟现实技术的电子地图，它充分利用了计算机硬件与软件系统的集成技术，提供了一种实时的虚拟景观，使用户具有置身于现实世界一样的身临其境的感觉，并且可以通过人机对话方式交互地操作虚拟现实中的物体。

3. 数字化地形图的应用方式

数字化地形图的阅读工具一般是菜单形式的屏幕界面，界面上列出了工具内容，并通过帮助文档详细地介绍了功能及使用方法。随着菜单的引导，可以方便地选择阅读方式，或利用电子笔进行标绘，或进行地图要素的长度（距离）、面积、体积等的量算。数字化地形图的应用方式可以概括为以下三种。

（1）阅读方式

阅读方式是直接在屏幕上显示地形图进行阅读和观察，判断地物位置、形状及地貌形态等，这是数字地形图的基本应用内容。

（2）分析方式

分析方式建立在地图数据库的基础上，侧重于地图信息的分析和应用，有较强的工具包、软件包、模型库的支持，如根据地名查找具体位置，根据地物查看相关信息等。

（3）嵌入方式

嵌入方式是将数字化地形图嵌入管理、分析或辅助决策等系统，提供地理数据与空间分析手段，或者起到充当地理背景或软件模块的作用，如查找最短路径、统计面积及计算里程等。

第 5 章　施工测量的方法探究

5.1 施工测量的基本工作

5.1.1 施工测量概述

1. 概述

在施工阶段进行的所有测量工作统称为施工测量。

施工测量的主要工作有测设（施工放样）、变形观测和竣工测量等。施工测量工作贯穿整个施工过程，从建立施工控制网、场地平整、基础施工到（建构）筑物的放样、构配件的安装和竣工图的绘制等，都需要一系列的测量工作。

2. 施工测量的特点

施工测量与一般的测图工作有如下不同点。

（1）施工测量的工作目的与测图工作相反

测图工作主要是以地面控制点为基础，将地面上的地物、地貌按一定的比例缩绘在图纸上；而施工测量相反，则是将图纸上设计好的建（构）筑物的位置及尺寸标定在实地。

（2）施工测量精度要求较高

施工放样的精度要求，是根据建筑物的性质，依据与已有建筑物的关系以及建筑区的地形、地质和施工方法等情况来确定的。

施工放样按精度要求的高低排列为钢结构、钢筋混凝土结构、毛石混凝土结构、土石方工程。从施工方法方面来说，预制件装置式的方法较现场浇灌的精度要求高一些，钢结构用高强度螺栓连接的比用电焊连接的精度要求高一些。

具体工程的具体精度要求，如施工规范中有规定，则参照规定执行。对于有些工程，施工规范中没有测量精度的规定，则应与设计、测量、施工以及构件制作等参与方人员合作，共同协商制定相关精度要求。因为如果施工测量精度不够，将造成质量事故；精度要求过高，则会导致人力、物力及时间的浪费。

（3）施工测量的时间要求更为严格

施工测量是联系设计与施工的重要环节，是直接为工程施工服务的，其测量成果是施工的依据，施工测量必须与施工组织计划相协调，施工测量工序与工程施工工序密切相关。测量人员应根据工程施工进展情况，及时地进行各项测量工作，以免影响工程进度和工程质量；及时掌握工程现场进度及变动情况，使施工测量与工程施工密切配合。

（4）施工测量受实际施工条件的影响较大

施工现场工种多、各工序交叉作业多，施工现场材料堆放凌乱，运输变动频繁，场地变动很大，同时受到各种施工机械及车辆震动等因素的影响较大，使得测量标志容易遭受破坏。因此，测量标志从布设形式到选点位置确定等都应该考虑是否便于使用、保管和检查等，如有破坏，应及时恢复。

3. 施工测量的原则

为了减小误差的累计、保证测量工作的精度，与一般的测量工作一样，施工测量也应当遵循“从整体到局部，先控制后碎部，从高级到低级”的原则。在施工场地先建立施工控制网，然后再以此为基础来进行后续的施工测量工作。

此外，与一般的测量工作相同，施工测量必须要加强内外业的检核工作，即满足“上一步的检核工作没有完成，不能进行下一步的测量工作”的基本原则，以保证测量成果的精度。

5.1.2 测设的基本工作

测设就是根据工程设计图纸上待建的建筑物、构筑物的平面位置和高程，按照设计和施工的要求在实地标定出来，作为施工的依据。因此，同于测量的基本工作，测设的基本工作就是将图纸上设计好的建（构）筑物与已知控制点或已有建筑物的相对位置关系，即水平角、水平距离和高程等标定到实地。因此，测设的基本工作也就是水平距离的测设、水平角的测设和高程的测设。

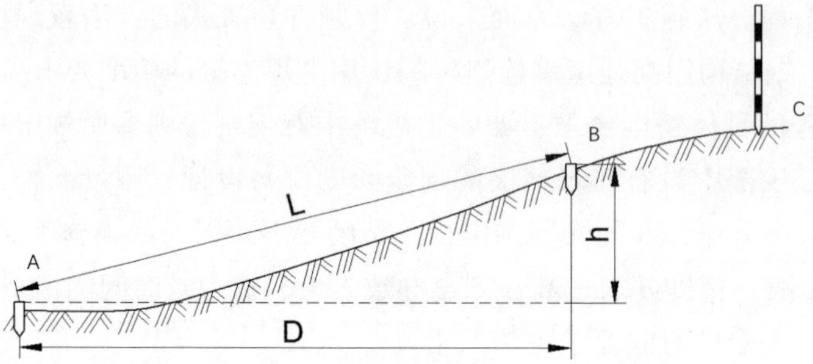

图 5.1　钢尺测设水平距离

1. 测设已知水平距离

测设已知水平距离就是在已知一个地面点、已知线段方向和已知点到待测设点距离的条件下，将已知点作为起始点，根据已知方向和已知距离将待测设点位标定到实地。根据所采用仪器的不同，其主要方法有以下两种。

（1）采用钢尺法测设已知水平距离

采用钢尺法测设已知水平距离适合于场地平整和待测设距离较短（一般不超过一个尺长）的情况。

①一般方法。当测设精度要求不高时可采用此法。从已知点开始，直接沿已知方向用检定过的钢卷尺把给定长度标定在实地。为了检核，可进行往返标定或将钢尺零点移动一段距离，一般为 20cm 左右，重新再标定一次。若两次标定位置的距离差在误差允许的范围内，则取其中点位置作为标定点的位置。

②精密方法。当测设精度要求较高时，采用此法。先根据一般方法进行距离的测设，然后再对标定的点位进行高程测量获得两点间的高差，之后再进行尺长改正、温度改正和倾斜改正三项改正，计算其地面上应测设的距离 L，即

$$L = D-(\Delta L_d + \Delta L_t + \Delta L_h) \tag{5.1}$$

然后再根据计算出的结果重新标定水平距离，最终确定待定点的位置。如果施工放样的场地是已经平整后的场地，则不需要进行高差改正。

（2）采用光电测距仪（全站仪）法测设已知水平距离

由于测距仪和全站仪的普遍使用，距离的测设尤其是在地形比较复杂、待测设距离较长的情况下测设距离多采用光电测距仪和全站仪。以下为距离测设的详细过程。如图 5.2 所示，在起点（已知点）A 处安置仪器，首先根据施工现场测定的温度、气压情况设置测设时的温度、气压改正值，设置距离显示为“水平距离”，瞄准并锁定已知方向，沿此方向移动棱镜，当仪器读数显示为所测设水平

距离时，即可确定出端点 B 的初始位置，设为 B' 。在 B' 点安置棱镜，测量出水平距离 D' ，求出 D' 与应测设的水平距离 D 之间的差值 $\Delta D = D - D'$。然后根据 ΔD 的值将 B' 改正至 B，并用木桩标定其位置。为了检核，应将棱镜安置于 B 点后，再实测 AB 的距离，确保其不符值在限差之内，否则应再进行改正，直到符合限差要求。

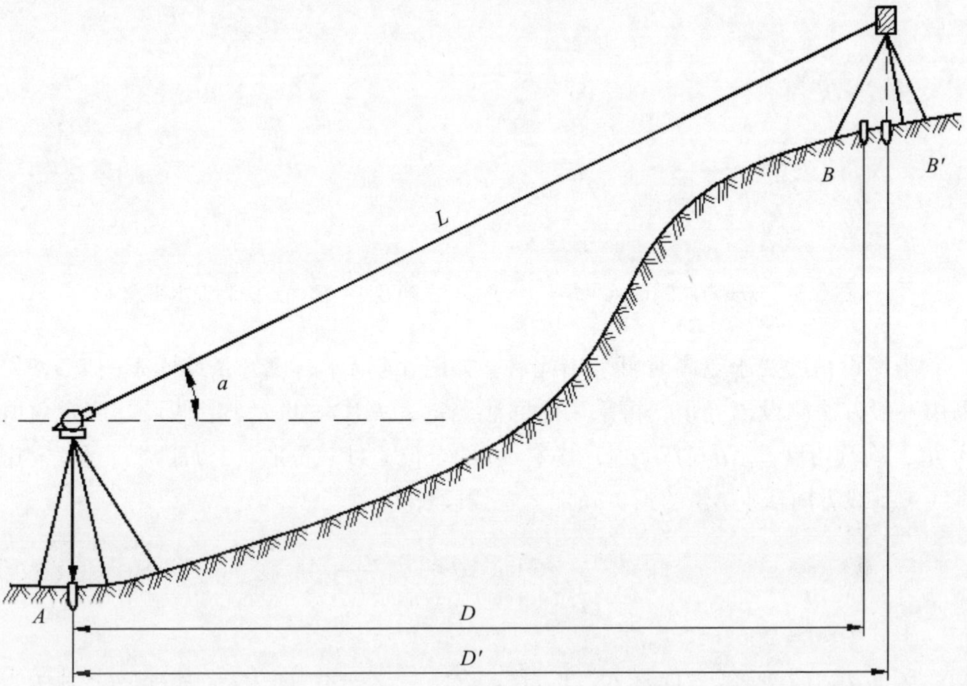

图 5.2　全站仪测设水平距离

2. 测设已知水平角

测设已知角就是由一个已知方向测设出另一方向，使得其与已知方向的夹角等于已知的水平角。根据测量精度的不同，主要有以下两种方法。

（1）一般方法

当测设精度要求不高时可采用此法。即通过盘左盘右取平均的方法，获得待测设角的角度。如图 5.3 所示，AB 为已知方向，通过测设角 β 标定 AC 方向。安置仪器于 A 点，先用盘左位置瞄准 B 点，水平度盘归零后顺时针转动照准部，当读数为 β 时标定出 C' 点；然后倒转望远镜，采用盘右位置瞄准 B 点，当读数为 $180° +\beta$ 时，标定出 C'' 点；最后取 C' C'' 中点为 C，则 $\angle BAC$ 即待测设角 β。

为了检核，应采用测回法重新测定∠ BAC 的大小，并与给定的水平角 β 进行比较，若其差值超出限差范围，则应重新测设 β 角。

（2）精确方法

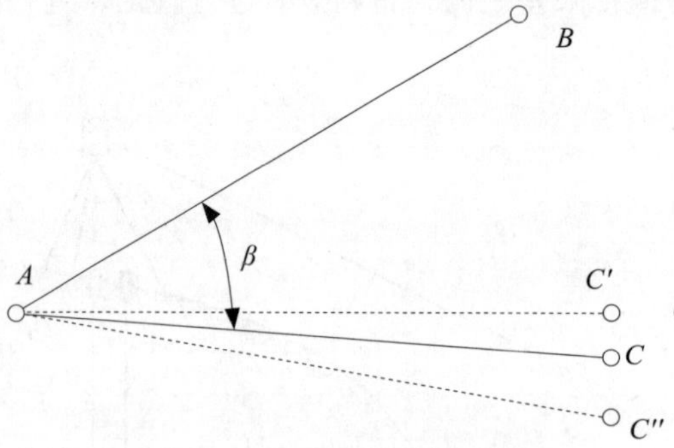

图 5.3　一般方法测设水平角

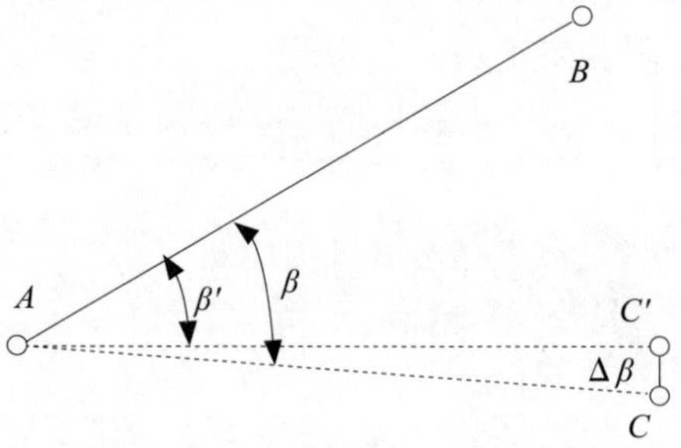

图 5.4　精确方法测设水平角

当测设精度要求较高时可采用此法。如图 5.4 所示，已知条件同于图 5.3，先采用一般方法测设出 β 角，再采用测回法测定∠ BAC' 的大小，假设其测定角值为 β'，则其角度差 $\Delta\beta=\beta-\beta'$，其中 $\Delta\beta$ 的单位为秒。量取 AC' 距离，过 C' 作垂线，垂线方向依据 $\Delta\beta$ 的正负确定，垂线段长为：

$$CC'=AC\tan\Delta\beta\approx AC\frac{\Delta\beta}{\rho''} \quad (5.2)$$

上式中 $\rho''=206265''$。

因此沿 AC' 垂线方向从 C' 点量取 CC'，∠ BAC 即为待测设角 β。其中当 $\Delta\beta>0$ 时，沿 AC' 的垂线方向向外调整 CC' 至 C 点；相反，当 $\Delta\beta<0$ 时，则向内调整 CC′ 至 C 点。

3. 测设已知高程

在建筑施工中，平整场地、开挖基坑、确定路面坡度和标定地坪设计高程等，都需要测设出点位的指定高程。测设已知高程是根据已知水准点，在作业面标定出已知高程的位置。

如图 5.5 所示，已知 A 点标高为 H_A，B 点的设计标高为 H_B，需要将其标定在木桩 B 上，则需在 AB 两点之间安置水准仪，在 A、B 两点立水准尺，其中 A 点水准尺读数为 a。

将 B 点所立水准尺紧靠木桩上下移动，直到水准尺读数为 $b_{应}$时，沿尺底在木桩侧面画油漆线或弹墨线，则此线就是 B 点待测设的高程位置。

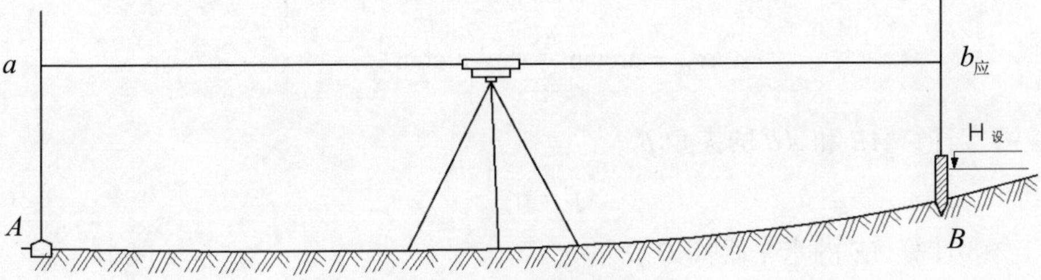

图 5.5　测设已知高程

5.1.3 点的平面位置的测设

点的平面位置的测设有很多种方法，主要是根据已知点的分布及待测设点位的分布、实际地形条件综合选择。

1. 极坐标法

极坐标法是根据水平角和水平距离测设点的平面位置的方法。此法适用于测设距离较短且便于量距的情况。

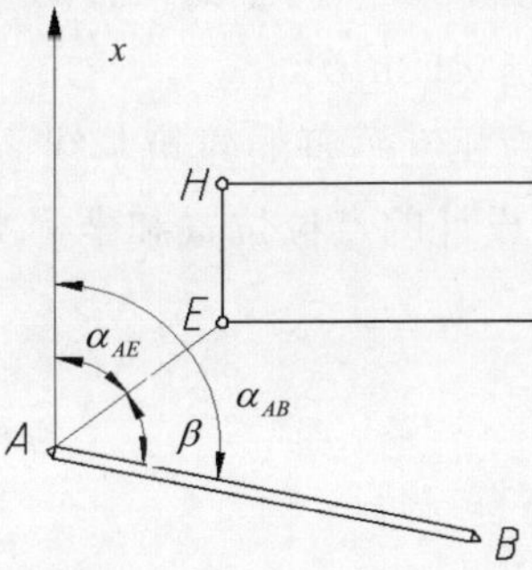

图 5.6　极坐标法测设点位

如图 5.6 所示，A、B 为已知控制点，E、F、G、H 为待测设点位，各点设计坐标为 E（x_E，y_E）、F（x_F，y_F）、G（x_G，y_G）、H（x_H，y_H）。可依据控制点 A、B 测设 E、F、G、H 点。测设过程如下：

（1）计算测设数据

根据已知点 A、B 的坐标和待测设点位坐标计算测设数据。

①计算 α_{AE} 和 α_{AB}。

$$\left.\begin{aligned}\alpha_{AB} &= \arctan\frac{\Delta y_{AB}}{\Delta x_{AB}} = \arctan\frac{y_B - y_A}{x_B - x_A}\\ \alpha_{AE} &= \arctan\frac{\Delta y_{AE}}{\Delta x_{AE}} = \arctan\frac{y_E - y_A}{x_E - x_A}\end{aligned}\right\} \tag{5.3}$$

②计算 AE 和 AB 的夹角 β。

$$\beta = \alpha_{AB} - \alpha_{AE} \tag{5.4}$$

③计算 AE 的水平距离 D_{AE}。

$$D_{AE} = \sqrt{(\Delta x_{AE})^2 + (\Delta y_{AE})^2} = \sqrt{(x_E - x_A)^2 + (y_E - y_A)^2}$$

（2）点位测设

① 安置经纬仪于点 A，AB 为已知方向，依据计算的夹角 β 标定 AE 方向。

② 在 AE 方向以 A 为起始点，在直线 AE 上依据计算的水平距离 D_{AE}，标定 E 点的位置。

采用同样的计算方法和测设过程标定 F、G、H 三点。测设过程完成后，可量取各段距离和角度大小来检测测设的精度。

2. 直角坐标法

直角坐标法是根据水平距离测设点的平面位置的方法。此法适用于在待测设地物附近有建筑方格网或建筑基线的情况。

如图 5.7 所示，OA、OB 为相互垂直的建筑基线，且它们的方向与待测设建筑物的两轴线平行，根据图上设计的点位位置和坐标测设 E、F、G、H。测设过程如下：

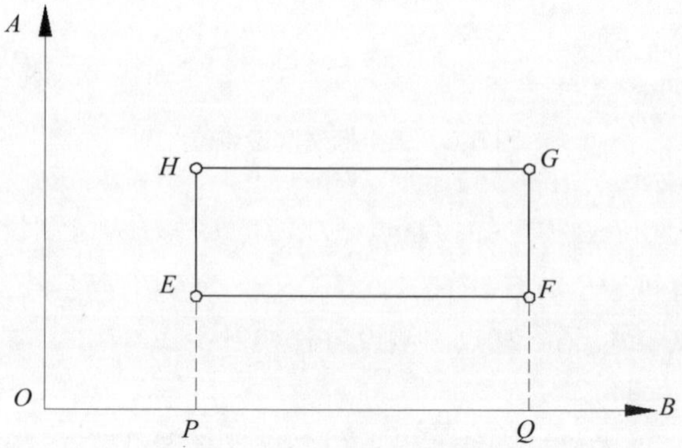

图 5.7　直角坐标法测设点位

（1）计算测设数据。

计算各边的长度及坐标差，如下是 EF 边的计算方法。

$$D_{EF}=\sqrt{(\Delta x_{EF})^2+(\Delta y_{EF})^2}=\sqrt{(x_F-x_E)^2+(y_F-y_E)^2}$$

（2）点位测设

① 安置经纬仪于点 O，瞄准 B 点，在 OB 边依据 Δy_{OE} 测设出 P 点，依据 Δy_{OF} 测设出 Q 点。

② 将仪器搬至 P 点，瞄准 B 点，逆时针旋转 90°，依据 Δx_{OE} 测设出 E 点，依据 Δx_{OH} 测设出 H 点；同法依据 Δx_{OF} 测设出 F 点，依据 Δx_{OG} 测设出 G 点。

测设完成后应检查各边边长是否等于设计长度，误差在设计范围之内即可。对于一般建筑，相对误差应达到 1/5000 ~ 1/2000；而在高层建筑和工业厂房的测设中，精度要求更高，详细规定应查阅对应的规程规范。

3. 角度交会法

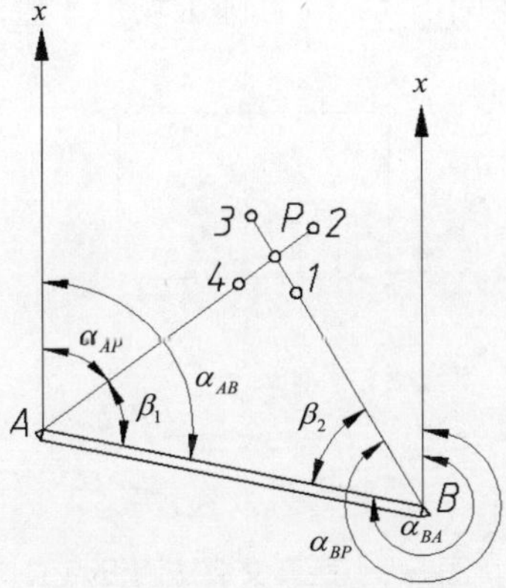

图 5.8　角度交会法测设点位

角度交会法是在两个或多个控制点上架立仪器，通过测设两个或多个水平角，交会确定待定点的平面位置的方法。此法适用于测设距离较困难或距离较远等不便于量距的情况。

如图 5.8 所示，A、B 为已知控制点，P 为待测设点位，则可依据控制点 A、B 测设 P 点。测设过程如下：

（1）计算测设数据

根据已知点 A、B 的坐标和待测设点 P 的坐标计算测设数据。

①利用坐标反算公式计算 α_{AP}、α_{AB}、α_{BA} 和 α_{BP}。

②计算 AP 和 AB 的夹角 β_1，BP 和 BA 的夹角 β_2。

$$\beta_1 = \alpha_{AB} - \alpha_{AP}$$

$$\beta_2 = \alpha_{BP} - \alpha_{BA}$$

（2）点位测设

① 安置经纬仪于点 A，AB 为已知方向，依据计算的夹角 β_1 在 AP 方向定出 2、4 两点；

② 同理，在 BP 方向依据计算的夹角 β_2 在 BP 方向定出 1、3 两点；

③ 在 2、4 和 1、3 之间分别拉一根细线，其交点即待测设点 P 的位置。

应用此法时，交会角最好在 30° ~ 120° 之间，为了检核，可再增加一个控制点进行测设。

4. 距离交会法

距离交会法是根据水平距离测设点位的平面位置的方法。此法适用于测设距离较短（最好在一个尺长范围内），并且施工场地平整、便于量距的情况。

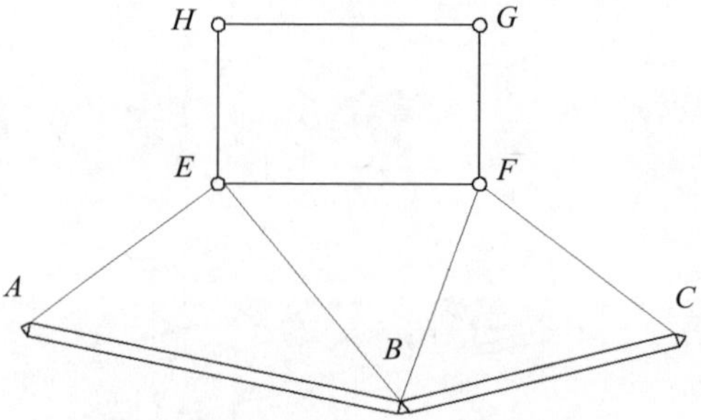

图 5.9　距离交会法测设点位

如图 5.9 所示，A、B、C 为已知控制点，E、F、G、H 为待测设点位，各点设计坐标为 E（x_E，y_E）、F（x_F，y_F）、G（x_G，y_G）、H（x_H，y_H）。可依据控制点 A、B、C 测设 E、F、G、H 点。测设过程如下：

（1）计算测设数据

根据已知点 A、B 的坐标和待测设点位坐标利用坐标反算公式计算各边边长。

（2）点位测设

点位测设时采用两根钢尺同时量取距离 D_{AE} 和 D_{BE}，分别将钢尺的零点对准 A 点和 B 点，同时拉紧、拉平钢尺，以 D_{AE} 和 D_{BE} 为半径画弧，两弧线的交点即为 E 点的位置。同理根据 D_{BF} 和 D_{CF} 测设 F 点，G、H 点同法测设。

待测设过程完成后，可量取各边长来检测点位测设的精度。

5 全站仪坐标测设法

全站仪坐标测设法可以自由设站，充分体现了全站仪测角、测距和计算一体化的特点，它适用于各类地形，并且测设精度高，操作方便。因此，近几年应用比较广泛。

其详细操作流程如下：

①测设前的准备工作，需要先将仪器置为放样模式，并依次输入测站点坐标、后视点坐标和待测设点坐标；同时量取仪器高和棱镜高输入仪器中；

②测设过程中，用望远镜瞄准棱镜，选择坐标放样功能键，则可显示当前棱镜位置与待测设点位的坐标差，移动棱镜直至坐标差为零，棱镜所在位置即待测设点的位置。

如果用极坐标法的原理测设点位，除了不需要计算待测设数据外，其他操作过程与经纬仪极坐标法测设流程相同。

5.1.4 已知坡度直线的测设

测设指定的坡度线，在道路工程、建筑工程、管线工程等工程应用上都很广泛。已知坡度直线的测设，实际上是连续测设一系列的坡度桩，即已知坡度线。测设的方法有水平视线法和倾斜视线法。

1. 水平视线法

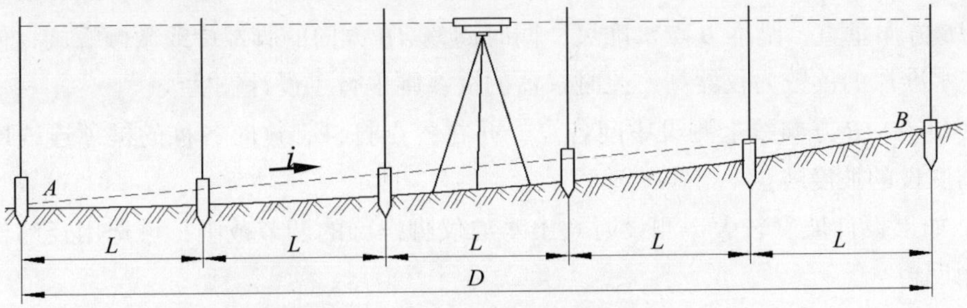

图 5.10　水平视线法测设已知坡度线

如图 5.10 所示，A 点为待测设坡度线的起点，其设计高程为 H_A，B 点为终点，AB 间的水平距离为 D，待测设的坡度为 i，则 B 点的高程应为 $H_B = H_A + iD$。测设方法如下：

在 AB 两点间架立水准仪，每隔一定的距离 L（其中 L 值的大小根据坡度测设的精度和总距离 D 的大小结合实际地形确定），设置一个木桩，如图所示，从 A 点开始的各点高程为 $H_j = H_A + ijD$（其中，j 代表各木桩的编号，j =1，2，3……）。测设好各点高程后，在对应的木桩侧面沿标尺底部标注红线，即设计坡度线所在位置。

2. **倾斜视线法**

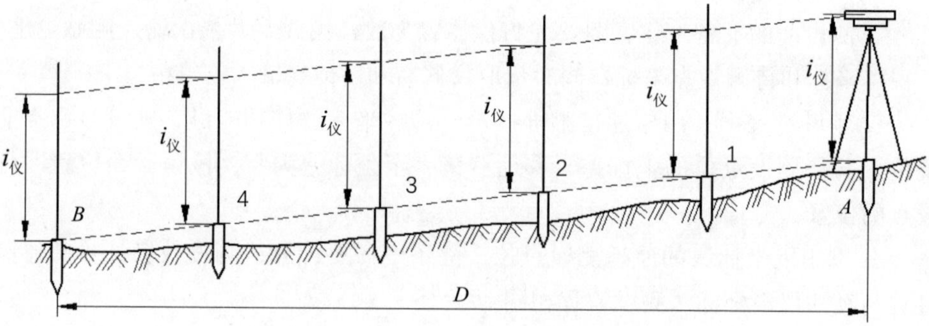

图 5.11　倾斜视线法测设已知坡度线

如图 5.11 所示，设 A 点的高程为 H_A,AB 间的水平距离为 D，待测设坡度为 i。测设详细过程如下：

①先根据 i 和 D 计算终点 B 点的设计高程：$H_B = H_A + iD$。采用高程测设方法先测设出 B 点的高程，AB 直线就构成坡度为 i 的坡度线。

②在 A 点安置水准仪，使一个脚螺旋在 AB 方向线上，另两个脚螺旋的连线与 AB 方向垂直，瞄准 B 点水准尺，同时调整 AB 方向的脚螺旋或微倾螺旋，使得 B 点水准尺的读数为仪器高，此时仪器的视线则平行于设计坡度线。

③在 AB 方向线上测设中间各点，并在各点打桩，这时各桩的桩顶连线即为所需测设的坡度线。

如果设计坡度较大，测设时超出水准仪脚螺旋的调节范围，可选用经纬仪进行测设。

5.1.5 圆曲线的测设

有许多工程建筑物如圆形建筑物、弧形建筑物都需要测设曲线，还有像道路路线在转向时，为了行车安全，必须用曲线连接。这种在平面内连接不同路线方向的曲线称为平面曲线，平面曲线又分为圆曲线和缓和曲线。其中圆曲线上任意一点的曲率半径处处相等；缓和曲线上任意一点的曲率半径都不同，其在不断地变化中。由于在公共建筑设计中，圆弧状的平面图形应用较广泛，此处主要介绍圆曲线的测设方法。

1. 圆曲线测设元素的计算

如图 5.12 所示，圆曲线的主点有曲线的起点即直圆点（ZY）、圆曲线的终点即圆直点（YZ）、曲线的中点即曲中点（QZ）。圆曲线的测设也是先测设圆曲线的主点，再根据主点按规定的桩距进行加密点测设，详细标定圆曲线的形状和位置，即圆曲线细部点的测设。

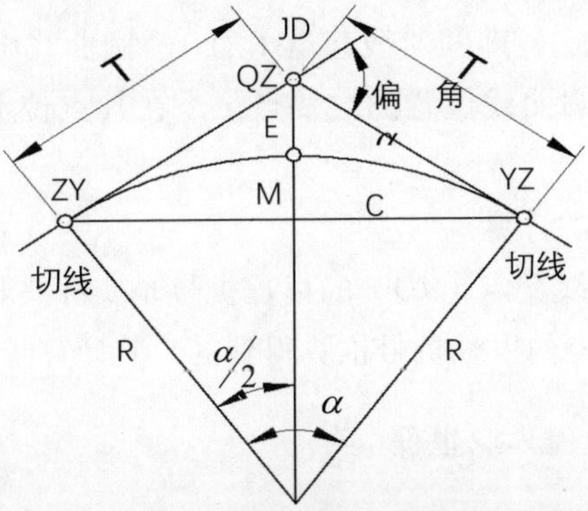

图 5.12　圆曲线测设元素

如图 5.12 所示，路线的转折点即交点 JD 的转折角为 α，偏转后的方向在原方向的右侧，称为右偏；相反则称为左偏。假设曲线设计半径为 R，则曲线测设元素可按下列公式计算。

切线长：$T = R\tan\dfrac{\alpha}{2}$　（5.5）

曲线长：$L = R\alpha\dfrac{\pi}{180}$　（5.6）

外矢矩：$E = R(\sec\dfrac{\alpha}{2} - 1)$　（5.7）

切曲差：$D = 2T - L$　（5.8）

弦　长：$C = 2R\sin\dfrac{\alpha}{2}$　（5.9）

中央纵矩：$M = R(1-\cos\frac{\alpha}{2})$ （5.10）

其中 T、E 用于主点测设，L、D 用于计算里程，C、M 用于测设检核。

2. 圆曲线主点测设

在路线平面曲线测设中，圆曲线是路线平面曲线的基本组成部分，且单圆曲线是最常见的曲线形式。圆曲线的测设工作一般分两步进行，先定出圆曲线上起控制作用的点，此项工作称为圆曲线的主点测设；然后在主点基础上进行加密，定出圆曲线上的其他点，完整地标定出圆曲线的位置，这项工作称为曲线的详细测设。

单圆曲线有三个主点，即圆曲线起点（ZY）、圆曲线中点（QZ）和圆曲线终点（YZ）。它们是确定圆曲线位置的主要点位。在其点位上的桩称为主点桩，是圆曲线测设的重要标志。

（1）主点里程桩号的计算

在中线测设时，路线交点（JD）的里程桩号是实际丈量得到的，而圆曲线主点的里程桩号是根据交点的里程桩号推算得到的。其计算步骤如下。

圆曲线中点：$QZ\text{里程} = YZ\text{里程} - \frac{L}{2}$

圆曲线起点：$ZY\text{里程} = JD\text{里程} - T$

圆曲线终点：$YZ\text{里程} = ZY\text{里程} + L$

校核：$JD\text{里程} = QZ\text{里程} + \frac{D}{2}$

如果计算得到的交点里程与实际值相同，则说明计算正确。

（2）圆曲线主点元素的放样方法

①传统方法：如图 5.12 所示，自路线交点 JD 分别沿后视方向和前视方向量取切线长 T，即得圆曲线起点 ZY 和圆曲线终点 YZ 的桩号；再自交点 JD 沿分角线方向量取外距 E，便是圆曲线中点 QZ 的桩号，打下木桩，即得到圆曲线主点的位置。

②极坐标法：在初测控制点上利用极坐标法（全站仪）直接测设圆曲线主点和圆曲线细部点。

③新技术法：利用 GPS-RTK 进行放样。

3. 圆曲线细部点测设

在公路中线测量中，为更详细更准确地确定路线中线位置，除测设圆曲线的主点外，还要按有关技术要求和规定桩距在圆曲线主点间加密测设桩，进行圆曲线的细部测设。加密测设桩的方法通常有两种。一种是整桩距法，即从圆曲线起点（或终点）开始，以相等的整桩距（整弧段）向圆曲线中点设桩，最后剩下一段不足整桩距的零桩距，这种方法的桩号除加设百米和千米桩外，其余桩号不为整数。另外一种是整桩号法，即将靠近圆曲线起点（或终点）的第一个桩号凑为整数桩号，然后再按照整桩距向圆曲线中点连续设桩，这种方法除个别加桩外，其余的桩号均为整桩号。

圆曲线细部测设方法有很多，但最常用的有以下两种：

（1）切线支距法

如图 5.13（a）所示，切线支距法又称直角坐标法，是以曲线的起点或终点为坐标原点，原点至交点的切线方向为 X 轴，坐标原点至圆心的半径为 Y 轴。曲线上任一点 P 即可用坐标值 X 和 Y 来确定。

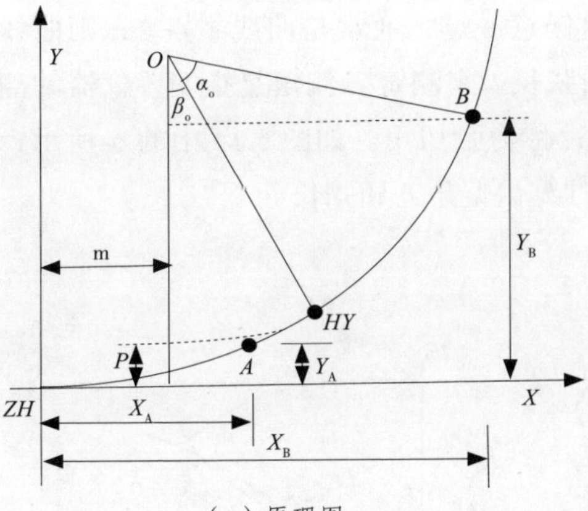

（a）原理图

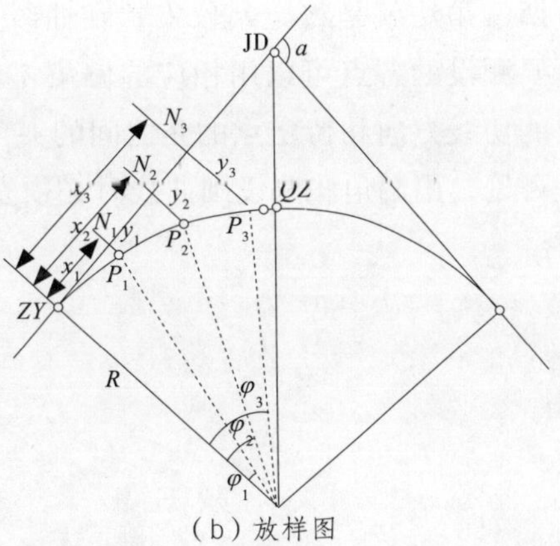

（b）放样图

图 5.13　切线支距法测设圆曲线

切线支距法坐标计算。设 P_i 为所要测设曲线上任意一点，P_i 到曲线 ZY 点或 YZ 点的弧长为 l_i，ϕ_i 为 l_i 所对应的圆心角，R 为圆曲线半径，如图 5.13（b）所示，则 P_i 的坐标可按下式计算：

$$x_i = R\sin\phi_i$$

$$y_i = R(1-\cos\phi_i) = x\tan(\phi_i/2)$$

式中：

$$\phi_i = {}^{l_i}\!/\!_R \cdot ({}^{180}\!/\!_{\pi})$$

切线支距法测设。它一般都是以曲线中点 QZ 为界，将曲线分为两部分进行测设。其测设步骤如下：

① 根据曲线桩的计算资料 $P_i(x_i, y_i)$，从 ZY（YZ）点开始用钢尺或皮尺沿切线方向量取 P_i 点的横坐标 y_i，得垂足 N_i；

② 在垂足点 N_i 用方向架（或经纬仪）定出切线的垂线方向，沿此方向量出纵坐标 y_i，即可定出曲线上 P_i 点的位置；

③ 校核方法，根据丈量所定各桩点间的弦长来进行校核，如果不符或超限，应查明原因，予以纠正。

切线支距法适用于平坦开阔地区，方法简便，功效快。尤其是该设置方法其测点相互独立，无误差累积。但是纵坐标过大时，测设 Y 坐标的误差会增大，故应选择其他方法进行细部测设。

（2）偏角法

在测设曲线主点的基础上，详细测设圆曲线的细部中桩点称为曲线细部放样。所谓偏角法就是将全站仪安置在曲线上任意一点（通常是曲线主点），则曲线上所要测设的各点可以用相应的偏角 δ_i 和弦长 l_i 来测定。偏角是指安置仪器的测站点的切线方向和待定点的弦之间的夹角，称为弦切角。如图 5.14 中的 δ_i 所示，由此可见，用偏角法测设圆曲线时必须先计算出偏角 δ 和弦长 l。

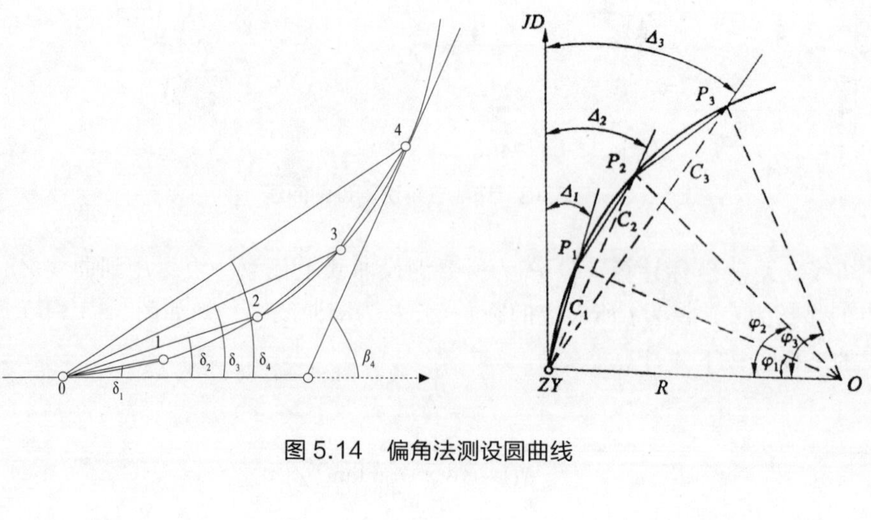

图 5.14　偏角法测设圆曲线

①偏角 δ 的计算公式：偏角 δ 即弦切角，它等于相应弦所对圆心角（φ）的一半。

$\delta=\varphi/2=L/2R$（弧度）$=L/2R\times(180/\pi)$（度）

式中：R – 曲线的半径；

L – 测站点到测设点的弧长。

②弦长 l 的计算公式：

$$l=2R\sin\delta$$

在实际操作中，用全站仪拨偏角时，存在正拨和反拨的问题。当线路为右转向时，偏角为顺时针方向，以切线方向为零方向时，全站仪所拨角即为偏角值，此时为正拨；当线路为左转向时，偏角为逆时针方向，全站仪所拨角应为 360° ~ δ，此时为反拨。

偏角法测设的步骤如下：

首先，按照曲线上各点的极坐标 ZY 或 YZ 点处，对中与整平，盘左瞄准 JD 点，水平度盘归零，转动照准部使水平度盘读数依次为 Δ_i（仪器置于 ZY 点上时正拨，置于 YZ 点上时反拨），依次量弦长 l_i，得到 P_i 点。

其次，圆曲线详细测设的校核，以曲线起点（ZY）至终点（YZ）的总偏角为转角的一半校核。

最后，若校核无误，在点 P_1、P_2、P_3...... P_i 钉上里程桩。

偏角法不仅可以在 ZY 和 YZ 点上测设曲线，还可在 QZ 点上测设，也可在曲线任一一点上测设。它是一种精度较高，适用性较强的常用方法。缺点是存在测点误差累积，所以宜自曲线两端向中点或自中点向两端测设曲线。

5.2 民用与工业建筑中的施工测量

5.2.1 建筑施工控制测量

建筑工程项目一般要经过勘察、规划设计、建筑施工、竣工验收、运营管理等阶段，建筑施工阶段进行的测量工作称为施工测量。

建筑施工测量的任务主要是将图纸设计好的建筑物、构筑物按设计要求的平面位置和高程测设标定出其位置关系，为衔接和指导各工序间的施工提供依据。施工测量贯穿整个施工过程，要保证所测设的建筑物、构筑物各部分之间的几何关系，即平面和高程位置，符合设计要求。施工测量和测绘地形图一样，也要遵循“从整体到局部，先控制后碎部”的原则。因此，施工前要在建筑场地建立统一的建筑施工控制网，施工控制网可分为平面控制网和高程控制网，然后以施工控制网为基础进行建筑物和构筑物各施工环节的点位测设。施工测量的精度直接影响工程施工的质量，因此，施工测量也必须采用各种不同的方法加强内业外业检核工作。

1. 建筑场地平面控制网

（1）建筑基线

对建筑群体规模较小，平面布局比较简单的小型建筑场地，常采用建筑基线作为建筑施工场地控制基准线，建筑基线布设是在建筑施工场地中央测设一条长轴线和若干条与其垂直的短轴线，然后在轴线上布设所需要的点位。建筑基线布设应靠近主要建筑物并与其主要轴线平行，一般基线点不应少于 3 个，以便用直角坐标法进行放样。常见的布置形式有三点直线形、三点直角形、四点丁字形和五点十字形等，如图 5.15 所示。

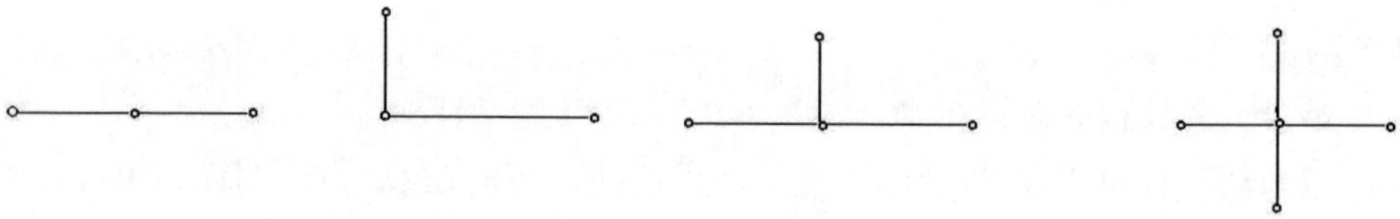

图 5.15　建筑基线的布置形式

建筑基线的测设方法有两种。

第一，根据建筑红线测设。

在城市区域，建筑用地的边界要经规划部门和设计单位协商而定。规划部门的拨地单位负责在现场标定出边界点，它们的连线通常是正交的直线，在规划图中用红线表示，故称为建筑红线。

如图 5.16 所示，A、B、C 三点连线 AB、BC 即为建筑红线。在此基础上，可用平行线推移法来建立建筑基线 ab、bc。当把 a、b、c 三点在地面上用木桩标定后，再安置经纬仪于 b 点检查 $\angle abc$ 与 90° 之差，其不得超过精度容许范围，否则需要进一步检查平行线的测设数据并重新测设。

第二，根据已有测量控制点测设。

如建筑区没有建筑红线，可根据建筑物的设计坐标和附近已有的控制点，建立建筑基线点并在地面上标定出来。如图 5.17 所示，A、B 为附近已有的控制点，A、B 坐标已知，求出 a、b、c 坐标，计算出测设数据，这样就可以采用极坐标法分别放样出 a、b、c 三点。然后把经纬仪安置于 b 点，观测 $\angle abc$ 与 90° 之差是否在 ±20″ 之内，并丈量 ab、bc 两段距离与计算数字比较，相对误差应在 1/0000 以内，否则应进行调整。

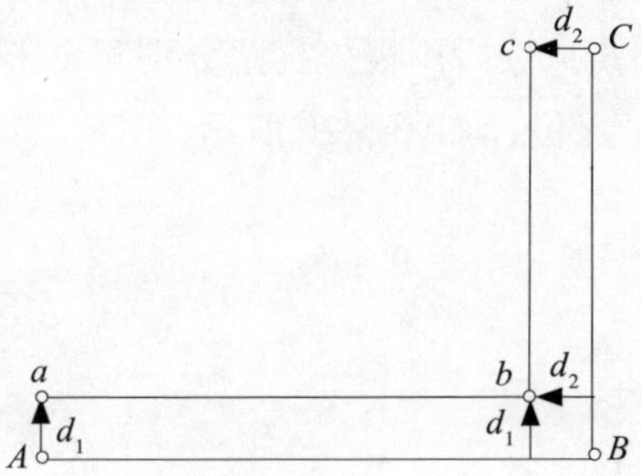

图 5.16　根据建筑红线测设建筑基线

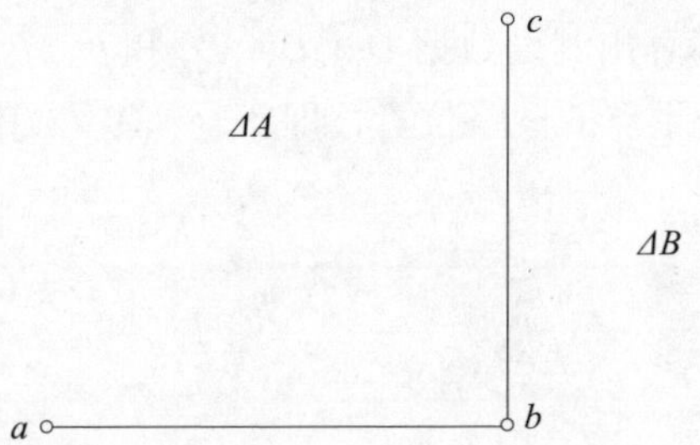

图 5.17　根据已有测量控制点测高建筑基线

（2）建筑方格网

当建筑平面布局按正方形或矩形布置，建筑群体规模较大时，可采用由正方形或矩形方格组成的施工控制网，称为建筑方格网，作为平面控制网。

布设方格网时应参照场地拟建建筑物、构筑物、道路、管线的分布情况。布网时应首先选定方格网的主轴线，如图 5.18 中的 AOB 和 COD，然后再布置其他的方格点。格网可布置成正方形或矩形。布网时应注意以下几点：

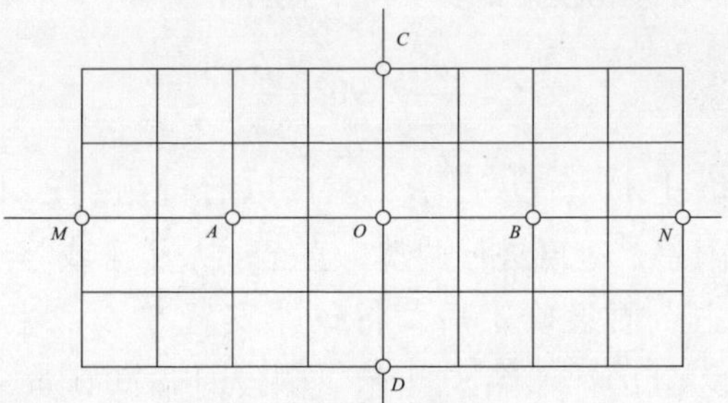

图 5.18　方格网的布设

①方格网的主轴线应布置在场区中央；主轴线与拟建建筑物的主要轴线要平行或垂直，控制点尽量要接近测设对象。

②方格网的折角应严格成 90°；方格网的边长一般为 100 ~ 300m，为便于

设计和使用，边长尽可能为 50m 的整数倍。

③相邻方格点应保证通视，便于测角和量距。

④各桩点标石埋置要牢固，要能长期地在地面上保留点位。

建筑方格网测设分为建筑方格网主轴线测设和方格网点测设。

建筑方格网主轴线测设。如图 5.19 中，1、2、3 为测量控制点，*A*、*O*、*B* 为主轴线上的主点。首先将 *A*、*O*、*B* 三点的施工坐标换算为测量坐标，再根据它们的坐标算出测设数据 D_1、D_2、D_3 和 β_1、β_2、β_3，然后用极坐标法分别测设出 *A*、*O*、*B* 三个主点的概略位置，即 A′ 、O′ 、B′ 点位，如图 5.20 所示。

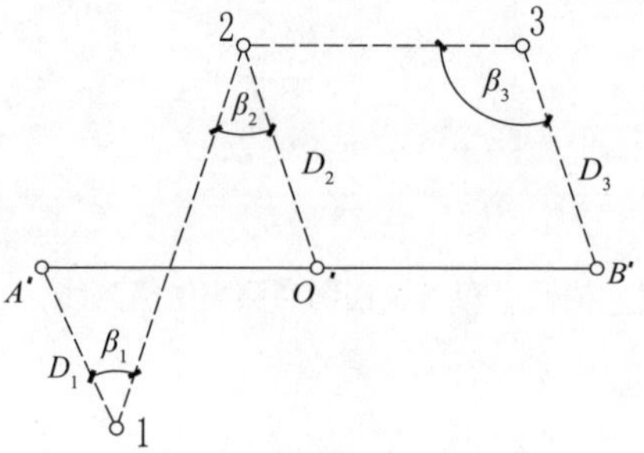

图 5.19　建筑方格网主轴线测设

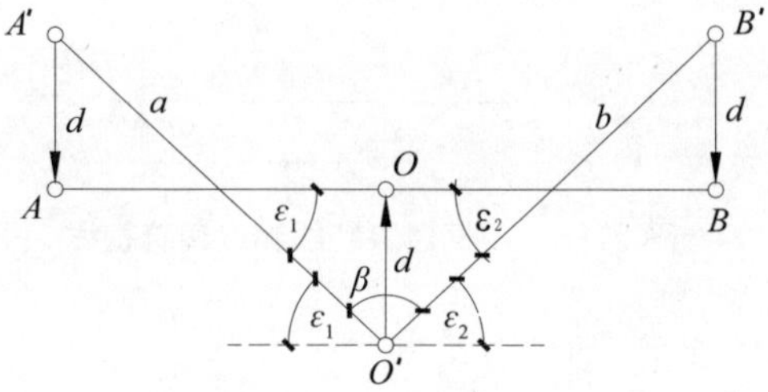

图 5.20　建筑方格主轴线测设

由于主点测设误差的影响，三个主点有可能不在一条直线上，因此，要在 *O′* 点上安置经纬仪，精确地测量∠ *A′O′B′* 的值。如果它和 180° 之差超过限差规定，应进行调整。调整时将各主点沿垂直方向移动一个改正值 *d*，但 *O′* 与 *A′* 、*B′* 两点移动的方向相反。*d* 值可按下式计算：

$$d=\frac{ab}{a+b}\left(90^\circ-\frac{\beta}{2}\right)\frac{1}{\rho} \tag{5.11}$$

如图 5.20，移动过 *A′* 、*O′* 、*B′* 三点以后再测量∠ *AOB*，如测得结果与 180° 之差仍然超过限差，应再进行调整，直至误差小于或等于允许值。

A、*O*、*B* 三个主点测设确定后，将仪器安置在 *O* 点上，测设与 *AOB* 轴线相垂直的另一主轴线 *COD*，如图 5.21 示。测设时瞄准 *A* 点，分别向右、向左转 90° ，在地上定出 *C′* 和 *D′* 点，再精确地测出∠ *AOC′* 和∠ *AOD′* 。分别计算出它们与 90° 之差 ε_1 和 ε_2，然后再计算出改正值 d_1、d_2，计算公式如下：

$$d_i=D\,\varepsilon_i''/\rho'' \tag{5.12}$$

式中 *D* 为 *OC′* 或 *OD′* 的距离。

将 C' 沿垂直方向移动距离 d_1 得 C 点，同样的方法定出 D 点。最后再实测改正后的∠ COD，其角值与 180° 之差不应超过规定的限差。

最后，分别自 O 点起，用钢尺分别沿直线 OA、OC、OB 和 OD 量取主轴线的距离。主轴线的量距必须用经纬仪定线，用检定过的钢尺往、返丈量。主轴线点 A、O、B、C、D 要在地面上用埋石桩标志出来。

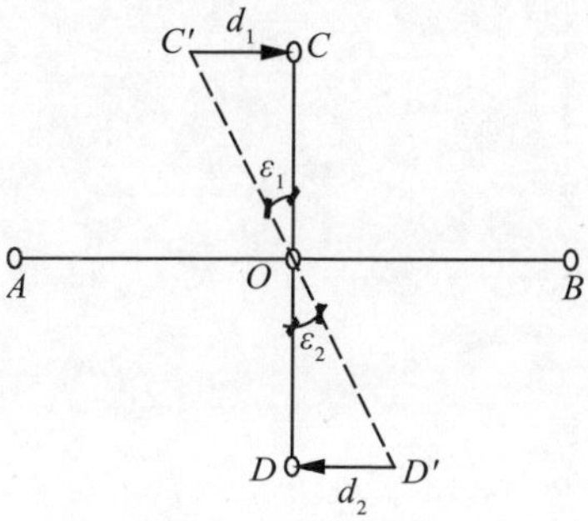

图 5.21　主点测设

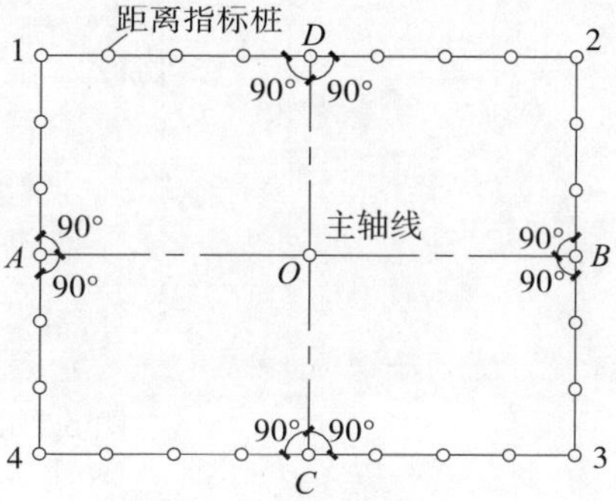

图 5.22　方格网点测设

方格网点测设。在主轴线测设出后，就要测设方格网，具体做法如下：在主轴线的四个端点 A、B、C、D 分别安置经纬仪，如图 5.22 所示，每次都以 O 点为起始方向，分别向左、向右测设 90° 角。这样就交会出方格网的 4 个角点 1、2、3、4。为了进行检校，还要量出 $A1$、$A4$、$D1$、$D2$、$B2$、$B3$、$C3$、$C4$ 各段距离。如果根据量距所得的角点位置和角度交会法所得的角点位置不一致，则可适当进行调整，确定 1、2、3、4 点的最后位置，埋标石桩标定点位。检核在各方格角点安置经纬仪测量角值是否为 90° 角，并量测各相邻点的距离，检查各项误差使之在允许范围内，即形成“田”字形的方格网。

（3）施工坐标和测量坐标换算

为了便于建筑设计和施工测设放样，建筑基线或建筑方格网主轴线常与建筑物主要轴线平行或垂直，设计总平面图上建筑物或构筑物的平面位置常采用施工坐标（又称建筑坐标）表示，施工坐标的原点一般设置于总平面图的西南角上，纵轴记为 A 轴，横轴记为 B 轴，施工坐标也称为 AB 坐标。设计总平面图中给出的建（构）物的设计坐标，多为施工坐标。主点的施工坐标一般由设计单位给出，也可在总平面图上用图解法求得。当施工坐标与测量坐标系统不一致时，如图 5.23 所示，可进行坐标换算，保持一致。坐标换算的方法如下：

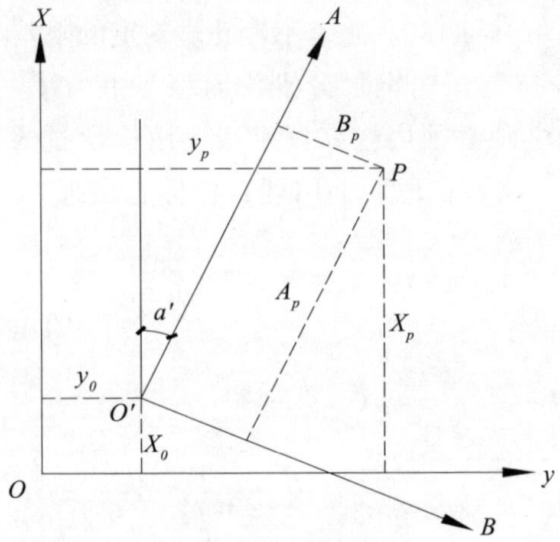

图 5.23 坐标换算

①如已知 P 点的施工坐标为（A_p，B_p），将其换算为测量坐标（x_P，y_p），可以按下式计算：

$$x_P = x_0 + A_p\cos\alpha - B_p\sin\alpha$$
$$y_p = y_0 + A_p\sin\alpha + B_p\cos\alpha \quad (5.13)$$

②如已知 P 的测量坐标（x_P，y_p），将其换算为施工坐标（A_p，B_p），则按下式计算：

$$A_p = (x_P - x_0)\cos\alpha + (y_p - y_0)\sin\alpha$$
$$B_p = -(x_P - x_0)\sin\alpha + (y_p - y_0)\cos\alpha \quad (5.14)$$

③施工坐标转角及原点坐标计算

使用（5.13）、（5.14）式进行计算时需已知 a 及（x_o，y_o）。若建筑规划总说明中没有给出上述数值，可以在建筑规划总图中确定两点，如 P_1、P_2 点，算出此两点的测量坐标（x_1，y_1）、（x_2，y_2）及施工坐标（A_1，B_1）、（A_2，B_2），施工坐标转角 a 及原点坐标计算（x_o，y_o），则可按下列公式计算。

$$\alpha = tg{-1}\,(y_2 - y_1 / x_2\, x_1) - tg{-1}\,(B_2 B_1 / A_2 A_1) \quad (5.15)$$

$$x_o = x_1 - A_1\cos\alpha + B_1\sin\alpha$$
$$y_o = y_1 - A_1\sin\alpha - B_1\cos\alpha \quad (5.16)$$

或

$$x_o = x_2 - A_2\cos\alpha + B_2\sin\alpha$$
$$y_o = y_2 - A_2\sin\alpha - B_2\cos\alpha \quad (5.17)$$

（5.16）、（5.17）式可互为计算检核。

2. 建筑场地高程控制网

建筑场地高程控制点一般可附设在方格角点的标桩上，但为了便于长期检查这些水准点高程是否有变化，还应布设永久性的水准主点。大型建筑场地除埋设水准主点外，在要新建的大型厂房或高层建筑等区域还应布置水准基点，以保证整个场地有可靠的高程起算点控制每个区域的高程。水准主点和水准基点的高程用精密水准测量的方法测定，在此基础上用三等水准测量的方法测定方格网的高程。对于中小型建筑场地的水准点，一般用三、四等水准测量的方法测其高程。最后包括临时水准点在内，水准点的密度应尽量满足放样要求。

5.2.2 民用建筑施工测量

民用建筑一般是指住宅、宿舍楼、办公楼、商场、俱乐部、宾馆、医院和学校等建筑物。它分为单层、多层和高层等各种类型。施工测量的任务就是按照设计要求，把图纸上设计好的建筑物位置测设到地面上，并配合施工进程进行测设放样与检测，以确保工程施工质量。施工测量贯穿整个施工过程，施工阶段不同，其测设方法及精度要求也不同，民用建筑施工测量主要包括建筑物定位、放线、基础工程施工测量、墙体工程施工测量等。

1. 施工测量前的准备工作、

（1）熟悉设计资料和设计图纸

熟悉设计图纸。设计图纸是施工测量的主要依据，在测设前，应熟悉建筑物的设计图纸，了解施工建筑物与相邻地物的相互关系，以及建筑物的尺寸和施工的要求等，并仔细核对各设计图纸的有关尺寸。测设时必须具备下列图纸资料：

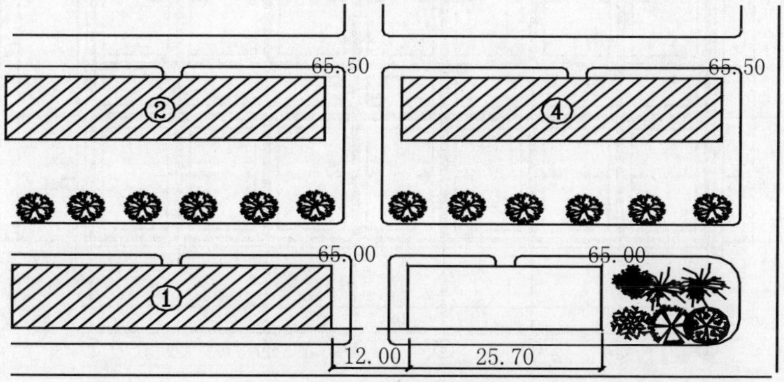

图 5.24　总平面图

①总平面图，如图 5. 24 所示，从总平面图上，可以查取或计算拟建建筑物与原有建筑物或测量控制点之间的平面尺寸和高差，它们测设建筑物总体位置的依据。

②建筑平面图，如图5.25所示，从建筑平面图上，可以查取建筑物的总尺寸，建筑平面图给出了建筑物各定位轴线的尺寸关系及室内地坪标高，这些是施工测设的基本资料。

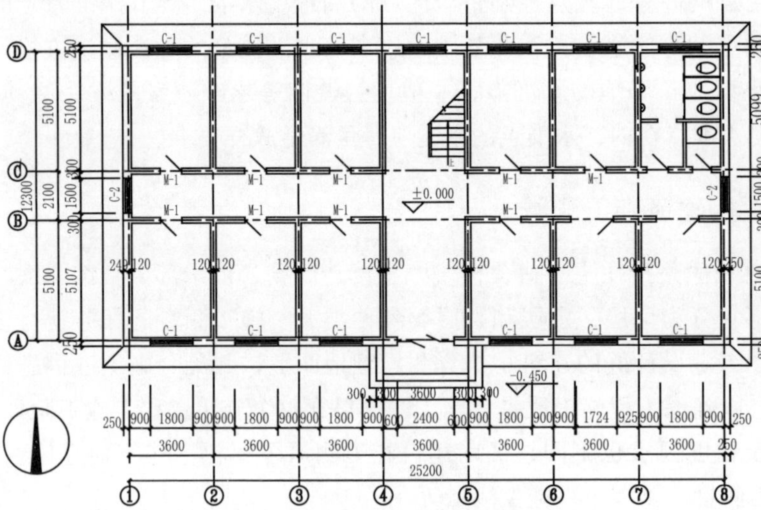

图 5.25　建筑平面图

③基础平面图，如图 5.26 所示，基础平面图给出了基础边线与定位轴线的平面尺寸，它们是测设基础轴线的必要数据。

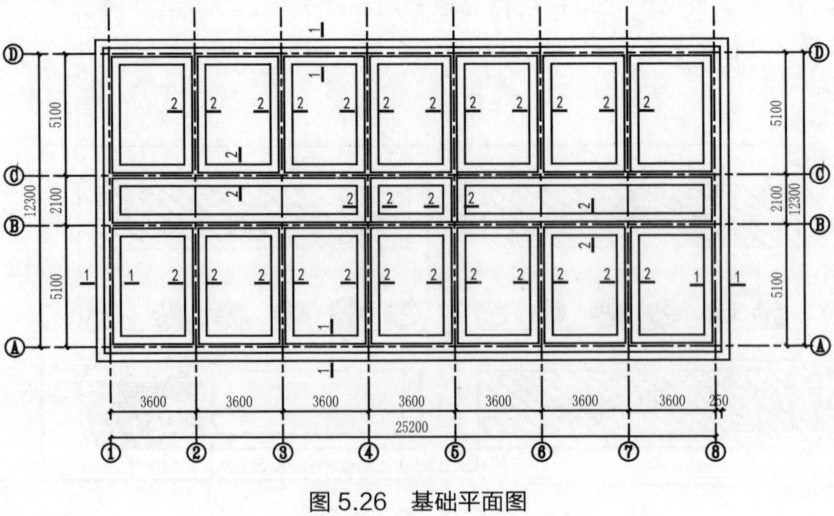

图 5.26　基础平面图

④基础详图，如图 5.27 所示，从基础详图上，可以查取基础立面尺寸和设计标高，它们是基础高程测设的依据。

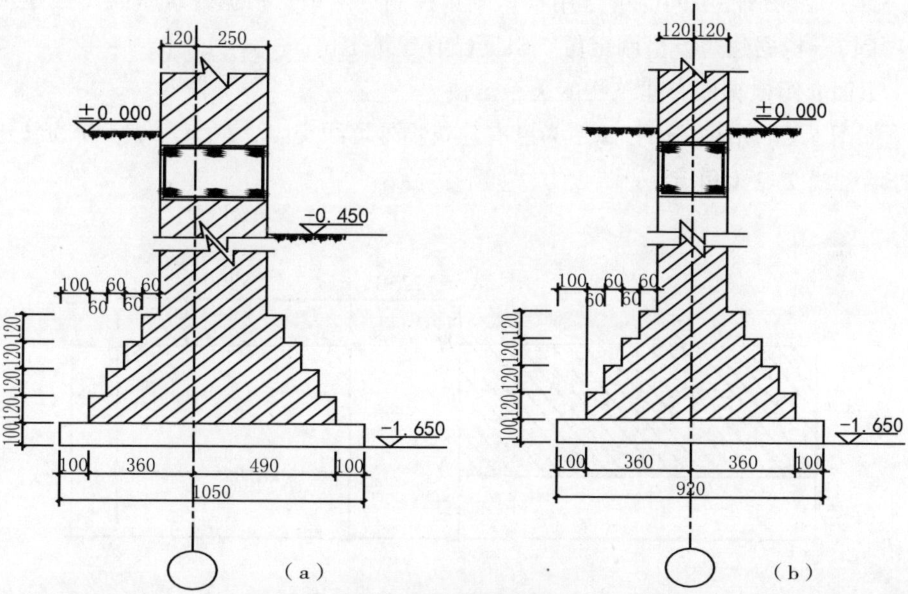

图 5.27　基础详图

⑤立面和剖面图给出了室内外地坪、门窗洞口、楼面、屋面等的设计高程，它们是高程测设的主要依据。

（2）现场踏勘

现场踏勘的目的是了解施工场区地物、地貌情况，查找已有测量控制点，检核起始数据。

（3）施工场地整理

平整和清理施工场地，有利于测设工作的顺利进行。

（4）制定测设方案

根据设计要求、定位条件、现场地形和施工方案等因素，制定测设方案，绘制测设略图，在略图上标出拟建筑物轴线间的主要尺寸、标高等主要有关测设数据，方便现场测设使用。。

（5）仪器工具准备

测设开工前应对所用仪器、工具进行检验校正，确保符合计量要求。

2. 建筑物定位测设

建筑物的定位，首先应根据建筑总平面图上给出的建筑物尺寸定位，将建筑物外廓各轴线交点（简称角桩）测设在地面上作为基础放样和细部放样的依据。

由于定位条件不同，可选用根据测量控制点定位、根据建筑基线（或建筑红线）定位、根据建筑方格网定位、根据已有建筑定位。

下面介绍根据原有建筑物的关系定位。

如图 5. 28 所示，*MP*、*NK* 为已有建筑物外墙线交点，*E*、*G*、*F*、*H* 为新建筑物外墙轴线交点（角点），测设方法如下：

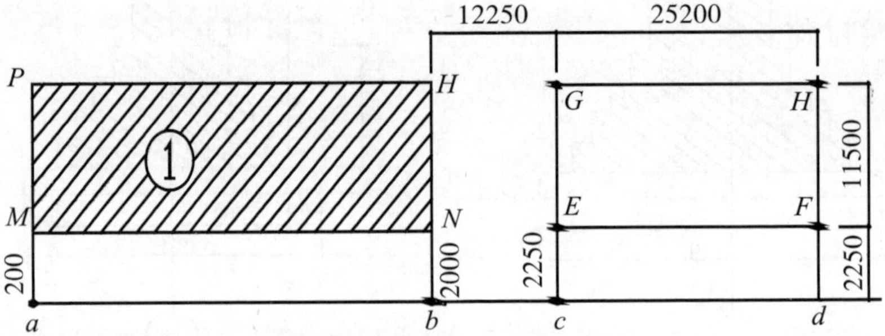

图 5.28　根据原有建筑物的关系定位

①先用钢尺紧贴原有建筑物外墙 *MP*、*NK* 量一小段距离 2.0m（一般 1~4m，应根据现场条件而定）得 *a*、*b* 两点，并用木桩标定。

②把经纬仪安置于 *a* 点，瞄准 *b* 点，并从 *b* 点沿 *ab* 方向量出 6.00m+0.25m 距离，得 *c* 点，再继续量取 25.20m，得 *d* 点。

③将经纬仪安置在 *c* 点，瞄准 *a* 点后顺时针方向旋转 90°，锁定此方向，从 *c* 点沿视线方向量取 2.00m+0.25m 距离定出 *E* 点，再从 *E* 点沿视线方向量取 6.30m，得 G 点。

④将经纬仪安置在 *d* 点，用同法测出 *F*、*H* 点，则 *E*、*G*、*F*、*H* 四点为拟建建筑物外墙轴线交点。检查距离和交点直角，误差在限差要求内即可。

3. 建筑物放线测设

建筑物定位以后，所测设的轴线交点桩，在开挖基槽时将被挖掉，因此在槽外各轴线的延长线上应设置轴线控制桩，作为开槽后各阶段施工中确定轴线位置的依据，方法有如下两种。

（1）龙桩、龙门板测设法

在一般民用建筑物中，为了方便施工，则在基槽外一定距离处设置龙门板，如图 5.29 所示，龙门板的设置步骤如下：

①在建筑物外围转角和中间隔墙基槽外开挖边线约 1.5 ~ 3m 处钉设龙门桩。桩面与基槽平行，桩要钉直，钉牢固。

②根据场地内水准点，将 ±0.000m 标高线投测到每个龙门桩上。

③根据标高线把龙门板钉在龙门桩上，使龙门板的上边缘标高正好为 ±0.000m。

④将经纬仪置于各中心桩点上，将各轴线投测到龙门板顶面上，并钉小钉作为标志（称轴线钉）。

⑤用钢尺沿龙门板顶面检查轴线钉间的距离，其相对误差不得超限，检查合格后，以中心钉为准，将墙宽、基础宽标定在龙门板上，然后根据槽上口宽度撒出基槽灰线。

龙门板使用方便，但占地面积大，耗费木材，影响机械化施工，现在在工地上已不常用。

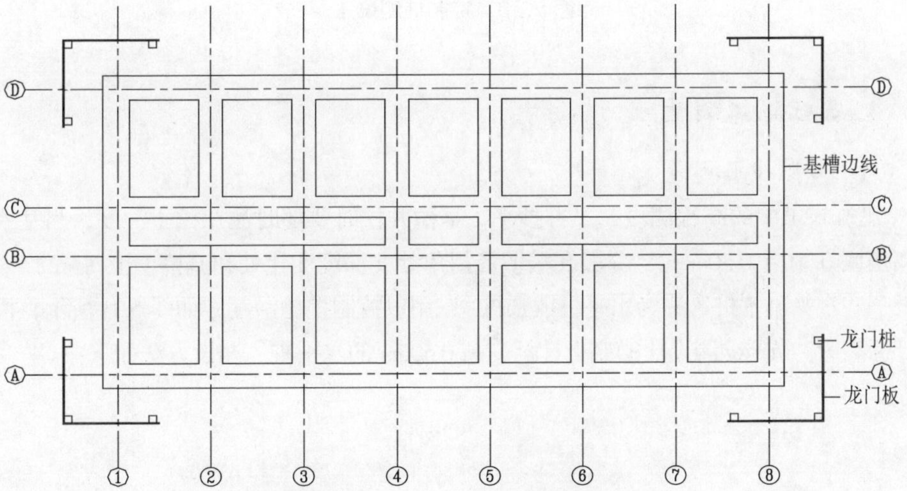

图 5.29　龙桩、龙门板测设法

（2）控制桩测设法

在基槽外各轴线的延长线上测设轴线控制桩面（引桩），作为开槽后各阶段施工中恢复轴线的依据，如图 5.30 所示，同时也是向上面各楼层投测轴线的依据。控制桩一般钉在基槽外开挖边线 2~4m，且不受施工干扰并便于引测和保存桩位的地方。在多层建筑施工中，为便于向上投点位，同时在轴线延长线尽量远处也测设出控制桩，或把轴线引测到建筑物上。

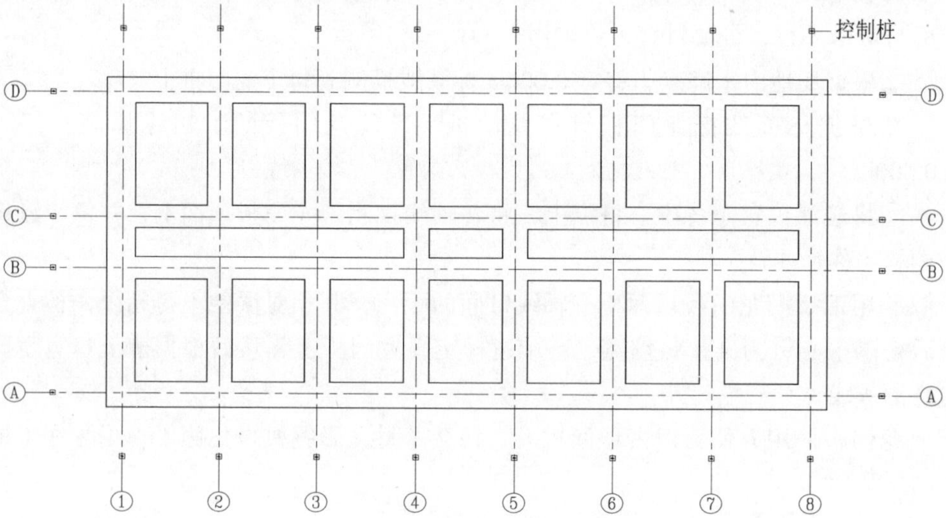

图 5.30　控制桩测设法

4. 基础施工测量

（1）基础找平测设

建筑施工中的高程测设，又称抄平。基槽开挖时要随时注意挖土深度，当基槽挖到离槽底 0.30 ~ 0.50m 时，一般在槽壁各拐角处、深度变化处和基槽壁上每隔 2 ~ 3m 测设一些水平小木桩（称为水平桩或腰桩），用以控制挖槽深度，如图 5.31 所示，槽底设计标高为 – h，欲测设比槽底设计标高高 0.500m 的水平桩，测设方法如下：

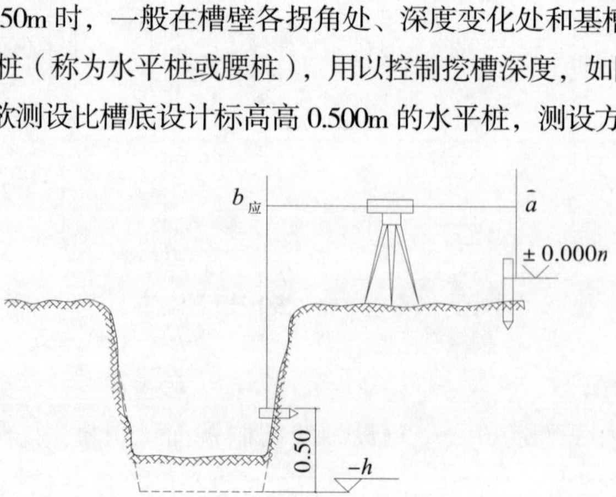

图 5.31　基础找平测设

①在地面适当地方安置水准仪，在 ±0.000m 标高线位置上立水准尺，读取后视读数 a。

②计算测设水平桩时应读前视读数 b 应：

$$b_{应}=h+a-0.500$$

③在槽内一侧立水准尺，并上下移动，直至水准仪视线读数为 b 应时，沿水准尺尺底在槽壁打入一小木桩。

（2）垫层轴线投测

基础垫层打好后，根据轴线控制桩或龙门板上的轴线钉，用经纬仪或用拉绳挂锤球的方法，把轴线投测到垫层上，并用墨线弹出墙中心线和基础边线，作为砌筑基础的依据。由于整个墙身砌筑均以此线为准，所以此线要严格校核后方可进行砌筑施工。

（3）基础墙标高控制测量

房屋基础墙是指 ±0.000m 以下的砖墙，它的高度是用基础皮数杆来控制的。基础皮数杆是一根木制的杆子，在杆上事先按照设计尺寸，将砖、灰缝厚度画出线条，并标明 ±0.000m 和防潮层的标高位置，立皮数杆时，先在立杆处打一木桩，用水准仪在木桩侧面定出一条高于垫层某一数值（如 100mm）的水平线，然后将皮数杆上标高相同的一条线与木桩上的水平线对齐，并用大铁钉把皮数杆与木桩钉在一起，作为基础墙的标高依据，如图 5.32 所示。

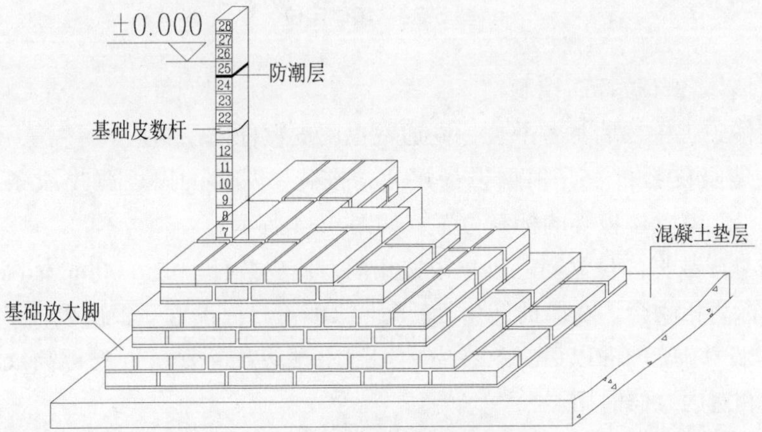

图 5.32　基础墙标高控制测量

（4）基础面标高检查

基础施工结束后，应检查基础面的标高是否符合设计要求（也可检查防潮层）。可用水准仪测出基础面上若干点的高程和设计高程进行比较，误差应在允许误差范围内，方可进行下一道工序施工。

5. **墙体施工测量**

（1）墙体定位

①利用轴线控制桩或龙门板上的轴线和墙边线标志，用经纬仪或用拉细绳挂锤球的方法将轴线投测到基础面上或防潮层上，如图 5.33 所示。

②用墨线弹出墙中线和墙边线。

③检查外墙轴线交角是否等于 90°。

④把墙轴线延伸并画在外墙基础上，作为向上投测轴线的依据。

⑤把门、窗和其他洞口的边线，也在外墙基础上标定出来。

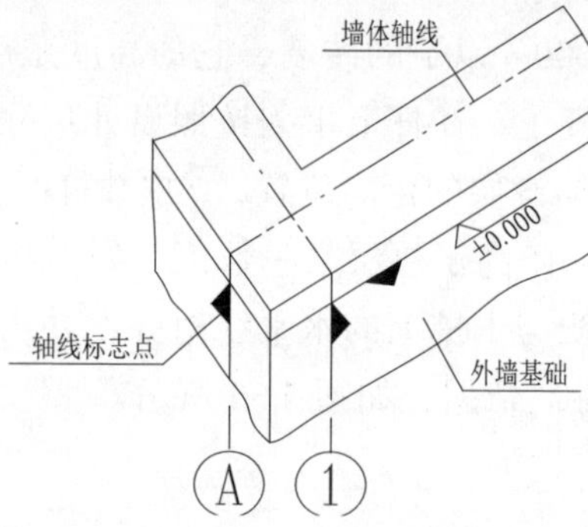

图 5.33　墙体定位

（2）墙体各部位标高控制

在墙体施工中，墙身各部位标高通常也用皮数杆来控制。

①在墙身皮数杆上，根据设计尺寸，按砖、灰缝的厚度画出线条，并标明 0.000m、门、窗、楼板等的标高位置，如图 5.34 所示。

②墙身皮数杆的设立与基础皮数杆相同，使皮数杆上的 0.000m 标高与房屋的室内地坪标高相吻合。在墙的转角处，每隔 10 ~ 15m 设置一根皮数杆。

③在墙身砌起 1m 以后，就在室内墙身上测设出 +0.500m 的标高线，在该层地面施工和室内装修时用。

④第二层以上墙体施工中，为了使皮数杆在同一水平面上，要用水准仪测出楼板四角的标高，取平均值作为地坪标高，并以此作为立皮数杆的标志。

框架结构的民用建筑，墙体砌筑是在框架施工后进行的，故可在柱面上画线，代替皮数杆。

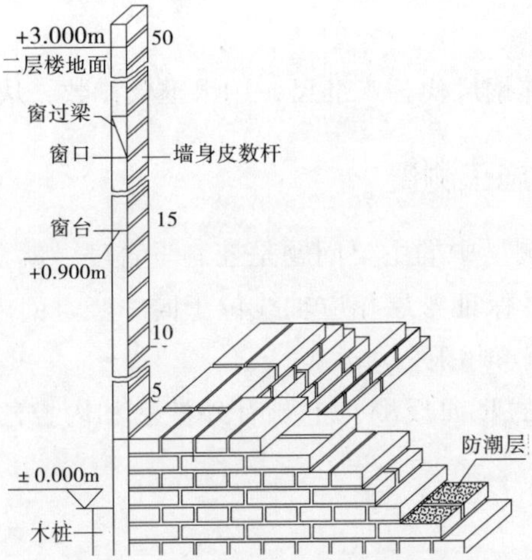

图 5.34　墙体各部位的标高控制

（3）建筑物的轴线投测

在多层建筑墙身砌筑过程中，为了保证建筑物轴线位置正确，可用吊锤球法或用经纬仪将轴线投测到各层楼板边缘或柱顶上。

吊锤球法。将较重的锤球悬吊在楼板或柱顶边缘，当锤球尖对准基础墙面上的轴线标志时，线在楼板或柱顶边缘的位置即为楼层轴线端点位置，画出标志线。各轴线的端点投测完后，用钢尺检核各轴线的间距，符合要求后，继续施工，并把轴线逐层自下向上传递。吊锤球法简便易行，不受施工场地限制，一般能保证施工质量。但当有风或建筑物较高时，投测误差较大，应采用经纬仪投测法。

经纬仪投测法。在轴线控制桩上安置经纬仪，整平后，瞄准基础墙面上的轴线标志，用盘左、盘右分中投点法，将轴线投测到楼层边缘或柱顶上。将所有端点投测到楼板上之后，用钢尺检核间距，相对误差不得大于1/2000。检查合格后，才能在楼板分间弹线，继续施工。

（4）建筑物的高程传递

在多层建筑施工中，要由下层向上层传递高程，以便楼板、门窗口等的标高符合设计要求。高程传递的方法有以下几种：

利用皮数杆传递高程。一般建筑物可用墙体皮数杆传递高程。具体方法参照“墙体各部位标高控制”。

利用钢尺直接丈量。对于高程传递精度要求较高的建筑物，通常用钢尺直接丈量来传递高程。对于二层以上的各层，每砌高一层，就从楼梯间用钢尺从下层的“+0.500m”标高线，向上量出层高，测出上一层的“+0.500m”标高线。这样用钢尺逐层向上引测。

吊钢尺法。用悬挂钢尺代替水准尺，用水准仪读数，从下向上传递高程。

5.2.3 高层建筑施工测量

高层建筑物施工测量中的主要问题是控制垂直度，就是将建筑物的基础轴线准确地向高层引测，并保证各层相应轴线位于同一竖直面内，控制竖向偏差，使轴线向上投测的偏差值不超限。

高层建筑物轴线的竖向投测，主要有外控法和内控法两种，下面分别进行介绍。

1. 外控法

外控法是在建筑物外部，利用经纬仪，根据建筑物轴线控制桩来进行轴线的竖向投测，操作方法如下：

（1）在建筑物底部投测中心轴线

高层建筑的基础工程完工后，将经纬仪安置在轴线控制桩上，如图5.35所示，即$A_{中}$、$A'_{中}$、$5_{中}$和$5'_{中}$上，把建筑物主轴线精确地投测到建筑物的底部，并设立标志a、a'、b和b'，以供下一步施工与向上投测时用。

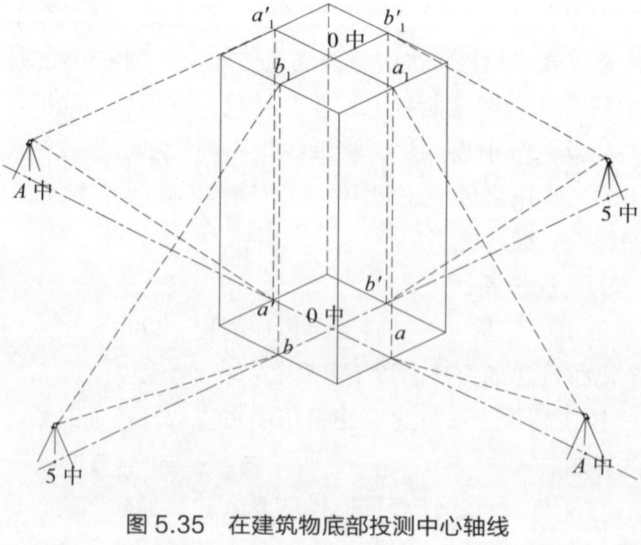

图5.35 在建筑物底部投测中心轴线

（2）向上投测中心线

随着建筑物不断升高，要逐层将轴线向上传递投测，如图 5.35 所示，将经纬仪安置在中心轴线控制桩 $A_中$、$A'_中$、$5_中$和 $5'_中$上，严格整平仪器，用望远镜瞄准建筑物底部已标出的轴线 a、a'、b 和 b' 点，用盘左和盘右分别向上投测到每层楼板上，取其中点作为该层轴线的投测的中心点，如图 5.35 中 a_1、a_1'、b_1 和 b_1' 点，连接 a_1a_1'、b_1b_1' 并弹墨线，即得该层楼面控制轴线，以该轴线在楼面上分间弹线，检核误差在允许范围内，方可进行下道工序施工。

高层建筑竖向轴线投测要求精度较高，经纬仪一定要经过严格检校后才能使用，尤其是照准部水准管轴应严格垂直于竖轴，作业时要仔细整，认真操作。

2. 内控法

在首层楼面施工完毕后，在建筑物 ±0.000m 首层平面适当位置设置与轴线平行的辅助轴线。辅助轴线距轴线 0.50 ~ 1.0m 为宜，如图 5.36 所示。平面设置轴线控制点，并预埋标志，以后在各层楼板位置上相应预留 200mm × 200 mm 的传递孔，在轴线控制点上直接采用吊线坠法或激光铅垂仪法，通过预留孔将其点位垂直投测到任一楼层。

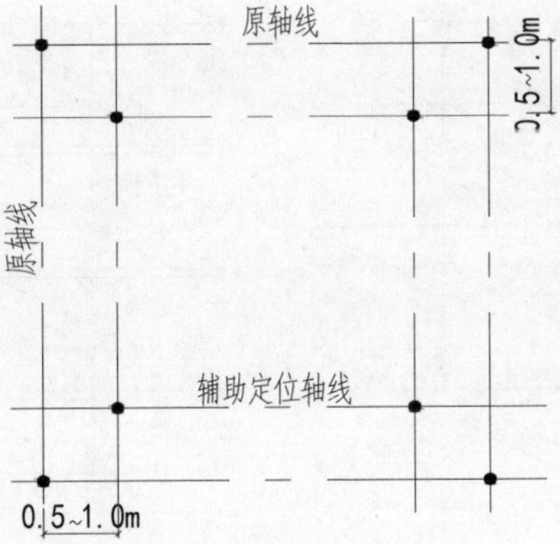

图 5.36　辅助轴线的设置

（1）吊线坠法

吊线坠法是利用钢丝悬挂重锤球的方法，进行轴线竖向投测。这种方法一般用于高度在 50 ~ 100m 的高层建筑施工中，锤球的重量约为 10 ~ 20kg，钢丝的直径约为 0.5 ~ 0.8mm。如图 5.37 所示，投测方法如下：

在预留孔上面安置十字架，挂上锤球，对准首层预埋标志。当锤球线静止时，固定十字架，并在预留孔四周做出标记，作为以后恢复轴线及放样的依据。此时，十字架中心即为轴线控制点在该楼面上的投测点。

用吊线坠法实测时，要采取一些必要措施，如用铅直的塑料管套着坠线或将锤球沉浸于油中，以减少摆动。

（2）激光铅垂仪法

激光铅垂仪是一种专用的铅直定位仪器。适用于高层建筑物及高塔架的铅直定位测量，如图 5.38 所示，其投测方法如下：

①将激光铅垂仪安置在首层轴线控制点上，利用激光对中光束进行对中，通过调节基座整平螺旋，使管水准器气泡严格居中。

②在上层施工楼面预留孔处，放置接收靶。

③开启电源，激光器发射铅直激光束，通过调焦，使激光束会聚成红色耀目光斑，投射到上层接收靶上。

④移动接收靶，使靶心与红色光斑重合，固定接收靶，并在预留孔四周做出标记，此时，靶心位置即为轴线控制点在该楼面上的投测点。

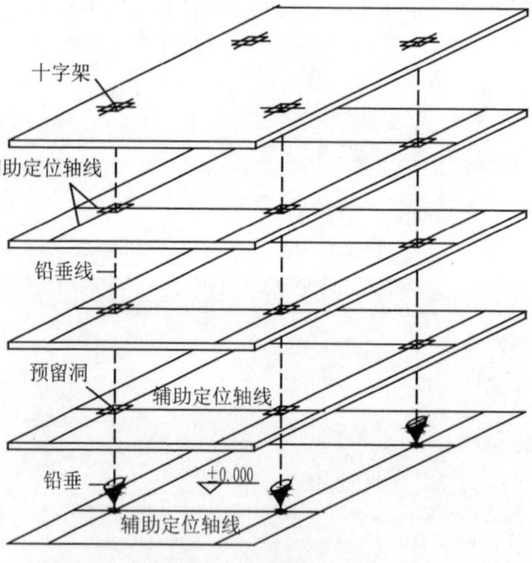

图 5.37　吊线坠法

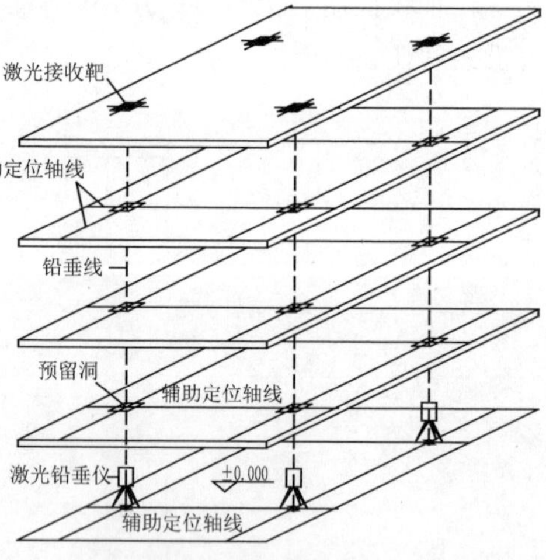

图 5.38　激光铅垂仪法

（3）高层建筑物的高程传递

首层墙体砌到 1.5m 高后，用水准仪在内墙面上测设“+ 0.500m”的水平线，作为首层地面施工及室内装修的标高依据。以后每砌高一层，就从楼梯间用钢尺从下层的“+0.500m”标高线，向上量出层高，测出上一楼层的“+ 0.500m”标高线。由下层传递上来的同一层几个标高点必须用水准仪进行检核，检查各标高点是否在同一水平面上，其误差应不超过允许值。

5.2.4 工业建筑的施工测量

工业厂房一般分单层厂房和多层厂房，常用的厂房结构形式有钢筋混凝土结构、钢结构，现阶段钢结构厂房已逐渐取代了钢筋混凝土结构厂房，这两种结构厂房施工测设大同小异，本节介绍现在最常用的单层钢结构厂房在施工中的测量工作，其施工程序主要分为厂房控制网的测设、厂房柱列轴线测设、柱基施工测量和厂房构件的安装测量四个部分。

1. 厂房控制网的测设

工业厂房多为排柱式建筑，柱列轴线的测设精度要求较高，因此，常在建筑方格网的基础上建立矩形控制网，然后按照厂房跨距和柱子间距，在厂房控制网上定出柱列轴线。如图 5.39 所示，I、II、III、IV 为建筑方格交点坐标，*a*、*b*、*c*、*d* 为厂房外轮廓四条轴线的交点（定位点），其设计坐标为已知。*A*、*B*、*C*、*D* 为设计布置在厂房外围的矩形控制网点（称厂房控制点）。厂房控制点的坐标可根据厂房外轮廓交点坐标和设计距离 d_1、d_2 计算求得。根据建筑方网点 I、II，用直角坐标法精确测设出 *A*、*B* 两点，再由 *A*、*B* 两点测设 *C*、*D* 点，最后检查∠*ACD*、∠*BDC* 及边长 *CD*，如果角度误差不超过 ±10″，边长误差不超过 1/10000，则认为符合精度要求。

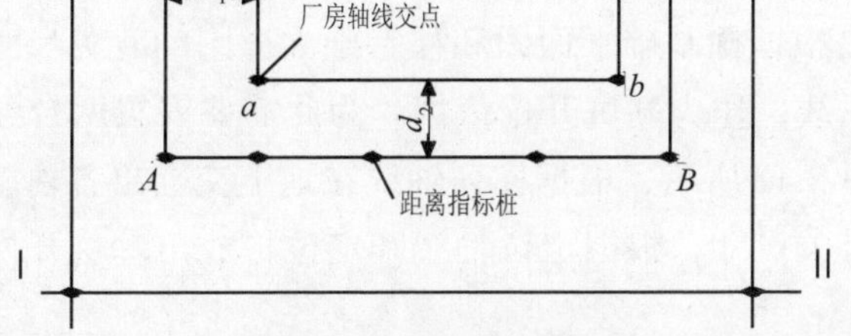

图 5.39　厂房控制网的测设

对大型厂房则应先精确测设厂房控制网的主轴线，再根据主轴线测设厂房控制网。

2. 厂房柱列轴线测设

厂房矩形控制网测设出后，就可在矩形控制网的基础上定出柱列轴线桩。测设方法：首先为便于厂房细部测设，用钢尺在控制网各边上每隔柱子间距整数倍钉出距离指示桩，最后根据距离指示桩按柱子间距或跨距定出柱列轴线桩，在桩顶上钉小钉，标明柱列轴线方向，作为基坑放样的依据，如图 5.40 所示。

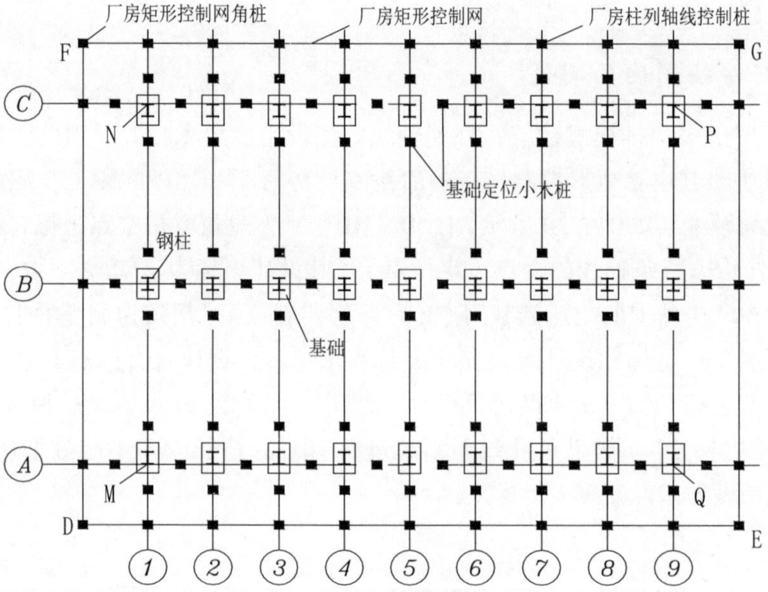

图 5.40 厂房柱列轴线测设

3. 柱基施工测量

（1）柱基测设

柱基测设就是根据柱基础平面图和柱基础大样图的有关尺寸，把基坑开挖边线用白灰撒出标示线，作为基坑开挖依据。为此需要安置两台经纬仪在相应的轴线控制桩上，如图 5.41 所示，根据柱列轴线在地上交会出各柱基定位桩，然后按照基础大样图的有关尺寸，根据定位轴线和定位桩放出基坑开挖线，用白灰标明开挖范围。

（2）基坑抄平

当基坑挖到一定深度时，应在坑壁四周离坑底设计高程 0.3 ～ 0.5m 处设置水平桩，如图 5.42 所示，作为基坑修坡和清底的高程依据。此外还应在基坑内测设出垫层的高程，即在坑底设置小木桩，桩顶恰好等于垫层的设计高程。

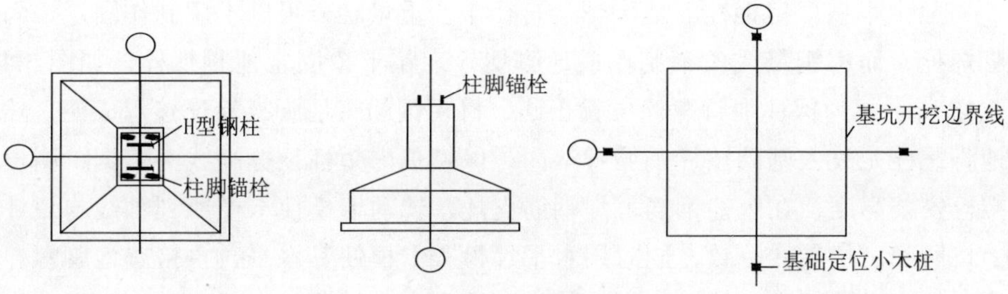

图 5.41　柱基测设

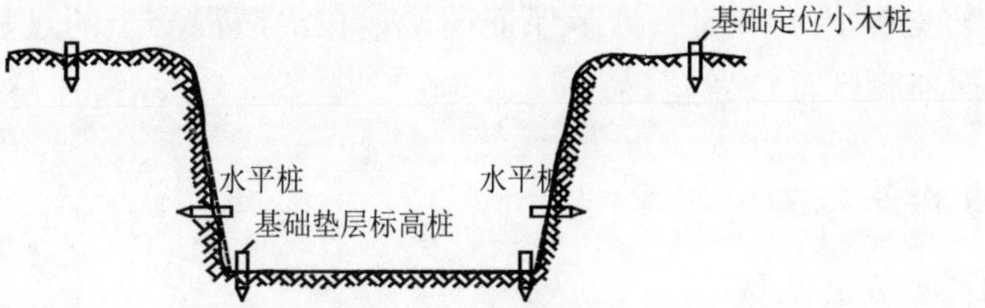

图 5.42　柱基测设

（3）基础模板的定位

对于钢结构柱子基础，顶面通常设计为一平面，通过地脚锚栓将钢柱与基础连成整体。施工时应注意保证基础顶面标高及锚栓位置的准确。其施测方法与步骤如下。

基础垫层打好之后，根据轴线定位木桩，用拉线的方法，吊垂球把柱基定位线投到基坑的垫层上，然后用墨斗弹出墨线，用红油漆画出标记，再根据基础尺寸弹出基础边线，作为柱基立模板和布置钢筋的依据。立模板时，将模板底对准垫层上的定位线，并用垂球检查模板是否竖直，基础模板安装支撑固定好后，用经纬仪将柱列定位轴线投测在模板上口，并划线标志，最后根据控制点标高用水准仪将基础短柱顶面设计标高测设在模板内壁上，并划线标志，如图 5.43 所示。

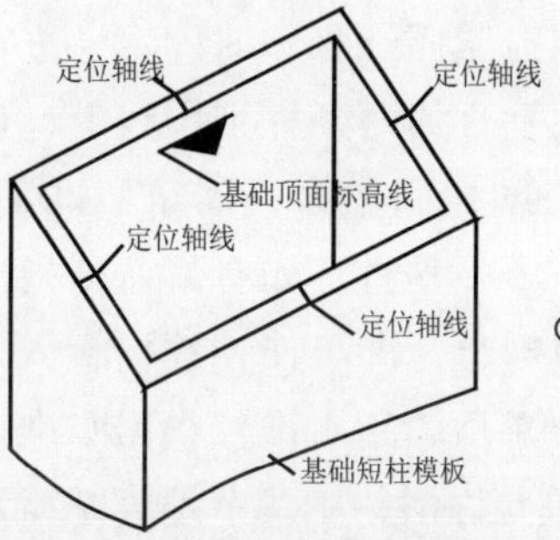

图 5.43　基础模板的定位

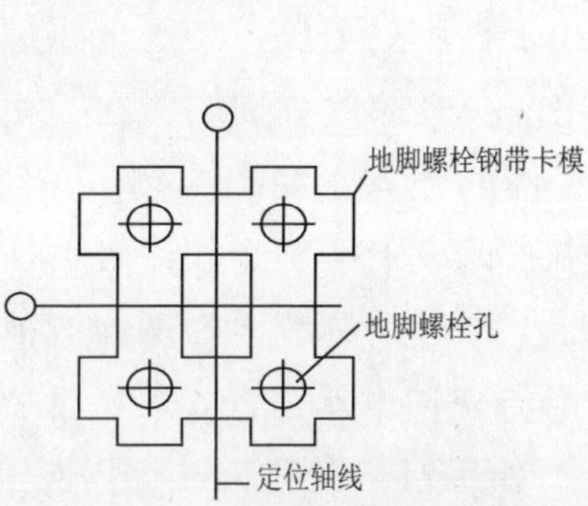

图 5.44　地脚螺栓安装测设

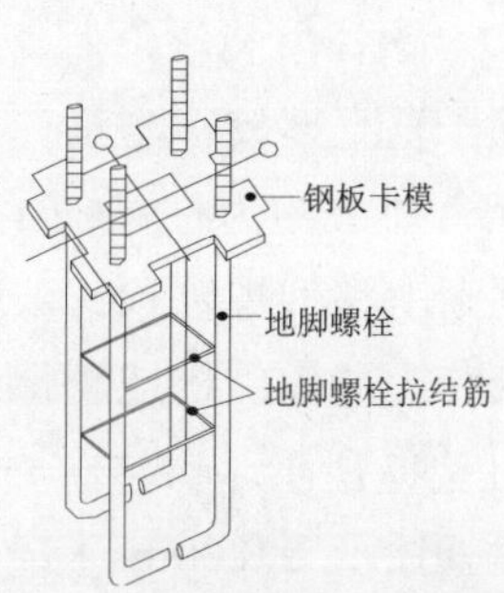

图 5.45 地脚螺栓安装测设

（4）地脚螺栓安装测设

一般中小型厂房钢柱的地脚螺栓直径小、重量轻，可以不用制作固定架固定地脚螺栓，而用钢带或角钢制作成地脚螺栓定位卡模固定地脚螺栓，如图5.44、图5.45所示，为保证地脚螺栓位置正确，再用钢筋将地脚螺栓连接焊成笼，然后将地脚螺栓笼放入基础短柱钢筋骨架内，以模板内短柱顶标高线为依据，测设地脚螺栓安装高度，在短柱钢筋上焊钢筋支托，转动卡模使卡模所划轴线与短柱模板上口所弹定位轴线一致，同时用水平尺检查卡模使其水平，再检查地脚螺栓标高是否符合设计要求，然后用经纬仪投测检查卡模轴线无误后，将地脚螺栓笼用钢筋与基础短柱筋连接焊牢并与模板顶紧，要保证地脚螺栓笼不可以移动，所以基础模板安装支撑必须牢固，为了保证质量，在浇灌混凝土的过程中必须进行看守观测，确保地脚螺栓位置正确。

4. *厂房构件的安装测量*

（1）钢柱子安装测量

钢柱子安装应满足以下设计要求：牛腿面高程必须等于设计高程；柱脚中心线必须对准柱列中心线；柱身必须竖直。具体做法如下。

首先，做好柱子安装前的准备工作。

①钢柱子吊装以前，应根据轴线控制桩把定位轴线投测到基础顶面上，并用墨线标明。

②安装地脚螺栓调节螺母，并用水准仪根据设计标高进行调节螺母顶面找平。

③弹出柱子中心线和标高线。在柱子的三个侧面弹出柱中心线，并在柱上下两端各画一小红“▲”标志，供安装校正使用。从钢柱牛腿顶面用钢尺沿柱身向下量取牛腿设计标高，划出钢柱 ±0.000m 标志线。并用红“▼”标志位置，供安装标高校正使用。

其次，做好柱子垂直校正测量工作。

钢柱吊装就位后，扣上柱脚处盖铁，旋上地脚螺栓紧固螺母临时固定，进行柱子垂直度校正测量，用两台经纬仪分别安置在互相垂直的两条柱列中线上，且距离柱子约为柱高的1.5倍的地方，如图5.46，先照准柱底中线，固定照准部，逐渐上移仰视柱顶，若中线偏离十字丝竖丝，表示柱子不垂直，如有偏差则指挥安装人员先旋松地脚螺栓上螺母，调节地脚螺栓调节螺母，即可使钢柱校直，如图5.47所示。当柱中心线与柱轴偏差符合安装精度要求后，用水准仪根据水准点检查柱子 ±0.000m 标高，如果检测误差超过安装误差允许值，则调节地脚螺栓调节螺母，校正 ±0.000m 标高位置，当安装误差都在允许误差范围内时，旋紧地脚螺栓上螺母固定柱子。

在实际工作中往往把数根柱子都竖起来后再进行校正，这时可把经纬仪安置在纵轴线的一侧，并尽可能地靠近纵轴线，与中纵轴线的夹角一般不超过15°，这样一次可以校正数根柱子。

进行柱子竖直校正应注意：经纬仪应经过严格的检校，观测时照准部水准管气泡应严格居中。

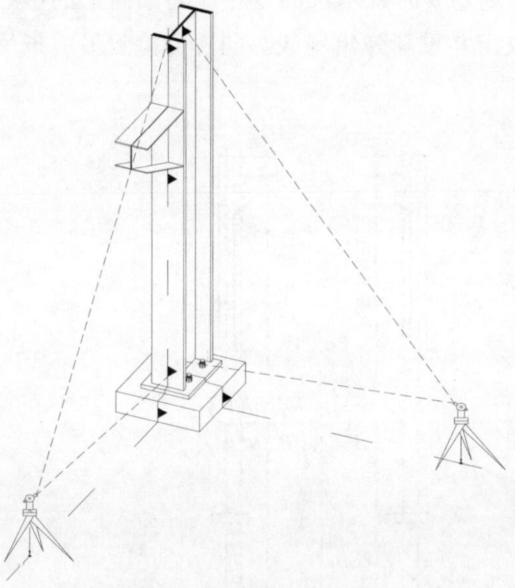

图 5.46　柱子的垂直校正测量

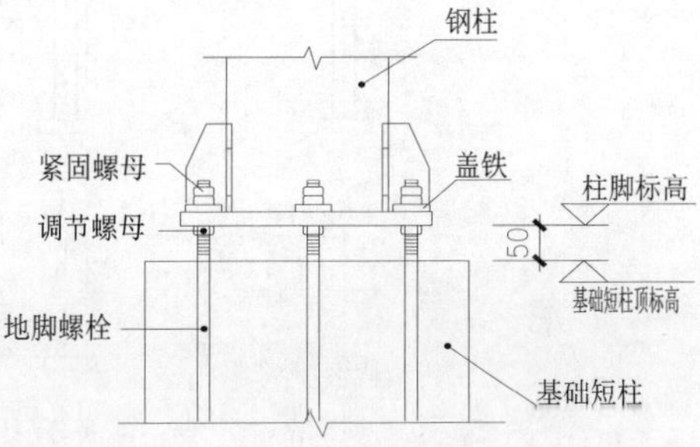

图 5.47　柱子的垂直校正测量

（2）吊车梁安装测量

吊车梁安装时应满足：梁顶标高应与设计标高一致，梁的上下中心线应和吊车轨道的设计中心线在同一竖直面内。具体做法如下。

吊车梁中心线投点。根据控制桩或柱列中心线，在厂房地面测设出厂房中心线 A_1A_1，然后利用厂房中心线 A_1A_1，根据轨道跨距在地面测设出吊车梁的中心线 A'　A' 和 B'　B' ，并钉上木桩标志位置，安置经纬仪于地面吊车梁中心线一端点 A' 上，然后视另一端点 A' ，抬高望远镜，将吊车梁中心线投到每个柱子牛腿面上，如图 5.48 所示，如果与柱子吊装前所画的中心线不一致，则采用新投测的中心线作为定位的依据。

吊车梁安装。在吊车梁安装前，已在梁的两端及梁面上弹出梁中心线的位置，因此，使梁中心线和牛腿面上的中心线对齐即可。

（3）吊车轨道安装测量

吊车轨道安装测量主要是保证轨道中心线、轨顶标高及轨道跨距符合设计要求。安装吊车轨道前，先要对吊车梁上的中心线进行检测，此项检测多用平行线法，如图 5.48 所示。首先在地面上从吊车轨道中心线向厂房中心线方向量出长度 a（0.5 ~ 1.0m），得平行线 A''　A'' 和 B''　B''，称为校正线。然后安置经纬仪于平行线端点 A'' 上，瞄准另一端 A'' 点，固定照准部，仰起望远镜瞄准吊车梁上横放的木尺，移动木尺，当视线对准木尺刻划 a 时，木尺的零点应与梁面上的中心重合，如图 5.49 所示。如不重合应予改正并重新弹出墨线。同法可检测另一条吊车梁轨道中心线。

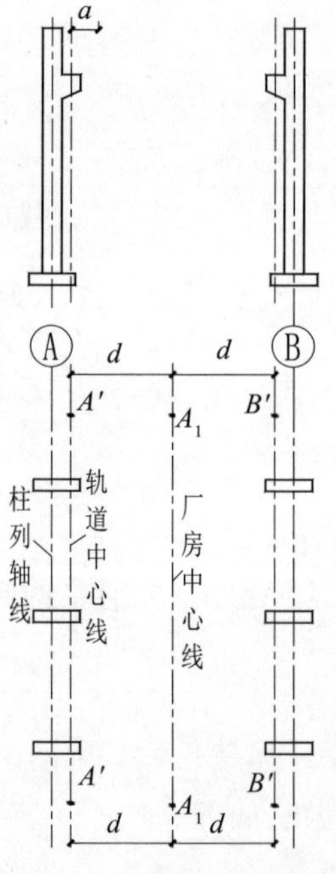

图 5.48　吊车轨道安装测量

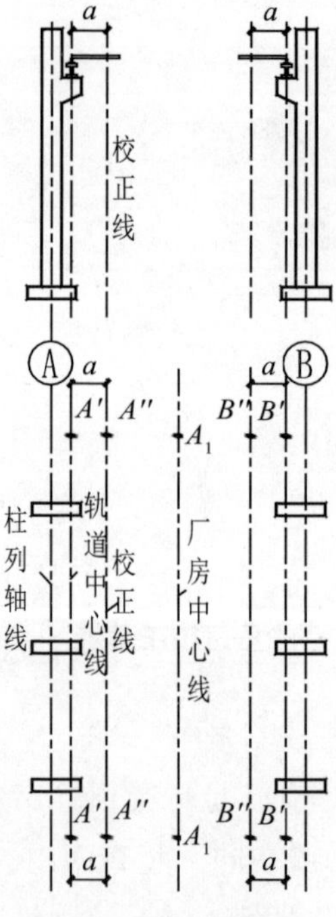

图 5.49　平等线法

吊车轨道按中心线安装就位后，将水准仪安置在吊车梁上，水准尺直接放在轨道顶面上，每隔 3m 及在道轨接头两端测点标高，与设计标高相比较，误差不得超过轨道安装允许误差。最后还要用钢尺检查两吊车轨道间的跨距，并与设计跨距比较，误差不得超过安装允许误差。

（4）屋面梁安装测量

屋面主梁安装是以安装后的柱子为依据，使屋面梁中心线与柱子上相应中心线对齐。拼装好的屋面梁整体吊装，缓慢就位后，用临时螺栓或过眼冲子将屋面梁临时固定，经检查合格后，进行高强螺栓连接。

屋面次梁的安装。每榀屋面梁安装完成后，随即安装屋面次梁及其他次结构，用近似校正轨道中线的方法校正屋面梁，梁中心线与柱子中心线要在同一竖直面内，然后紧固安装螺栓，这样依次按顺序安装完毕，即可形成稳定的厂房钢结构体系。

为了提高钢结构厂房整体安装精度和安装速度，最好先选择厂房中有柱间支撑、系杆和屋面支撑的部分先进行安装。这部分钢柱吊装后，要先对钢柱的轴线和标高进行复测，纠偏后暂时用缆风绳稳住钢柱，再安装柱间支撑、屋面梁和梁间系杆，屋面梁安装前，应先在地面拼装，经测量合格后再吊装。梁就位后，用高强螺栓连接，其他各个部件用相应螺栓连接，但各类螺栓先不宜锁紧。各部件固定后，再次对钢柱轴线和标高进行复测和纠偏、微调，最后旋紧各安装螺栓。

5.2.5 管道施工测量

在城市及厂矿建设中经常要敷设给水、排水、煤气、电力、电信、热力、输油等各种管道，管道施工测量多属于地下构筑物施工测量，在测量或施工中如果出现差错，往往会造成很大的损失。所以，测量工作必须采用城市或厂矿的统一坐标和高程系统，按照“从整体到局部，先控制后碎部”的工作程序和步步有校核的工作方法进行，为施工提供可靠的测量资料和标志。

管道施工测量的主要任务是根据工程进度要求，为施工测设各种标志，使施工技术人员便于随时掌握中线方向及高程位置。

1. 施工测量的准备工作

（1）熟悉图纸和现场情况

施工前，要收集管道测设所需要的管道平面图、断面图、附属建筑物图及有关资料，熟悉核对设计图纸，深入现场，明确管道设计的主点（起点、转折点、终点）、水准点位置并加以检测。计算并校核有关测设数据。了解精度要求和工程进度安排等，拟定测设方法。

（2）施工控制桩的测设

管道中线桩在施工时要被挖掉，为了方便在施工过程中恢复中线和附属构筑物的位置，应在不受施工干扰、引测方便、易于保存桩位的地方，测设施工控制桩。施工控制桩分中线控制桩和附属构筑物位置控制桩。中线控制桩的位置，一般要是测设在管道起点和各转折点处的中心线的延长线上。附属构筑物位置控制桩，一般要在垂直中线方向两侧各钉木桩，控制桩要钉在槽口外0.5~1.0m左右处，恢复附属构筑物位置时，两小木桩拉线，拉线与中线的交点即为构筑物的中心位置，如图 5.50 所示。

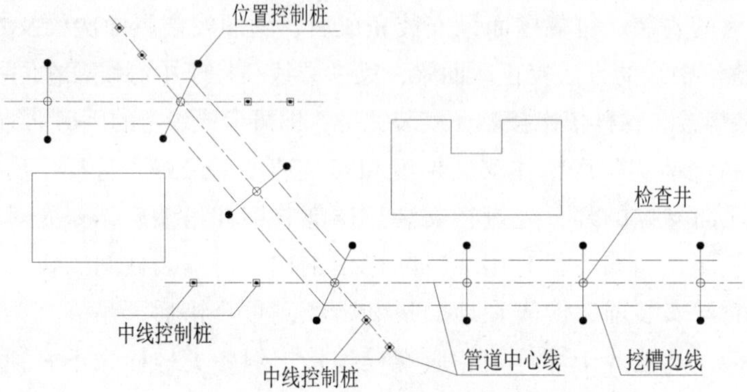

图 5.50　施工控制桩的测设

（3）加密水准点

为了在施工中引测高程方便，应在设计阶段布设的水准点间每隔 100 ~ 150m 增设临时施工水准点。精度要求应符合工程性质和有关规范的规定。

（4）槽口放线

槽口放线的任务是管道中线桩定出后，根据设计要求埋深和土质情况、管径大小等计算出开槽宽度，并在地面上定出槽口开挖边线的位置，以此作为开槽的依据。

①当横断面坡度较小、地面平坦时，如图 5.51 所示，槽口开挖宽度按下式计算：

$$D_L = D_R = b/2 + mh \tag{5.18}$$

②当地面坡度较大，中线两侧槽口宽度不相等，如图 5.52 所示，槽口宽度按式（5.19）计算：

$$\begin{aligned} D_L &= b/2 + m_1h_1 + m_3h_3 + C \\ D_R &= b/2 + m_2h_2 + m_3h_3 + C \end{aligned} \tag{5.19}$$

式（5.18）、式（5.19）中，

b 为槽底开挖宽度；

m_i 为槽壁坡度系数（由设计或按规范确定）；

h_i 为槽左侧或右侧开挖深度；

D_L、D_R 为中线左侧或右侧槽开挖宽度；

C 为槽肩宽度。

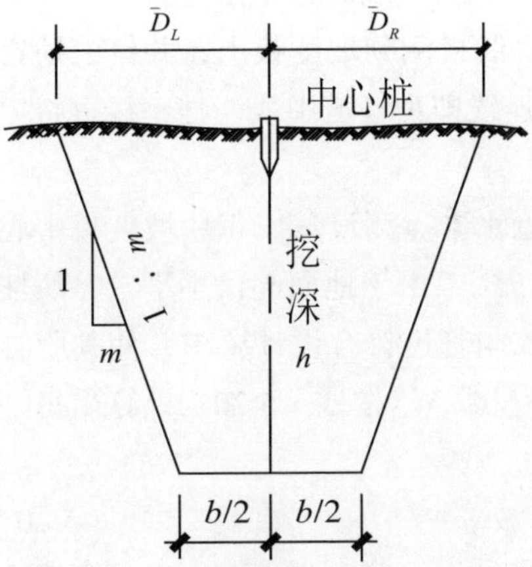

图 5.51　地面平坦时的槽口放线

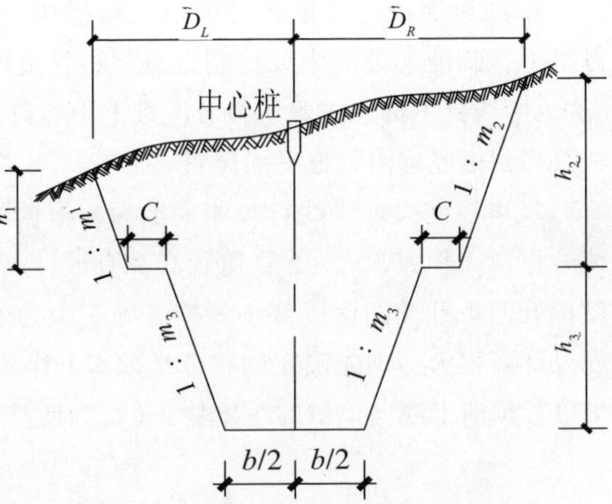

图 5.52　地面坡度较大时的槽口放线

2. 施工过程中的测量工作

管道施工测量的主要任务是控制管道中心线位置和管底设计高程，保证管道施工按照设计的管道中线方向和坡度敷设，因此在开槽前应测设施工测量标志，常用的方法如下：

（1）埋设坡度板法

埋设坡度板法应根据工程进度要求及时埋设，在管槽开挖时，一般每隔 10~20m 跨槽埋设一块坡度板，遇有检查井、支线及构筑物时应增设坡度板。坡度板埋设要牢固，不得露出地面，顶面应近于水平，如图 5.53 所示。

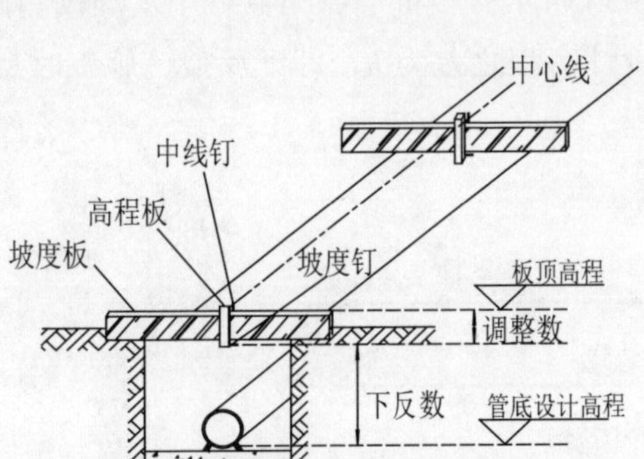

图 5.53　坡度板埋设

中线钉测设。坡度板埋好后，根据中心线控制桩，将经纬仪安置在中线控制桩上，瞄准远处的中线控制桩点，将管道中心线投测到坡度板上，并钉上铁钉（称为中线钉）标志位置，各坡度板上中线钉的连线即为管道中线，挂垂线可将中线投测到槽底定出管道平面位置。

坡度钉测设。中线钉投测完成后，根据附近水准点测设量出每块坡度板中心线处板顶高程 $H_{顶}$。地下管道管底都有设计高程 $H_{底}$，由于地面起伏不平，每块坡度板处向下开挖的深度都不一样，施工中为了控制管道符合设计要求，使其距管底设计高程为一预先确定的整分米数 C（称为下反数）。按式（5.20）计算出每一坡度板顶向上或向下量的距离数 δ（称为调整数）。

$$\delta=C-（H_{顶}-H_{底}） \tag{5.20}$$

然后在坡度板中线的一侧钉坡度立板（称高程板），从坡度板顶向上或向下量取 δ 值（正向上量、负向下量），在坡度立板上钉铁钉（称为坡度钉），各坡度钉的连线平行管道设计坡度线，利用这条线来控制管道的坡度、高程和管槽开挖深度。

（2）平行轴腰桩法

在管线较长、管径较小、地面坡度大、埋设精度要求低的管道工程施工中，可在管道中线一侧测设一条与其平行的轴线桩，控制管道中心线，在槽壁内设水平桩（腰桩），控制管道埋设高程。

平行轴线桩测设。管槽开挖前，在槽口外侧距中线距离 a 处，测设一排与管道中心线平行的平行线线桩，如图 5.54 所示。各桩距离一般为 5.20m，在有检查井及附属建筑物处也应在平行线相应位置设桩。

腰桩测设。为了控制管道高程，在管槽内壁的一侧（距槽底 0.5 ~ 1.0m）再测设一排腰桩，如图 5.55 所示。腰桩上钉小钉，用水准仪测出腰桩上小钉的高程，小钉的高程与管底的设计高程之差为 h，即下反数，施工时从小钉下量 h，即可检查控制管底的设计高程。

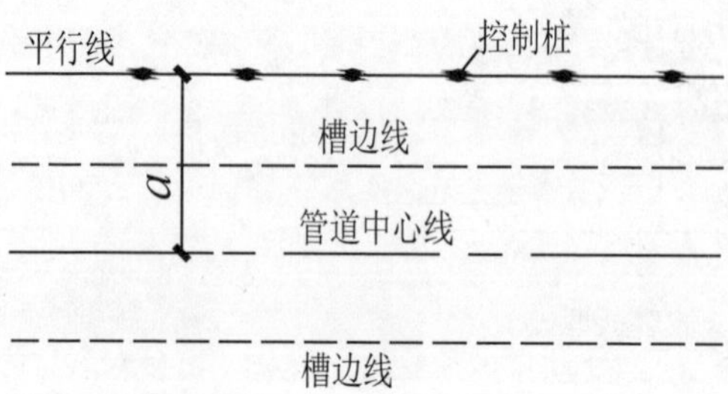

图 5.54　平行轴线桩测设

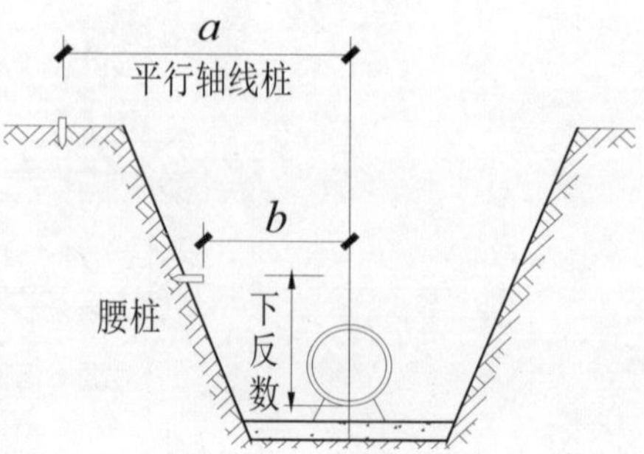

图 5.55　腰桩测设

第 6 章　“3S”技术简介

6.1 概述

6.1.1　“3S”技术的含义

“3S”技术主要包括全球导航卫星系统（GNSS）、遥感（RS）、地理信息系统（GIS）。随着空间科学技术、计算机技术和信息通信以及互联网技术的发展，测绘学这一传统的学科在这些新技术的支撑和影响下，逐渐出现了以“3S”技术为代表的现代测绘科学新技术，这也使测绘学科从理论基础到测绘手段都发生了实质性的变化。目前这三种技术是空间系统中信息的获取、存储管理、更新、分析和应用最主要的三种方式，是现代社会持续发展、资源合理开发和利用、城乡规划与管理决策、自然灾害的监测与预防、智慧城市和智能交通的重要技术手段。

6.1.2　“3S”技术的集成

最近几年，国际上对“3S”技术的研究和应用开始由最初的理论研究向集成化方向发展。目前的集成模式主要包括下以几种。

1. GNSS 和 GIS 的集成

利用 GIS 系统中的电子地图和 GNSS 接收机的实时定位技术，可以组成多种电子导航系统，目前最主要应用的是直接用 GPS 方法来对 GIS 进行实时更新，该集成称为基于位置的服务和移动定位服务，近几年 GNSS 和 GIS 的集成应用比较广泛，如智慧交通、灾场搜救、公安系统的案件侦破、无人驾驶等。

2. GIS 和 RS 的集成

RS 信息具有周期动态性，信息丰富、获取效率高等优势，而 GIS 具有空间数据的高效管理和灵活的空间数据综合分析能力，两者集成的目标在于充分利用 RS 和 GIS 各自的特点，快速、准确地实现遥感数据与地理信息数据的集成和融合分析，为管理和决策提供服务，RS 普遍采用以像元为单位的栅格格式存储，而 GIS 主要采用以点、线、面（多边形）为单元的图形矢量格式存储，因此两者集成的关键是解决栅格数据和矢量数据的接口问题。目前 GIS 和 RS 的各种结合模式中主要分为 3 个阶段：①分散式集成模式（也称为平行的结合模式），即利用中间数据交换格式连接 GIS 和 RS 分析软件；②表面无缝集成模式，即两个软件模式具有共同的用户接口，同时显示，但实质上是分散的；③整体的集成模式，即具有复合处理功能的软件体，它是栅格矢量数据一体化管理、高度集成（界面同一、数据库同一）的融合分析软件。

3. GNSS/INS 与 RS 的集成

RS 系统中的目标定位主要依赖于地面控制点，如果在没有地面控制点的支撑的条件下要实时地完成遥感目标定位，则需要将遥感影像获取瞬间的空间三维位置和传感器的姿态信息用 GNSS/INS 同步记录下来，在精度要求不高的条件下，采用伪距法，对于高精度定位的需求，采用载波相位观测值进行差分定位。

目前 GNSS 动态差分定位的方法已用于航空航天摄影测量进行无地面空中三角测量，利用该方法可以得到很高的定位精度，同时也可以提高作业效率，节省外业的工作时间和成本。

6.2 全球导航卫星系统

6.2.1 概述

卫星定位系统利用在空间高速运动的卫星不断向地面以广播的形式发送某种频率的无线电信号，该信号中加载了可用于完成定位的测量信息，用户通过接收卫星播发的信息，来完成三维位置的确定，从而完成定位。卫星导航定位技术的本质是无线电定位技术，地面发射站将信号从地面注入空中的卫星，将卫星作为发射信号源。全球定位系统（GPS），主要由三部分构成。第一部分是空间部分

（GPS 卫星）。GPS 卫星可以连续向空间内的用户播发可用于进行导航定位的测距信号和导航电文信息，同时接收来自地面监控系统的各种信息和命令以维持系统的正常运行。第二部分是地面控制部分。它的主要功能：跟踪和监测 GPS 卫星，确定卫星的运行轨道及卫星钟的改正数，进行预报后，再按照规定的格式编制成导航电文，并通过注入站送到卫星。地面监控系统还能通过注入站向卫星发布各种指令，用于调整卫星的运行轨道和时钟的读数，修复故障以及启用备用件等。第三部分是用户部分。它主要是利用 GPS 接收机来测定从接收机到 GPS 卫星的距离，同时根据卫星星历所给出的发射时刻卫星在空间的位置信息来求解用户本身的三维位置、三维速度和接收机钟差等参数。从而实现定位和导航的目的。

目前，正在运行的全球导航卫星系统主要有美国的全球定位系统（ GPS）和俄罗斯的格洛纳斯卫星导航系统（ GLONASS），正在发展研究的有欧洲的伽利略卫星导航系统（GALILEO）和中国的北斗卫星导航系统（BDS）。目前中国的北斗卫星导航系统已经完成亚太地区的覆盖，预计在 2020 年完成对全球的覆盖。

6.2.2 全球定位系统（GPS）

美国的全球定位系统（GPS）计划自 1973 年开始，经历了方案论证（1974~1978 年）、系统论证（1979~1987 年）、生产实验（1988~1993 年）三个阶段。1994 年完成 24 颗圆轨道卫星组网，经历 16 年的时间，共耗资超过 200 亿美元，为了使其能够发挥更大的作用，获取更多的效益，同时保持市场上的领导地位，美国 1998 年提出了全球定位系统现代化的计划。为了进一步提高民用定位的精度，2005 年 5 月，美国政府取消了限制民用精度的“选择可用性”政策，仅在局部或极少数卫星上实施选择可用性技术。

整个全球定位系统由空间部分、控制部分和监测站、用户部分三部分组成。

1. 空间部分（GPS 卫星星座）

全球定位系统刚开始设计的星座包括 21 颗卫星和 3 颗备用卫星，目前实际在轨卫星是 32 颗，如图 6.1 所示。这些卫星平均分布在 6 个轨道面上，每个轨道至少 4 颗卫星，轨道间倾角为 55°，卫星运行的高度为 20200km，绕地球的运行周期为 11 h 58 min。当卫星通过天定的时候，其可见的时间大约为 5h，在地球表面上任何地点任何时刻，至少可见 4 颗卫星，最多可达 9 颗。GPS 卫星采用码分多址（CDMA），不同的卫星调制码不相同，这样便于用户区分不同的卫星。GPS 卫星的信号包括三种不同的载波频率：L1（1575.24MHz）、L2（1227.6MHz）、L3（1176.45MHz）。除了载波外，还有测距码 C/A 码（民用）伪距信号，P1、P2 码（军用）伪距信号以及用于计算卫星位置和确定系统参考时间的导航电文信号。

在轨 GPS 卫星的重量为 843.68Kg，设计的寿命为 7.5 年，卫星上安装有太阳能电池和镉镍蓄电池为卫星运行供电。卫星上还有推力系统，用于调整卫星在设计的轨道上正常运行，防止过多地偏离轨道。同时 GPS 卫星上还安装有螺旋形天线、斜装惯性轮和喷气控制装置，以保证卫星运行过程中对准地面，如图 6.1 和 6.2 所示。

图 6.1　GPS 系统星座

图 6.2　空间运行的 GPS 卫星

2. 控制部分和监测站

地面的控制部分主要包括监控站、主控站以及注入站。

监控站分布在全球的各个地方，它们的主要工作是连续观测接收卫星下行信号，并将接收到的数据通过地面网发送给主控站，这样可以监测地球上各个地方卫星的导航运行情况和服务状态。

主控站位于美国境内，主要负责协调和管理所有地面监控系统的工作，具体任务：根据所有监控站的观测资料计算各个卫星的星历、钟差和大气修正参数等，并把分析得到的各个数据传送给地面站，同时负责维护导航系统的正常运行。

注入站主要任务：将主控站计算出来的卫星轨道纠正信息、卫星的钟差纠正信息和调整卫星运行状态的控制指令注入卫星中。

3. 用户部分

GPS 的用户部分主要指的是目前市场上各个常见生产的民用接收机、高精度定位 OEM 板卡，GPS 接收机集接收天线和信号处理、定位解算于一体，最后通过可视化界面显示自己的位置信息。

6.2.3 格洛纳斯卫星导航系统（GLONASS）

格洛纳斯卫星导航系统的起步晚于全球定位系统 9 年，是苏联从 20 世纪 80 年代初开始建设的，是与美国全球定位系统相似的导航定位系统，1982 年 10 月 12 日完成第一颗卫星的发射，苏联解体后由俄罗斯全权接替部署，1995 年初的时候只有 16 颗卫星在轨运行，1995 年成功发射了 9 颗卫星，完成了 24 颗卫星和 1 颗备用卫星的部署，于 1996 年 1 月 18 日正式投入运行，并由俄罗斯空间局管理。

格洛纳斯卫星导航系统也由卫星星座、地面监测控制站和用户设备三部分组成，不但在星座设计、信号载波频率和卫星识别方法方面与全球定位系统不同。全球定位系统采用码分多址，而格洛纳斯卫星导航系统采用分多址，即根据载波频率来区分不同的卫星。GLONASS 卫星自 2013 年 5 月以后，在轨运行数目达到 29 颗，分布在轨道高度为 19100km 的 3 个轨道面上，每个轨道面至少 8 颗卫星。轨道的倾角是 64.8°，格洛纳斯卫星导航系统的卫星导航信号类似于全球定位系统，测距信号也分为民用码和军用码。载波频率：L1（1602.0000+0.5625i MHz）、L2（1246.0000+0.4375i MHz），其中 i 表示卫星的编号。

为了提高格洛纳斯卫星导航系统的定位精度、定位能力以及系统的可靠性，俄罗斯政府采取了以下措施：

① 2003 年开始发射第二代卫星 GLONASS-M，至今已完成 36 颗卫星的发射，设计寿命比第一代的长，为 7~8 年，搭载的原子钟精度优于第一代，同时增加了第二个民用频率。

② 2011 年 2 月起，开始发射 GLONASS-K 卫星，该卫星的寿命提高到了 10 年，同时卫星拟增设第三个导航定位信号，载波频率为 1201.74~1208.51 MHz。

③ 2015 年开始发射新型的 GLONASS-KM 卫星，用以增强系统的整体性能，扩大系统的应用领域范围，提高系统的市场竞争力。

6.2.4 伽利略卫星导航系统（GALILEO）

伽利略卫星导航系统是欧洲自主研发的、独立的全球多模式卫星定位导航系统，不但可提供高精度、高可靠性的定位服务，而且可同时实现完全非军方的控制和管理。

伽利略卫星导航系统的建设道路比较坎坷，原定于 2005 年之前完成计划，但直到 2008 年 4 月 26 日才发射第二颗试验卫星。它的优势在于，定位精度优于全球定位系统，同时该系统为地面用户提供 3 种信号，其中包含免费的信号、加密且需交费使用的信号以及加密且需满足更高要求的信号。伽利略卫星导航系统由 30 颗卫星组成，其中包括 27 颗工作星、3 颗备用星，如图 6.3 所示。卫星分布在 3 个中地球轨道面上，其轨道高度为 23 616km，运行的周期是 14h 7 min，轨道的倾角为 56° 。每个轨道上部署 9 颗工作星和 1 颗备份星，某颗工作星失效后，备份星将迅速进入工作位置替代原来的卫星，同时失效卫星将被转移到高于正常轨道 300 km 的轨道上。伽利略卫星导航系统同 GPS 卫星一样，采用码分多址来区分不同的卫星，每颗卫星搭载 4 个不同的载波频率，分别是 E1（1278.75MHz）、E5a（1176.45MHz）、E5b（1207.14MHz）、E6（1278.75MHz），如图 6.8 所示。

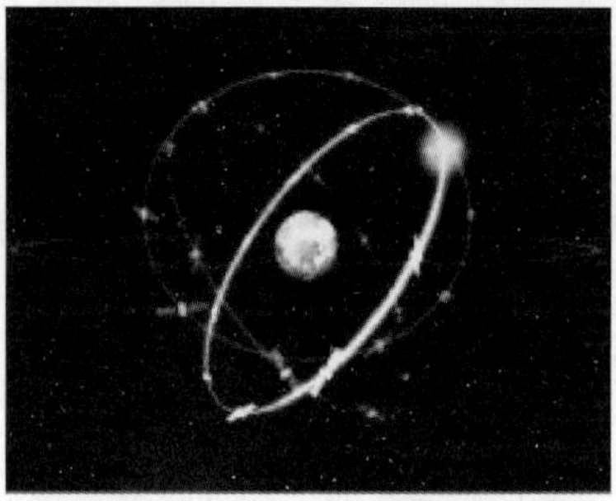

图 6.3　GALILEO 系统星座

伽利略卫星导航系统计划耗资约 40 亿欧元。据分析该系统可与美国的全球定位系统和俄罗斯的格洛纳斯卫星导航系统兼容，但比后两者更安全、更准确，有助于欧洲太空业的发展。

6.2.5 北斗卫星导航系统（BDS）

北斗卫星导航系统（BDS）简称北斗导航系统，是由中国自主研发、独立运行的全球卫星导航系统。它的建设目标：建成独立自主、开放兼容、技术先进、稳定可靠的覆盖全球的卫星导航系统。该系统由空间段、地面段以及用户段三部分组成，空间段由三种不同高度的轨道卫星组成，包括 5 颗静止轨道（GEO）卫星、3 颗倾斜同步轨道（IGSO）卫星、27 颗中地球轨道（MEO）卫星。地面段包括主控站、注入站和监测站等很多个地面站。用户段包括北斗用户终端以及可以兼容其他卫星导航系统的终端。

北斗卫星导航系统发展采用渐进式建设的方法，首先完成亚太地区的覆盖，然后扩展到全球，发射计划分三步走。

1. 第一阶段：试验系统建设

1994 年国家批准建设，2000 年成功发射“北斗一号”两颗工作卫星，形成区域有源定位与导航服务的能力。见图 6.4“北斗一号”系统星座图，北斗一代的星座包括 2 颗静止轨道卫星和 1 颗备用卫星，轨道高度是 35786km，发射的过程如表 6.1 所示。

表6.1　BDS星座第一阶段卫星情况表

卫星编号	卫星类型	经度	发射时间
G01	GEO	140°　E	2000.10.31
G02	GEO	80°　E	2000.6.21
G03	GEO	110.5°　E	2003.5.25

2. 第二阶段：北斗二代系统建设

2004 年国家启动北斗卫星导航系统建设，2012 年 12 月，在轨卫星 14 颗，覆盖亚太地区，在亚太地区可提供无源导航、定位、授时等服务。

该阶段设计的卫星星座：5 颗静止轨道卫星、5 颗倾斜同频轨道（轨道高度是 35786km，运行周期是 23h 56 min）卫星、4 颗中地球轨道卫星（轨道高度是 21528km，运行周期是 12 h 53 min），其中 IGSO/MEO 卫星的轨道倾角为 55°。系统的每颗卫星包含 3 个不同的载波频率：B1（1561.098MHz）、B2（1207.14MHz）、B3（1268.52MHz）。同 GPS 卫星一样采用码分多址来区分不同的卫星，

BDS 星座第二阶段卫星情况如表 6.2 所示，图见 6.5“北斗二号”系统星座图。

表6.2　BDS星座第二阶段卫星情况表

卫星号	PRN	卫星类型	经度	发射时间
G01	C01	GEO	140°　E	2010.1.17
G02	C02	GEO	不可用	2009.4.15
G03	C03	GEO	84°　E	2010.6.2
G04	C04	GEO	160°　E	2010.5.1

续 表

卫星号	PRN	卫星类型	经度	发射时间
G05	C05	GEO	58.75° E	2012.2.25
G06	C02	GEO	110.5° E	2012.10.25
I01	C06	IGSO	122° E	2012.8.1
I02	C07	IGSO	119° E	2010.6.18
I03	C08	IGSO	120° E	2011.4.10
I04	C09	IGSO	96.5° E	2011.7.27
I05	C10	IGSO	92.5° E	2011.6.2
M01	C30	MEO	不可用	2007.4.14
M02	C11	MEO	—	2012.4.30
M03	C12	MEO	—	2012.4.30
M04	C13	MEO	—	2012.9.19
M05	C14	MEO	—	2012.9.19

3. 第三阶段：北斗全球系统的建设

2020 年左右建成全球无源导航系统，达到全球覆盖的目标，可以提供连续不断的服务能力。该阶段的卫星个数为 30 颗，包含 5 颗静止轨道卫星、3 颗倾斜同步轨道卫星、27 颗中地球轨道卫星，卫星分布在 3 个不同的轨道面，静止轨道面 1 个，它的轨道高度为 35786km，倾斜同步轨道面 3 个，轨道高度为 35786km，中地球轨道面 3 个，轨道的高度为 21528km，其中 IGSO/MEO 卫星轨道的倾角是 55°，图见 6.6 北斗全球系统星座图。

2017 年，北斗导航系统正式迈入全球星座组网进程，预计 2017 年年底前完成 6~8 颗北斗三号中地球轨道卫星以及 1 颗北斗二号备份卫星发射，北斗三号将提供基本导航、位置报告、星基增强三大服务，具备全球连续精确实时的定位、测速、授时与位置报告能力，成为我国第一个全球连续覆盖的多业务卫星系统。北斗卫星导航系统致力于面向全球的用户提供高质量的定位、导航和授时服务，它提供两种模式的服务：开放式服务和授权服务。开放式服务可以向全球免费提供定位、测速和授时服务，定位精度在 10m 以内，测速精度为 0.2m/s，授时精度在 20ns 左右。授权服务主要针对具有高精度、高可靠卫星导航需求的用户，为他们提供定位、测速、授时和通信服务以及系统完好性信息。

图 6.4 “北斗一号”系统星座图

图 6.5 “北斗二号”系统星座图

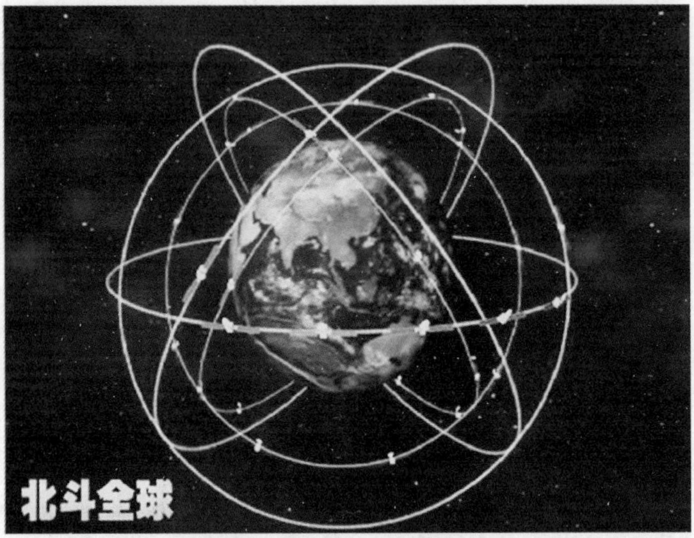

图 6.6　北斗全球系统星座图

6.3 遥感科学与技术

6.3.1 遥感的概念

20 世纪开始人类逐渐脱离地球表面，发展成从太空观测地球，并将观测得到的数据和信息在计算机网络中以地理信息系统形式存储、管理、播发、交互和应用。人们通过航空航天遥感（包括可见光、红外、微波和合成孔径雷达）、声呐、地磁、重力、地震、深海机器人、卫星定位、激光测距和干涉测量等探测手段，获得了有关地球的大量数据，如地形图、专题图、影像图和其他相关数据，对这些数据加以分析使我们对地球形状及其物理化学特性的了解更加深入，同时使我们对固体地球、大气、海洋环流的动力学机理有了新的认识。利用对地观测的新技术，不仅可以开展气象预报、资源勘探、环境监测、农作物估产、土地利用等工作，还对沙尘暴、旱涝、火山爆发、地震、泥石流等自然灾害的预测、预报和预防展开研究，这一切有力地促进了全球的经济发展，为地球科学的研究和人类社会的可持续发展做出了贡献。

什么是遥感呢？ 20 世纪 60 年代随着航天技术的迅速发展，美国地理学家首先提出了“遥感”这个名词，它泛指通过非接触传感器遥测物体的几何与物理特性的技术，如图 6.7。

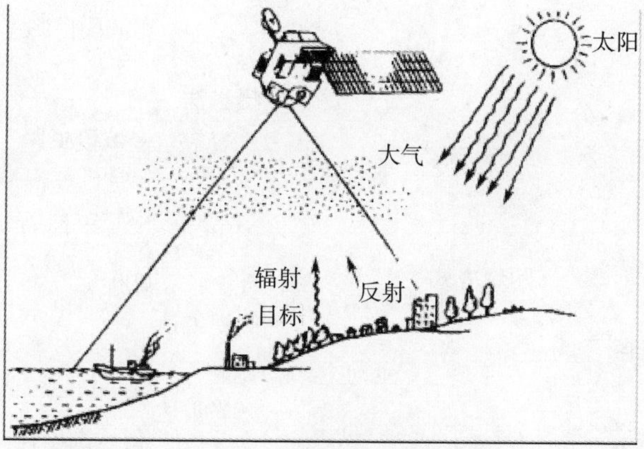

图 6.7 遥感的概念图

遥感顾名思义就是遥远感知事物的意思，也就是不直接接触目标物体，在距离地物几千米到几百千米甚至上千千米的飞机、飞艇、卫星上，使用光学仪器或电子光学仪器（统称为传感器）接收地面物体反射或发射的电磁波信号，并以图像胶片或数据磁带的方式把地面特征记录下来，然后传送回地面处理中心，经过信息处理、判读分析和野外实地验证，最终完成对地物地貌的测绘，并服务于资源勘探、动态监测和相关部门的规划决策。通常把这一接收、传输、处理、分析判读和应用遥感数据的全过程称为遥感技术。遥感之所以能够根据收集到的电磁波数据来判读地面目标物和有关现象，是因为一切物体，由于其种类、特征和环境条件的不同，对电磁波的反射或发射辐射具有完全不同的特征。所以，遥感技术主要是建立在物体反射或发射电磁波的原理基础之上的。

遥感技术的分类方法有很多。按电磁波波段的工作区域的不同，可分为可见光遥感、红外遥感、微波遥感和多波段遥感等。按被探测的目标对象领域的不同，可分为农业遥感、林业遥感、地质遥感、测绘遥感、气象遥感、海洋遥感和水文遥感等。按传感器的运载工具的不同，可分为航空遥感和航天遥感。航空遥感将飞机、气球作为传感器的运载工具，航天遥感将卫星、飞船或火箭作为传感器的运载工具。目前，一般采用的遥感技术分类法（见图 6.8）：首先按传感器记录方式的不同，把遥感技术分为图像方式和非图像方式两大类；然后，根据传感器工作方式的不同，把图像方式和非图像方式再分为被动方式和主动方式两种。被动方式是指传感器本身不发射信号，而是直接接收目标物辐射和反射的太阳散射；主动方式是指传感器本身发射信号，然后再接收从目标物反射回来的电磁波信号。

- 遥感技术
  - 图像方式
    - 被动方式
      - 摄影法
        - 宽波段摄影
        - 多波段摄影
      - 扫描法
        - 光学机械扫描
        - 电子束扫描
        - CCD
    - 主动方式
      - 侧视雷达
      - 激光雷达
  - 非图像方式（主动式或被动式）
    - 雷达高度计
    - 合成孔径雷达
    - 微波辐射计
    - 红外辐射计
    - ……

图 6.8　遥感的分类

6.3.2 遥感的电磁波谱

自然界中凡是温度高于－273℃的物体都可以发射电磁波。产生电磁波的方式有能级跃迁（即“发光”）、热辐射以及电磁振荡等，所以电磁波的波长变化范围很大，不同的波长的电磁波组成一个电磁波谱。

在遥感技术中，电磁波的特征一般用波长表示，其单位有 A 、nm、μm、cm 等。目前遥感技术所应用的电磁波段仅占整个电磁波谱中的一小部分，主要集中在紫外、可见光、红外、微波波段。表 6.3 列举出了电磁波分类名称和波长范围。表中虽然给波长段赋予不同的名称，但在两个光谱之间没有明显的界限，而且目前对波段的划分方法也各不相同。这里仅根据表中各波段分述其性质。

为什么卫星遥感不能使用所有的电磁波波段呢？这是因为电磁波在传播过程中必须透过大气层才能到达卫星遥感器并被接收和记录下来。众所周知，地球的表面被一层厚厚的大气层包围，由于地球大气中各种粒子与天体辐射的相互作用（吸收和反射），大部分波段范围内的天体辐射无法到达地面。人们把能到达地面的波段形象地称为“大气窗口”，这种“窗口”有三个。其中光学窗口是最重要的一个窗口，其波长为 300 ～ 700 nm，包括了可见光波段（ 400 ～ 700 nm），光学望远镜一直是地面天文观测的主要工具和手段。第二个窗口是红外窗口，红外波段的范围为 0 .7 ～ 1 000 μm ，地球大气中不同分子吸收红外线波长不一致，这使得红外波段的情况比较复杂。对于对地观测常用的有近红外、短波红外、中红外和远红外窗口。第三个窗口是微波窗口，微波波段是指波长大于 1 mm 的电磁波。大气对该波段也有少量的吸收，但在 40 mm ～ 30 m 的波段内，大气几乎是透明的，我们一般把 1 mm ～ 1 m 的波段称为微波窗口。

表6.3　遥感技术使用的电磁波分类名称和波长范围

	名称	波长范围		紫 0.38~0.43 μ m
紫外线		100 A ~0.4 μ m		蓝 0.43~0.47 μ m
可见光		0.4~0.7 μ m		青 0.47~0.5 μ m
红外线	近红外	0.76~3 μ m		绿 0.5~0.56 μ m
	中红外	3~6 μ m		黄 0.56~0.6 μ m
	远红外	6~15 μ m	→	
	超远红外	15~1000 μ m		橙 0.6~0.63 μ m
微波	毫米波	1~10mm		
	厘米波	1~10cm		红 0.63~0.76 μ m
	分米波	10cm~1m		

6.3.3 遥感信息获取

任何一个物体都具有三个属性，空间属性、辐射属性和光谱属性。其中任何地物在空间明确的位置、大小和几何形状构成其空间属性；对任一单波段成像而言，任何地物都有其辐射特征，反映为影像的灰度值；而任何地物对不同波段有不同的光谱反射强度，从而构成其光谱特征。

使用光谱细分的成像光谱仪可以获得图谱合一的记录，这种方法称为成像光谱仪或高光谱（超光谱）遥感。地物的上述特征决定了人们可以利用与第五特征相应的遥感传感器，将它们放在相应的遥感平台上去获取地物的遥感数据。利用这些数据实现对地观测，对地物的影像和光谱记录进行计算机处理，以测定其几何和物理属性，遥感的主要任务和主要完成的主要功能就是4W——何时、何地、何种目标发生了何种变化。

1. 遥感传感器

地物发射或反射的电磁波信息，通过传感器收集、量化并记录在胶片或磁带上，然后进行光学或计算机处理，最终得到可用以几何定位和图像解译的遥感图像。

遥感信息获取的关键是传感器。由于电磁波随着波长的变化其性质有很大的差异，地物对不同波段电磁波的发射和反射特性也大不相同，因而接收电磁辐射的传感器的种类极为丰富。依据不同的分类标准，传感器有多种分类方法。按工作的波段可分为可见光传感器、红外传感器和微波传感器。按工作方式可分为主动式传感器和被动式传感器。被动式传感器接收目标自身的热辐射或反射太阳辐射，如各种相机、扫描仪、辐射计等；主动式传感器能向目标发射强大电磁波，然后接收目标反射回波，主要指各种形式的雷达，其工作波段集中在微波区。按记录方式可分为成像方式和非成像方式两大类。非成像的传感器记录的是一些地物的物理参数。在成像系统中，按成像原理可分为摄影成像、扫描成像两大类。

目前最常见的成像传感器归纳为如下几种类型，如图6.9所示。

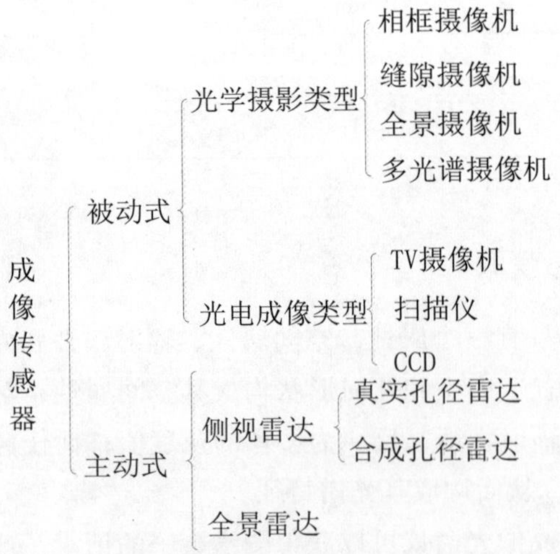

图6.9　最常见的成像传感器

无论传感器种类有多少种，它们都具有共同的结构。一般将传感器分成收集系统、探测系统、信号处理系统和记录系统四个部分（见图6.10）。只有摄影方式的传感器，探测与记录同时在胶片上完成，无须在传感器内部进行信号处理。

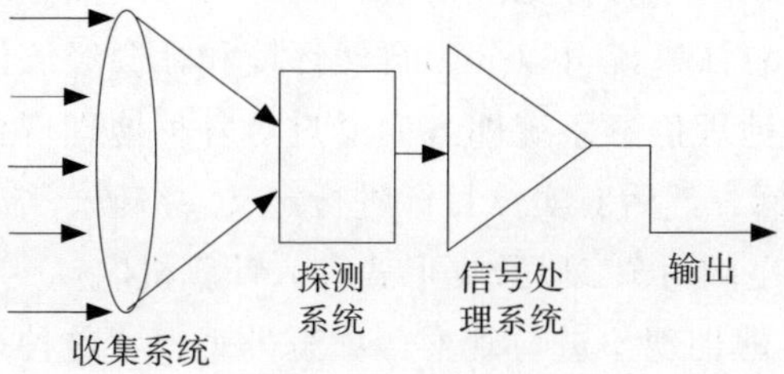

图 6.10　传感器的结构组成

2. 遥感平台

遥感中搭载传感器的工具统称为遥感平台。遥感平台包括人造卫星、航天航空飞机乃至气球、地面测量车等。遥感平台中，高度最高的是地球同步静止轨道卫星。其次是高度为 400 ~ 1 000 km 的地球观测卫星。其他按高度排列主要有航天飞机、探空仪、超高度喷气飞机、中低高度飞机、无线电遥探飞机以及地面测量车等。

3. 遥感数据的特点

遥感数据的分辨率分为空间分辨率、光谱分辨率、时间分辨率和温度分辨率。

空间分辨率又称地面分辨率，指的是像素的地面大小。时间分辨率指的是重复获取某一地区卫星图像的周期。提高时间分辨率有几种方法：第一是利用地球同步静止卫星，可以实现对地面某一地区的多次、重复观测，可达到每小时、每半小时甚至更快的重复观测；第二是通过多个小卫星组建卫星星座，从而提高重复观测能力；第三是通过卫星上多个可以向任意方向倾斜 45° 的传感器，从而实现在不同的轨道位置上对某一感兴趣目标点的重复观测。此外，对于热红外遥感，还有一个温度分辨率，目前可以达到 0 .5 K，不久的将来可达到 0 .1 K，从而提高定量化遥感反演的水平。

6.4 地理信息系统

6.4.1 地理信息系统的概念

地球是人类赖以生存的家园，地球表层是人类和各种生物的主要活动空间。

地球表层表现出来的各种地理现象代表了现实世界，将各种地理现象进行抽象和信息编码，就可以形成各种地理信息，也称为空间信息或地理空间信息。地理信息复杂多样，但总体来说可以分为自然环境和社会经济信息，并且都与地理空间位置息息相关。地理信息系统即人们通过对各种地理现象的观察、抽象、综合取舍，得到实体目标，然后对实体目标进行定义、编码、结构化和模型化，形成易于用计算机表达的空间对象，以数据形式存入计算机内。

人们首先对地理现象进行观察，如野外观察，这种地理现象可能是现实世界的直接表象，也可能是通过航空摄影和遥感影像记录的“虚拟现实世界”。然后人们对它进行分析、归类、抽象与综合取舍。对于同一地区的地理现象，由于人们对事物的兴趣和关注点不同，观察视点和尺度不同，因此分析和取舍的结果也不尽相同。例如一栋建筑物，在小比例尺的地理信息系统中可能被忽略，跟整个城市一起作为一个点对象，而在大比例尺的地理信息系统中则作为一个建筑物描述，在计算机中表现为一个面对象。在分析、归类和抽象过程中，为了便于计算机表达，人们总是要把它分成几种几何类型，如点、线、面、体等空间对象，再根据它的属性特征赋以它分类编码。最后再根据一定的数据模型进行组织和存储。在抽象观察和描述地理现象时，人们通常将其划分为四种几何类型。

1. 呈点状分布的地理现象

呈点状分布的现象有水井、乡村居民地、交通枢纽、车站、工厂、学校、医院、机关、火山口、山峰、隘口、基地等。这种点状地物和地形特征部位，其实不能说它们全部都是分布在一个点位上，其中可区分出单个点位、集中连片和分散状态等不同状况。如果我们从较大的空间规模上来观测这些地物，就能把它们都归结为呈点状分布的地理现象，为此用一个点位的坐标（平面坐标或地理坐标）来表示其空间位置。而它们的属性可以有多个描述，不受限制。需要说明：如果我们从较小的空间尺度上来观察这些地理现象，或者说观察它们在实地上的真实状态，它们中的大多数对象将可以用线状或面状特征来描述。例如，作为一个点在小比例尺图上描述的一个城市，在大比例尺地图上则需要用面来表示，甚至需要用一张地图表示城市道路和各种建筑物，此时，它们的空间位置数据将包括许多线状地物和面状地物。

2. 呈线状分布的地理现象

呈线状分布的地理现象有河流、海岸、铁路、公路、地下管网、行政边界等，它们也有单线、双线和网状之分。在实际地面上，水面、路面都可能是狭长的线状目标或区域的面状目标，因此，命名是线状分布的地理现象，它们的空间位置数据可以是一线状坐标串，也可以是一封闭坐标串。

3. 呈面状分布的地理现象

呈面状分布的地理现象有土壤、耕地、森林、草原、沙漠等，它们具有大范围连续分布的特征。有些面状分布现象有确切的边界，如建筑物、水塘等；有些现象的分布范围从宏观上观察好像具有一条确切的边界，但是在实地上并没有明显的边界，如土壤类型的边界，只能由专家研究提供的结果来确定。显然，描述面状特征的空间数据一定是封闭坐标串。通常，面状地物也称为多边形。

4. 呈体状分布的地理现象

有许多地理现象从三维观测的角度，可以归结为体，如云、水体、矿体、地铁站、高层建筑等。它们除了平面大小以外，还有厚度或高度，目前由于对于三维的地理空间目标研究不够，又缺少实用的商品化系统进行处理和管理，人们通常将一些三维现象处理成二维对象来进行研究。

空间现象异常复杂，它除了地表面的目标以外，还有地下和地表上空的目标，其空间对象包括点、线、面、体等多种目标。

6.4.2 地理信息系统的含义以及空间对象的计算机表达

地理信息系统是一种以采集、存储、管理、分析和描述整个或部分地球表面（包括大气层在内）与空间和地理分布有关的数据的信息系统。它主要涉及测绘学、地理学、遥感科学与技术、计算机科学与技术等。特别是计算机制图、数据库管理、摄影测量与遥感技术和计量地理学形成了地理信息系统的理论和技术基础。计算机制图偏重于图形处理与地图输出；数据库管理系统主要实现对图形和属性数据的存储、管理和查询检索；摄影测量与遥感技术是对遥感图像进行处理和分析以提取专题信息的技术；计量地理学主要利用地理信息系统进行地理建模和地理分析。

地理信息系统的核心技术是如何利用计算机表达和管理地理空间对象及其特征。空间对象特征包含了空间特征和属性特征。空间特征又分为空间位置和拓扑关系。空间位置通常用坐标表示。拓扑关系是指空间对象相互之间的关联及邻近等关系，它就像一组被扎在一起的橡皮筋，几何形状可以改变，但前后左右的相互关系不变。空间拓扑关系在地理信息系统中具有重要意义。空间对象的计算机表达即用数据结构和数据模型表达空间对象的空间位置、拓扑关系和属性信息。空间对象的计算机表达有两种主要形式：一种是基于矢量的表达，另一种是基于栅格的表达。

矢量形式最适合空间对象的计算机表达。在现实世界中，抽象的线通常用坐标串表示，坐标串即一种矢量形式。如图 6.11 所示是由地理现象抽象出来的点、线、面空间对象。在地理信息系统中，每个点、线、面空间对象直接跟随它的空间坐标以及属性，每个对象作为一条记录存储在空间数据库中。空间拓扑关系可能另用表格记录。

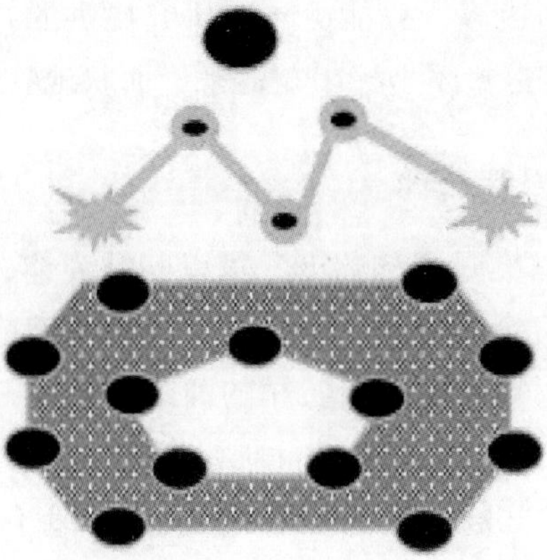

图 6.11　由地理现象抽象出来的点、线、面空间象

空间对象矢量表达的基本形式如下。

点目标：目标标识，地物编码，(x, y)，用途……

线目标：目标标识，地物编码，(x_1, y_1)，(x_2, y_2)…(x_n, y_n)，长度……

面目标：目标标识，地物编码，(x_1, y_1)，(x_2, y_2) … (x_n, y_n)，周长，面积……

栅格数据结构利用规则格网划分地理空间，形成地理覆盖层。每个空间对象根据地理位置映射到相应的地理格网中，每个格网记录所包含的空间对象的标识或类型。在计算机中用矩阵表示每个格网的值。

矢量数据结构和栅格数据结构各有优缺点。矢量数据结构精度高但数据处理复杂，栅格数据精度低但空间分析方便。至于采用哪一种数据结构，要视地理信息系统的内部数据结构和地理信息系统的用途而定。

6.4.3 地理信息系统的硬件构成

地理信息系统包括硬件、软件、数据和系统使用者。

1. 硬件的配置模式

硬件的配置根据应用的目的、经费状况、使用规模以及不同的地域分布可以分成单机、局域网、广域网模式。

（1）单机模式

单机模式包括一台主机、输入、输出设备，如图 6.12 所示。

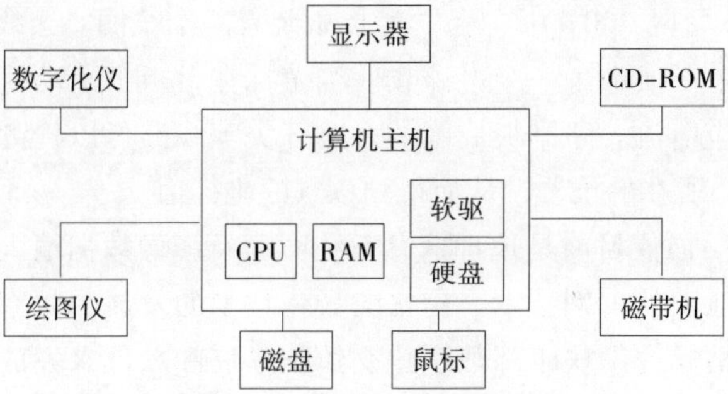

图 6.12　单机模式的硬件配置

如上图所示，计算机主机内包含了计算机的中央处理机（CPU）、内存（RAM）、软盘驱动器、硬盘等。显示器用来显示图形和属性及系统菜单等，可进行人机交互。键盘和鼠标用于输入命令、注记、属性、选择菜单或进行图表编辑。数字化仪用来进行图形数字化，绘图仪用于输出图形，磁带机主要用来存储数据和程序。磁带机目前的用处已越来越小。

（2）局域网模式

单机模式只能进行一些小的地理信息系统应用项目。当地理信息系统的数据量比较大的时候，使用磁带机或 CD-ROM 传送数据太麻烦，所以一般的地理信息系统应用工程都需要联网，以便于数据和硬软件资源共享。局域网模式是当前我国地理信息系统应用中最为普遍的模式。一个部门或一个单位若在一座大楼内，可将若干计算机连接成一个局域网络，联网的每台计算机与服务器之间，或与计算机之间，或与外设之间可进行相互通信。

（3）广域网模式

如果地理信息系统的用户地域分布较广，用户之间不能用局域网的专线进行连接，这时就需要借用公共通信网络。使用远程通信光缆、普通电话线或卫星信道进行数据传输，就需要将地理信息系统的硬件环境设计成广域网模式。

2. 输入输出设备

（1）输入设备

地理信息系统图形数据输入需要借助一些输入设备来完成相应的功能，常见的输入设备包括：

①数字化仪：数字化仪使用方便，过去曾得到普遍的应用，现在基本上被扫描仪代替了。电子式坐标数字化仪利用电磁感应原理，在台板的 *X*、*Y* 方向上有许多平行的印刷线，每隔 200 μ m 一条，游标中装有一个线圈。当线圈中通有交流信号时，十字丝的中心便产生一个电磁场。当游标在台板上运动时，台板下的印刷线上就会产生感应电流。印刷板周围的多路开关等线路可以检测出最大的信号位置，即十字丝中心所在的位置，从而得到该点的坐标值。

②扫描仪：扫描仪目前是地理信息系统图形及影像数据输入的一种最重要的工具之一。随着地图的识别技术、栅格矢量化技术的发展和效率的提高，人们普遍希望将繁重、枯燥的手扶跟踪数字化交给扫描仪和软件来完成。按照辐射分辨率划分，扫描仪分为二值扫描仪、灰度值扫描仪和彩色扫描仪。二值扫描仪每个像素 1 比特，取值 0 或 1，用于文字的扫描和数字化。灰度值扫描仪每个像素占 8 比特，分 256 个灰度级，可扫描图形、影像和文字等。彩色扫描仪通过滤光片将彩色图件或相片分解成红、绿、蓝三个波段，分别各占 1 比特，所以加在一起每个像素占 3 比特，连同黑白图像每个像素占 4 比特。

按照结构划分，扫描仪分为滚筒扫描仪、平板扫描仪和 CCD 摄像扫描仪。滚筒扫描仪是将扫描图件装在圆柱形滚筒上，然后用扫描头对它进行扫描。扫描头在 *X* 方向上运转，滚筒在 *Y* 方向上转动。平板扫描仪的扫描部件上装有扫描头，可在 *X*、*Y* 两个方向上对平放在扫描桌上的图件进行扫描。CCD 摄像机是在摄像架上对图件进行中心投影摄影而取得数字影像。扫描仪又有透光扫描和反光扫描之分。对栅格扫描仪扫描得到的影像，需要进行目标识别和栅格到矢量的转换。多年来，已有许多专家和公司开始研究人机交互的半自动地图扫描矢量化系统，将扫描得到的栅格地图，采用人机交互半自动化的方式得到矢量化的空间对象。该方法已得到广泛使用。

（2）输出设备

①矢量绘图机：矢量绘图机是早期最主要的图形输出设备，通过计算机控制绘图笔（或刻针），在图纸或膜片上绘制或刻绘出地图来。矢量绘图机也分滚筒式和平台式两种，目前矢量绘图仪已经基本被淘汰。

②栅格式绘图设备：最简单的栅格绘图设备是行式打印机。虽然它的图形质量粗糙、精度低，但速度快，作为输出草图还是有用的。现在市场上常用的激光打印机是一种阵列式打印机。高分辨率阵列打印机源于静电复印原理，它的分辨率可达每英寸 600 点甚至 1 200 点。它解决了行式打印机精度差的问题，具有速度快、精度高、图形美观等优点。某些阵列打印机带有三色色带，可打印出多色彩图。目前它未能作为主要输出设备的原因是幅面偏小。

③喷墨绘图仪：它由栅格数据的像元值控制喷到纸张上的墨滴大小，控制功能来自静电电子数目。高质量的喷墨绘图仪具有每英寸 600 点至 1 200 点甚至更高的分辨率，并且在彩色绘图时能产生几百种颜色，甚至真彩色。这种绘图仪能绘出高质量的彩色地图和遥感影像图。

6.4.4 地理信息系统的功能与软件构成

软件是地理信息系统的核心，关系到地理信息系统的功能。表 6.4 为地理信息系统的软件层次。最下面两层为操作系统和系统库，它们与硬件有关，故称为系统软件。再上一层为软件库，以保证图形、数据库、窗口系统及地理信息系统其他部分能够运行。这三层统称为基础软件。上面三层包含基本功能软件、应用软件和用户界面，代表了地理信息系统的能力和用途。

表6.4　GIS产品的软件层结构

GIS基本功能与应用软件	用户的接口、通信软件
	应用软件包
	基本功能软件包
GIS基础软件	标准软件（图形、数据库、计算机系统）
	系统库
	操作系统

地理信息系统是对数据进行采集、加工、管理、分析和表达的信息系统，因而可将地理信息系统基础软件分为五大子系统（见图 6.13），包括间空数据输入与转换、图形与属性编辑、空间数据库存储与管理、空间查询与空间分析以及制图与输出子系统。

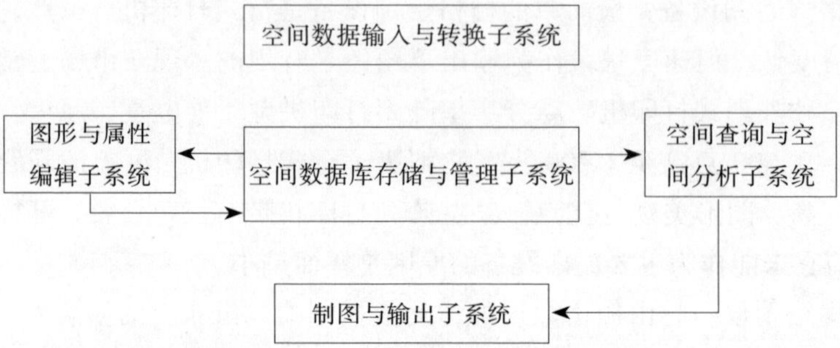

图 6.13　GIS 基础软件的主要模块

1. 空间数据输入子系统

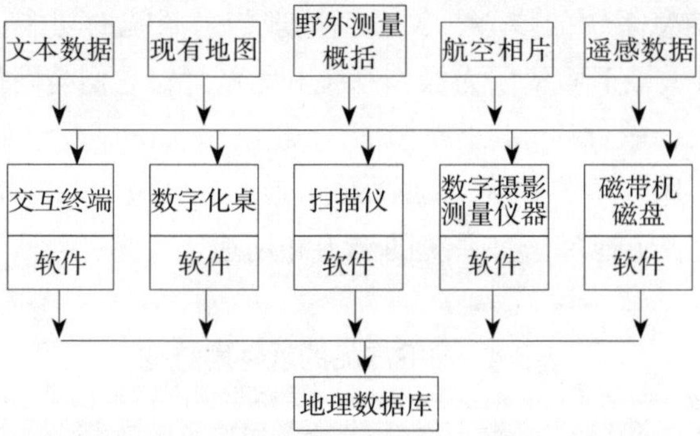

图 6.14　空间数据输入子系统

空间数据输入子系统（如图 6.14 所示）是将现有地图、外业观测成果、航空相片、遥感数据、文本资料等转换成计算机兼容的数字形式。许多计算机操纵的工具都可用于输入。例如人机交互终端、数字化仪、扫描仪、数字摄影测量仪器、磁带机和磁盘等。针对不同的仪器设备，系统配备相应的软件，保证将得到的数据转换后存入地理数据库。

2. 图形及属性编辑子系统

由扫描矢量化或其他系统得到的数据往往不能满足地理信息系统的要求，许多数据存在误差，空间对象的拓扑关系还没有建立起来，所以需要图形及属性编辑子系统对原始输入数据进行处理，如图 6.15 所示。现在的地理信息系统都具有很强的图形编辑功能，除负责数字仪的数据输入外，主要功能是编辑。一方面原始输入数据有错误，需要编辑修改；另一方面需要修饰图形，设计线型、颜色、符号、注记等。另外，还要建立拓扑关系，进行图幅接边，输入属性数据等。

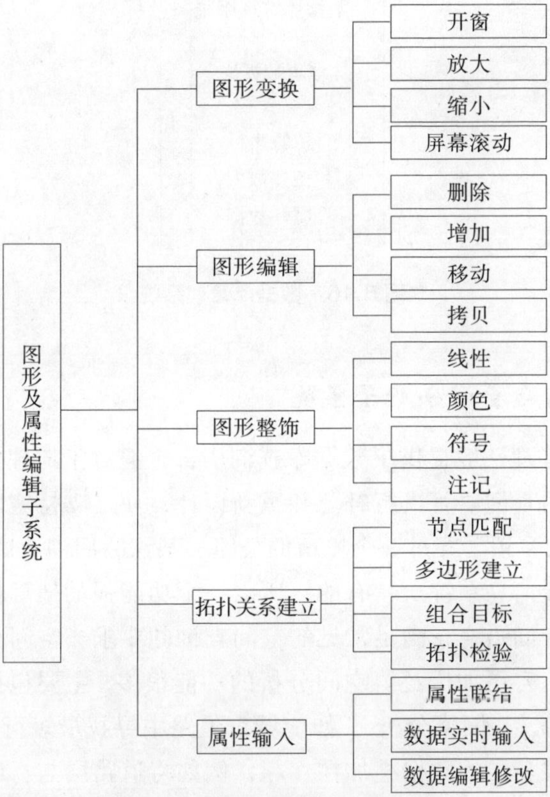

图 6.15　图形及属性编辑子系统

图形及属性编辑子系统包括图形变换、图形编辑、图形整饰、拓扑关系建立、属性输入等功能。其中，图形编辑和拓扑关系建立是最重要的模块，它包括增加、删除、移动、修改图形，结点匹配，建立多边形等功能。

3. 空间数据库储存与管理系统

数据库存储和数据库管理涉及地理空间对象（地物的点、线、面）的位置、拓扑关系以及属性数据如何组织，使其便于计算机和系统理解。用于组织数据库的计算机程序称为数据库管理系统（如图 6.16）。数据模型决定了数据库管理系统的类型。关系数据库管理系统是目前最流行的商用数据库管理系统，然而关系模型在表达空间数据方面却存在许多缺陷。最近，一些扩展的关系数据库管理系统增加了空间数据类型的管理功能，可用于管理地理信息系统的图形、拓扑数据和属性数据。

图 6.16　数据库管理系统

4. 空间查询与空间分析子系统

虽然数据库管理一般提供了数据库查询语言，但对于地理信息系统而言，需要对通用数据库的查询语言进行补充和重新设计，使之支持空间查询。例如，查询与某个乡相邻的乡镇、穿过一个城市的公路、某铁路周围 3 km 的居民点等，这些查询问题是地理信息系统所特有的。所以一个功能强的地理信息系统软件，应该设计一些空间查询语言，满足常见的空间查询的要求。空间分析是比空间查询更深层的应用，内容更加广泛。空间分析的功能很多，主要包括地形分析（如两点间的通视分析等）、网络分析（ 如在城市道路中寻找最短行车路径等）、叠置分析（即将两层或多层的数据叠加在一起，例如将道路层与行政边界层叠置在一起，可以计算出某一行政区内的道路总长度）、缓冲区分析（给定距离某一空间对象一定范围的区域边界，计算该边界范围内其他的地理要素）等。随着地理信息系统应用范围扩大，地理信息系统软件的空间分析功能将不断增加。空间查询与空间分析模块如图 6.17 所示。

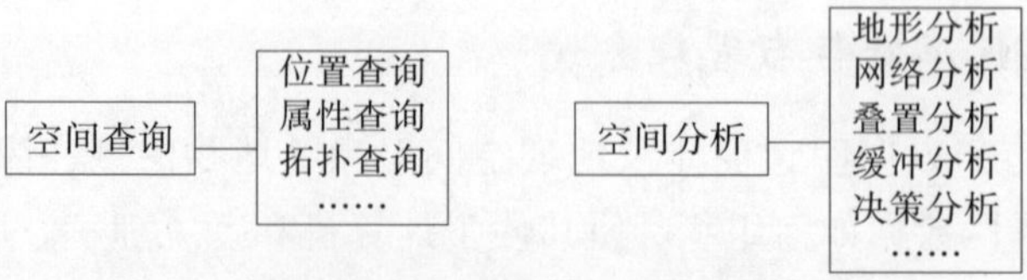

图 6.17　空间查询与空间分析模块

5. 制图与输出子系统

地理信息系统的一个主要功能是计算机地图制图，它包括地图符号的设计、地图注记、图框整饰、统计图表制作、图例与布局等内容。此外，对属性数据也要设计报表输出，并且这些输出结果需要在显示器、打印机、绘图仪或数据文件中输出。软件也应具有驱动这些输出设备的能力。制图与输出子系统如图 6.18 所示。

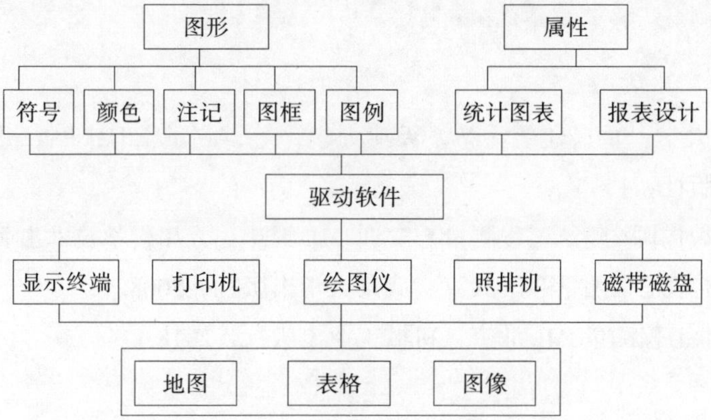

图 6.18　制图与输出子系统

参考文献

[1] 合肥工业大学，重庆建筑大学，天津大学，等，测量学 [M].4 版 . 北京：中国建筑工业出版社，1995.

[2] 王龙洋，魏仁国 . 建筑工程测量与实训 [M]. 天津：天津科学技术出版社 , 2013.

[3] 王金玲 . 土木工程测量 [M]. 武汉：武汉大学出版社，2008.

[4] 王波 . 土木工程测量 [M]. 北京：机械工业出版社，2018.